THE CRAFT OF VENEERING

木皮装饰工艺

提升家具品位的秘密

［美］克雷格·锡伯杜◎著　佟金宇◎译

北京科学技术出版社

免责声明：由于木工操作过程本身存在受伤的风险，因此本书无法保证书中的技术对每个人来说都是安全的。如果你对任何操作心存疑虑，请不要尝试。出版商和作者不对本书内容或读者为了使用书中的技术使用相应工具造成的任何伤害或损失承担任何责任。出版商和作者敦促所有操作者遵守木工操作的安全指南。

著作权合同登记号　图字：01-2020-1974

图书在版编目（CIP）数据

木皮装饰工艺 /（美）克雷格·锡伯杜著；佟金宇译. — 北京：北京科学技术出版社，2022.7
书名原文：The Craft of Veneering
ISBN 978-7-5714-2034-5

Ⅰ. ①木…　Ⅱ. ①克…　②佟…　Ⅲ. ①木制品—装饰工艺　Ⅳ. ① TS669

中国版本图书馆 CIP 数据核字（2022）第 007312 号

策划编辑：刘　超　张心如
责任编辑：刘　超
责任校对：贾　荣
营销编辑：葛冬燕
封面设计：异一设计
图文制作：史维肖
责任印制：李　茗
出 版 人：曾庆宇
出版发行：北京科学技术出版社
社　　址：北京西直门南大街16号
ISBN 978-7-5714-2034-5

邮政编码：100035
电　　话：0086-10-66135495（总编室）
　　　　　0086-10-66113227（发行部）
网　　址：www.bkydw.cn
印　　刷：北京利丰雅高长城印刷有限公司
开　　本：889 mm × 1194 mm　1/16
字　　数：300千字
印　　张：14.5
版　　次：2022年7月第1版
印　　次：2022年7月第1次印刷

定　　价：98.00元

献词

致我亲爱的妻子：在我撰写本书以及拍照的过程中，你给予了我莫大的支持。

过程不易，但我甘之如饴，能够与你分享成功也是一大乐事。

感谢你的陪伴。

致谢

这本书的成功出版源于很多人的帮助，因为很难一一列举，所以我在此一并表达谢意。

首先要感谢的是阿萨·克里斯蒂安娜（Asa Christiana），在我于2007年为《精细木工》（*Fine Woodworking*）杂志发表第一篇文章以后，他一直都是我的热心支持者。他多次来我的工房为杂志拍照，我们也曾在附近的小酒馆边喝啤酒边讨论木工和人生。最让我感激的是，在我提到打算写一本书时，他第一时间帮我联系了汤顿出版社（The Taunton Press）的主编彼得·查普曼（Peter Chapman）。正是这次联络促成了本书的出版。如果没有阿萨，这本书可能不会问世。

我要感谢我的父母，他们一直支持我和我的工作，而且在我很小的时候就教授我自己动手制作一些物品。我很幸运，我的父母都有一些手艺，也会花时间传授我那些技能，不管是帮助母亲做缝纫、做手工，还是和父亲一起在他的工房里做东西。

保罗·舒尔西（Paul Schurch）是对我影响最大的木工老师和朋友。我还记得2005年我第一次跟着他学习为期一周的木皮镶嵌细工课程，当时我立刻意识到，保罗是一位真正的大师。在课程结束以后的几年里，我们一起合作了很多项目。我从保罗身上学到了很多，不仅仅是如何经营木工生意和使用木皮进行装饰的技艺，还有关于人生的种种（包括如何以平和的心态面对人生）。如果那时没有参加保罗的课程，可能就不会有今天的我。

当然，特别感谢汤顿出版社的彼得·查普曼和罗莎琳德·洛布·万基（Rosalind Loeb Wanke），他们把成百上千的照片和数不清的文本变成了如今你正在阅读的这本书。同样感谢汤顿出版社里每位为本书出版做出贡献的朋友。

序

在见到克雷格·锡伯杜（Craig Thibodeau）本人之前，我因为他的作品久仰他的大名。在圣地亚哥博览会一年一度的木工设计展上，他所展示的橱柜因其雅致的木皮装饰、精妙的镶嵌细工和无可挑剔的制作工艺在众多一流作品中独树一帜。作为《精细木工》杂志的编辑，我每年都受邀颁发最佳展示奖，对此，我感到荣幸之至。而每当克雷格有作品参展时，这个奖项花落谁家几无争议。圣地亚哥博览会的木工设计展由全美最大的木工行业协会之一——圣地亚哥优秀木匠协会（San Diego Fine Woodworkers Association）举办，而在我看来，克雷格·锡伯杜正是此协会的一颗冉冉升起的新星。

鉴于《精细木工》杂志一直在发掘世界一流的能工巧匠，我非常期待见到他本人。但和很多顶级工匠一样，他更希望大家关注他的作品，而不是他本人，所以在他第一次获奖时，他并没有出席颁奖典礼。或者只是因为他太忙了，毕竟专职木匠几乎没有周末，因为他们要同时对接营销、销售和分包商，但凡有一点“空闲”，还要做木工活儿。

但我一直在关注锡伯杜先生，并很快与他通了电话，还惊喜地得知，他一直梦想能够在《精细木工》杂志上发表文章。在第一次交流才进行到一半的时候，我就知道，我们有机会共同完成很多文章。

在那一次通话中我了解到，他成为专职木匠还没多久，这使我更加惊叹于他的作品制作水平。我感觉到他性格温和，很好沟通——这是建立合作关系时非常重要的品质。而且，他还同时兼做产品设计。要知道，有正规设计专业和工程学背景的木匠极为少见，这种资历对于这份职业来说异常宝贵。最重要的是，我发现他的逻辑思维就像他的作品一样无懈可击。

在此后的几年中，我每次飞往圣地亚哥参加木工设计展都会和克雷格合作一篇文章。很快，我们就成了朋友，并彼此分享育儿过程和职业生涯的酸甜苦辣。我还经常与他和他的年轻貌美的妻子在圣地亚哥老城的一家户外墨西哥餐厅共进晚餐。

这本书是非凡的，克雷格的这种特质也是《精细木工》一直以来邀请他撰写文章的原因。尽管现在克雷格已经是一位世界知名的木匠，他的那些令人惊叹的作品足以与18世纪著名家具制作大师戴维·伦琴（David Roentgen）的“机械奇迹”比肩。克雷格同样深知，最精美的作品都离不开最基本的技艺，他也从未忘记保持初心。

在和我们这些杂志从业者共事的过程中，克雷格也不忘记从我们这里学习新的技能。比如如何用照片清晰地阐明一件作品的制作过程，如何将整个过程拆解成循序渐进的步骤，以及如何将文本撰写得通俗易懂。

在这本令人惊叹的书里，克雷格·锡伯杜做得非常了不起——他成功地创作了一部木皮装饰工艺的完整指南。可能在未来的几十年里，这本书都是这个领域的权威之作。在借鉴新旧技艺的同时，他加入了自己的实践经验，他示范了通往成功的最短路径，指引你避开在学习木皮装饰工艺过程中可能遭遇的无数陷阱。作为一位专职木匠，克雷格不会把时间浪费在难以达到预期效果的棘手技艺上。现在，有了他的指引，你也能少走弯路。

我为我的朋友感到由衷的高兴，因为我知道，与别人分享自己所了解且热爱的事物有多快乐。同时，我也为你们感到高兴，因为你们发现了一座宝库。

——阿萨·克里斯蒂安娜，《精细木工》杂志前编辑

引言

我依然记得我的第一间正儿八经的工房，它其实是一间位于一条繁华街道上、只容得下一辆车的旧车库，而且还同时塞入了洗衣机和烘干机。那里没有做绝缘保护，唯一的光源来自安装在天花板上的两个灯泡，它们发出的光勉强够我正常工作；工房几乎没有充足的电力供应我那台老式的1马力的台锯，更不要说集尘装置了。但它属于我，我热爱在那里度过的每一分钟。在那里，我可以用双手创造和制作，这使我能够逃离现代生活的纷纷扰扰，也让我能够一点点提升木工技能，直到有一天，我搬去了更大的工房。这么多年来，我有过很多工房，但第一间工房是唯一让我回想起来充满美好回忆的，其他的工房都只能算是工作场所。也是在那里，我因为一个朋友送来的剩余木皮而第一次接触到木皮。对我来说，木皮一直都是一种很迷人的材料。而且，我们是如何从巨大的原木上一层又一层地切出厚薄均匀的木皮的，这件事也一直令我着迷。

我使用木皮至今已经20多年了，在此期间，我发现木皮虽然偶尔不好摆弄，但一般都能获得令人满意的效果。在用来装饰家具时，木皮多样的使用方式和丰富的木材种类足以让任何木匠开心地进行设计。木皮的优点之一就是拥有很难在实木上看到的纹理，因为绝大多数纹理精美的实木都被直接送去制作木皮了。

自使用木皮以来，我开发了多种技术，从而使这种相对脆弱的材料的使用过程变得更加容易。有些技术的效果显而易见，有些可能经过实践才能有所体会。总之，这些技术是我经过多年的尝试和犯错总结得到的，我在此将其和盘托出，希望你们在使用木皮时可以少走弯路。

本书同时面向新手和有经验的木匠，以及那些不做木工但想要使用木皮的人。这里包含从未接触过木皮的人所需的基本信息，也有针对高级木匠的进阶指南。我们会讨论木皮从何而来，为何而来，以及一系列将木皮装饰与家具和盒子的制作结合起来的方法。然后，我们会进一步探讨可以用木皮完成的复杂工艺，例如镶嵌细工、细木镶花和层压弯曲。每一步，我们都会从最基础的内容讲起，并展示多种木皮装饰技巧，以便你们可以充分利用木皮的装饰效果。

为了向设计师或木匠展示木皮的各种可能的效果，书中特别介绍了各式各样的木皮装饰的家具和盒子。这些作品的制作者都热衷于创作新奇有趣的作品，而且他们的创作与木皮息息相关，因为木皮使用起来非常灵活，可以满足各种创意需求。我希望你们和我一样喜欢这些作品。

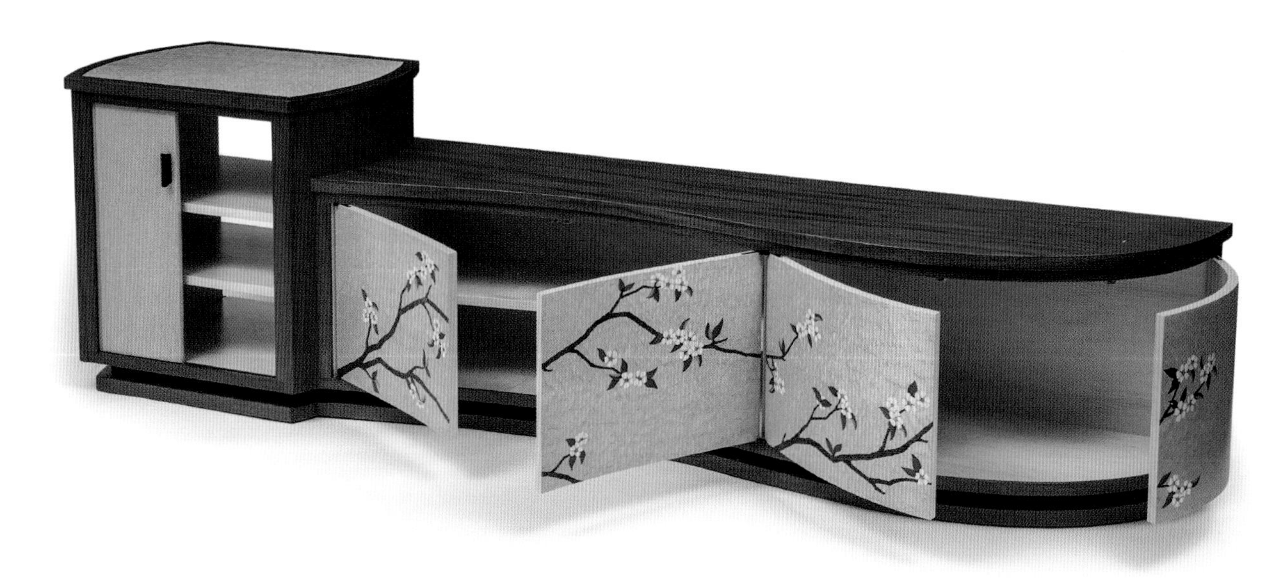

目录

第 1 章

了解木皮

木工技艺的学习可谓无止境，而木皮装饰工艺正是其中的一项技艺。木皮是一种非常奇妙的材料，它为我们提供了用实木难以实现的、探索不同图案和纹理效果的机会。你可以用木皮通过多种有趣的拼接方式获得丰富的装饰效果，比如对拼、辐射拼，或者用小片的木皮组合出复杂的几何拼花图案。对掌握镶嵌细工技艺的艺术家们来说，创作花、鸟以及其他动物的造型不在话下，而且只需要一套很简单的工具。除此之外，你还可以学习曲面的木皮装饰技艺，了解如何将经过层压弯曲的部件和木皮融入木工作品制作中。如果你有更进一步的热情，可以仿制让·亨利·里厄泽纳（Jean-Henri Riesener）、戴维·伦琴和皮埃尔·高尔（Pierre Gole）等17、18世纪木皮装饰工艺家具大师们的作品。

何时使用木皮

有很多方法可以将精美的木皮融入到家具制作中。简单一点的，可以用纹理匹配的木皮装饰一套门板；复杂一点的，可以用来自同一根原木的、图案非常漂亮的木皮装饰整件橱柜。即便制作家具的板材本身不具备漂亮的纹理，也可以利用木皮的连贯性，对整件橱柜进行贴面处理，获得与板材匹配的、高度一致的纹理外观，这种效果是用实木制作家具难以实现的。在家具设计中使用木皮可以增强作品的趣味性和装饰性，并为制作

这套笔者用桃花心木木皮搭配卷纹白胡桃木木皮装饰的桌椅展示了木皮的使用为整体设计带来的连贯性，两件家具因此在材料和设计细节上高度一致。

者提供更大的设计自由度。

当涉及为较大的家具表面或者多件家具匹配纹理时，木皮是唯一的选择。制作者可以借助木皮实现实木无法做到的纹理匹配，并通过木皮连贯性的纹理和图案打造出更加一致的表面装饰效果。而且，木皮在树种上的选择也比可用的实木种类多得多。很多种类的实木由于成本高昂难以买到，但你可以买到相应种类的木皮，最终获得等同于实木的外观效果。如果你想在家具制作中引入非常具有装饰性的漂亮纹理或者树瘤纹，那你一定要学习如何使用木皮。

这张由笔者设计制作的装饰艺术风格（Art Deco）的棋盘桌整体采用了直纹胡桃木木皮对拼的方式。平淡的直纹使棋盘桌的形状和设计成为焦点。木纹从棋盘桌的桌面中心线向外延伸至桌腿和四周，使棋盘桌的四面看起来完全相同。

为什么使用木皮

使用木皮是对有限的木材资源进行最大限

度利用的有效方式。与直接使用实木相比，木皮可以更充分地发挥某些纹理精美的木材的作用，同时，也有助于这些木材资源的可持续利用，因为有限的木材可以产出更多可用的材料。当然，真正的可持续性不是通过使用木皮就可以实现的，关键还在于我们每年种植的树木数量与砍伐的树木数量相当，否则总有一天，我们会连木皮都没得用。随着能够产出漂亮木皮的树木数量越来越少，我们已经到了必须尽全力去保护它们并努力增加资源储备的地步。否则，很多树种将会因为采伐无度和破坏严重而灭绝。一旦发生这种情况，获得纹理漂亮的高品质木皮就很难了。

木皮种类

根据我最新的统计，与我合作的供应商可长期供应的木皮种类超过100种，此外，很多木皮还具有不同的图案类型和切割方式的产品。比较典型的纹理图案包括卷纹、琴背纹（即虎皮纹，因该种木皮常用来制作小提琴的琴背，也称作琴背纹）、球纹、朽纹、雀眼纹、絮纹、树瘤纹等；而切割方式则包括弦切、四开切、径切、旋切等。通过第211~220页的“木皮样本”，你会发现，切割方式与纹理图案的组合方式几乎是无限的。

知道可供选择的木皮种类很多后，我就意识到，在家具制作过程中使用木皮，能够为客户提供更多板材、纹理图案和颜色选择上的可能性。这同样意味着，我也可以在镶嵌细工和细木镶花作品中获得更有趣的图案和颜色组合，从而增加作品的趣味性，并从视觉上提升作品对客户的吸引力。

你很可能见过这种美国加州早期的伐木的老照片。这张拍摄于1910年的照片展示了一棵被伐倒的巨型红杉。你最后一次见到这么巨大的树是什么时候呢？

椅子和盒子

学习使用木皮的一个简单方法是，将其引入现有作品的制作中。无论是制作盒子、家具还是工艺品，都可以使用木皮将作品提升一个档次。如果制作椅子，可以用木皮来创作装饰性的椅背和有趣的细节。我在制作椅子时几乎都会使用木皮来增强其视觉吸引力和设计感。如果你打算制作小盒子，那么木皮是十分理想的材料，因为你可以付出最少的时间和材料成本，探索丰富的木皮纹理图案和木皮使用技术。当然，无论你制作什么，都可以在作品中引入木皮来增加作品的趣味性和视觉冲击力。

这把笔者制作的樱桃木扶手椅是成套的桌椅中的一把，其椅背使用了喀尔巴阡榆木树瘤木皮加以装饰。在这套桌椅中，6把椅子的椅背都使用了相同的木皮进行装饰。

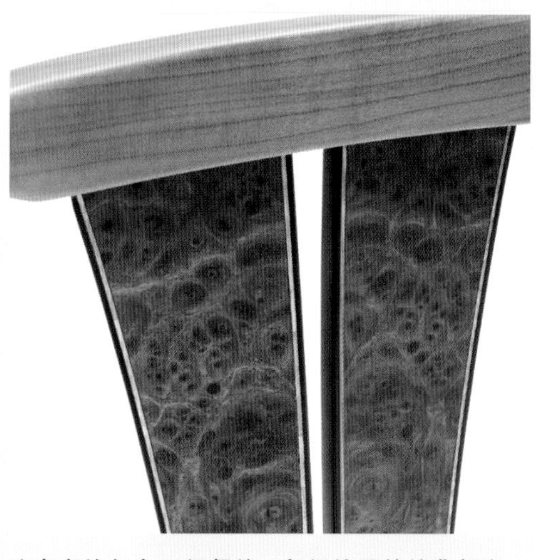

这套桌椅包含10把餐椅，每把椅子的椅背都有一对靠背板，采用两片喀尔巴阡榆木树瘤木皮以对拼的方式进行装饰，并加入了黑檀镶边和螺钿镶嵌以突出椅背。

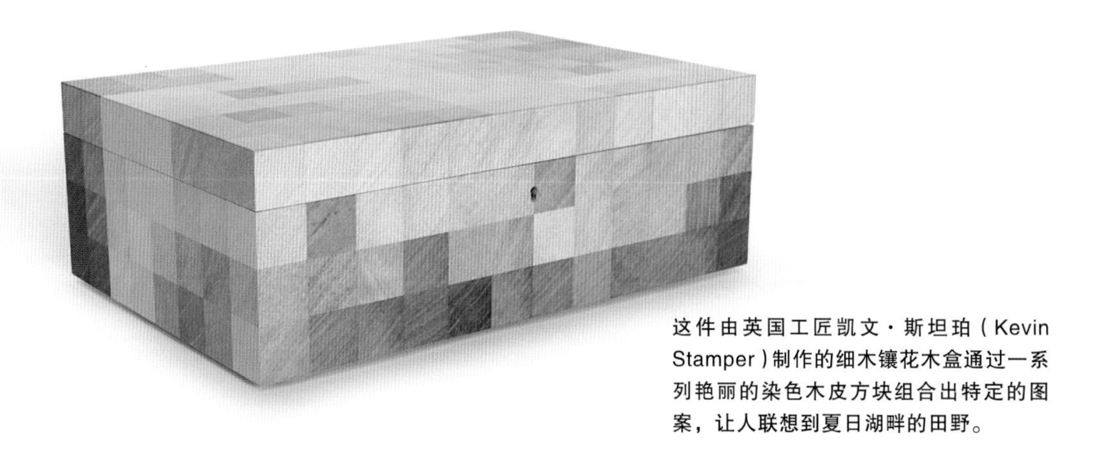

这件由英国工匠凯文·斯坦珀（Kevin Stamper）制作的细木镶花木盒通过一系列艳丽的染色木皮方块组合出特定的图案，让人联想到夏日湖畔的田野。

这件来自艾德里安·费拉祖蒂（Adrian Ferrazzutti）的盒子作品使用紫檀树瘤木皮和黑檀木皮贴面，其侧面和顶部体现了对木皮的超凡运用。

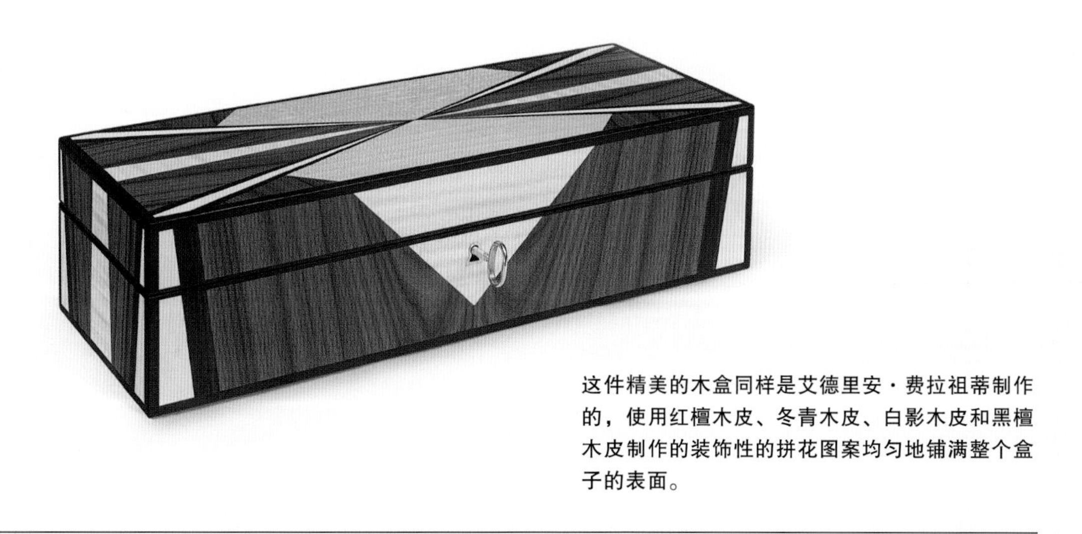

这件精美的木盒同样是艾德里安·费拉祖蒂制作的，使用红檀木皮、冬青木皮、白影木皮和黑檀木皮制作的装饰性的拼花图案均匀地铺满整个盒子的表面。

这块树种不明的瘤木展示了树瘤是如何在树干外部变形生长的。将树瘤从树干上剥下并进行旋切，很可能产出纹理独特且美丽的树瘤纹木皮。

这款由笔者制作的装饰艺术风格的俱乐部椅采用巴西胡桃木树瘤木皮贴面，并用鸡翅木实木镶边。木皮以椅子的中心线为中轴进行对拼，从而创造出颇具平衡感的设计外观。每把椅子需要大约35 ft^2（3.25 m^2）的树瘤木皮。你可以想象一下，如果用树瘤实木来制作，单单一把椅子需要耗费多少材料；即便能找得到那么多的树瘤实木，又得花多少钱。在这样的作品上使用木皮可以极大地扩展木匠对材料和设计的选择，突破用实木制作家具的限制。

木皮从何而来

大部分纹理漂亮的原木都被送到木皮厂用来切割木皮了，所以在木材厂基本见不到纹理漂亮的高级木材。当然，如果幸运的话，你也能偶尔发现一块品质上乘的卷纹枫木木板或者其他纹理漂亮的木板，但绝大部分真正纹理华丽的木材都被用来生产木皮了，大部分真正的直纹原木也是如此。曾经，你可以轻轻松松以低廉的价格购买树瘤实木，用来制作实木盒子甚至是大件家具，但那种日子已经一去不返了。从经济收益的角度来看，把这类原木切割成木皮更为合理，因为1BF（0.00236 m^3）（板英尺是北美木材计量单位，符号为BF，1BF为长1 ft、宽1 ft、厚1 in的木材体积）的树瘤实木大概只值40~50美元，但是用相同体积的树瘤实木可以切割出40 ft^2（3.72 m^2）的木皮，价值300~400美元。

使用木皮可以扩展我们的木材供应，这对于资源有限且不常见的纹理华丽或稀有的木材尤为重要。如果没有木皮这种材料，普通人根本无法获得这类木材，因为购买其实木板材的费用是天文数字。对于树瘤木材和纹理华丽的木材更是需要如此。将这些木材切割成木皮可产出更多的可用材料，使普通用户能够负担得起这些材料。这也解释了为什么市售的类似排骨影麦哥利和球纹沙比利这些木材都是以木皮的形式出售，而不是以实木板材的形式出售。

切割木皮

天然木皮和实木板材都是用原木切割而来的，两者主要的区别在于，木皮基本上来自原木最为均匀和纹理最为漂亮的部位，而且切得很薄，厚度只有0.6 mm或0.025 in。随着木皮切割工艺的进步，木皮很可能会进一步变薄，这样每根原木产出的木皮数量也会随之增加。不过，某种程度上，木皮过薄会导致很难获得你想要的饰面效果。对胶合板制造商来说，极薄的木皮是非常理想的，可是对于普通的木匠，厚度小于0.025 in（0.6 mm）的木皮过于脆弱易碎了，加工或打磨时会非常棘手。

为了更直观地了解原木切割制作木皮的产量，可以围绕一块1 in（25.4 mm）厚的硬木木板展开想象。你可以用它制作一块贴面面板，或者将其重新锯切后对拼制作宽度是原木板2倍

对木皮使用者来说，许多制作木皮的原木极少会加工成实木板材的形式（如果有的话）。图中列举了几个例子，从左至右依次是：球纹沙比利木皮、枫木树瘤木皮、白栓树瘤木皮、古巴桃花心木树杈木皮、白栓橄榄树瘤木皮（“橄榄”并非橄榄木，而是一种纹理）、北美巨杉树瘤木皮和黑胡桃树瘤木皮。

这块已经被切割成木皮的粗糙的橡木原木，木皮以“布勒镶嵌法”的形式重新堆叠，从而可以直观地展示原木被切割成木皮后的可用材料数量。这根原木约10 ft（3.05 m）长、18 in（457.2 mm）宽，大约切割得到了40捆（每捆32片）木皮。也就是说，仅这一根原木就可以粗产约34000 ft²（3158.70 m²）的橡木木皮。同样的原木被切割成实木整板，则只能生产出9块2 in（50.8 mm）厚的整板——只能用来制作3~4块原木自然边餐桌的桌面。

的贴面面板。现在，想象将这样的木板切割成0.025 in（0.6 mm）厚的木皮，你会得到40片与原木板面积相同的木皮。用这些木皮，你可以以纹理连续的、匹配的、无缝衔接的方式装饰整件橱柜，甚至是多件家具，而不仅仅是获得家具上的一块贴面面板。

与切割实木板材一样，木皮的切割方式也有多种，以产出具有特定纹理样式的木皮。木皮的切割方式有径切、四开切、弦切和旋切。前三种切割方式与实木板材的切割方式基本相同。径切和四开切使用的是经过预切的原木，将需要切割的表面朝向刨刀进行切割，以得到相应外观的纹理。弦切木皮的制作方法与弦切板材一样，都是对木料进行横向切割，然后将所得材料按照切割的顺序堆叠，区别在于木皮的数量多于板材。

有一种木皮切割技术不能用于实木板材的切割，那就是旋切。旋切时，需要将一段原木固定在车床上，通过将刨刀缓慢地切入原木，像削皮一样切下木皮，从而得到一大块连续且基本没有断开的木皮。这样的木皮非常适合用来制作无缝饰面，而无缝饰面是制作高稳定性胶合板所必需的。不过，通过旋切得到的直纹木皮的纹理不太美观，所以并不适合用来装饰家具，但却是制作某些胶合板的良好基材，比如波罗的海桦木胶合板。许多树瘤也会采用旋切的方式切割，可以得到非常独特有趣的纹理图案。

切割过程

在送往木皮厂之前，原木需要经过严格的挑选。原木买家看到的原木是最初始的状态，所以他必须具备一眼看出原木切割后木皮纹理

要不断地对堆货场里等待切割的原木进行喷水，以防止原木开裂。

4种切割木皮的方法

每一种切割方法都有各自对应的原木固定方法，切割步骤也各不相同。

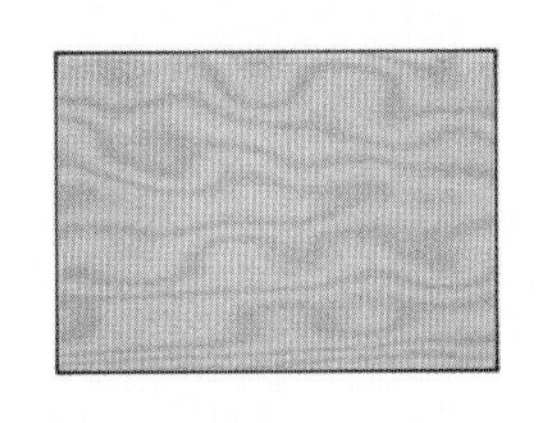

旋切

原木被固定在大型旋转轴上，迎着固定的刨刀旋转。

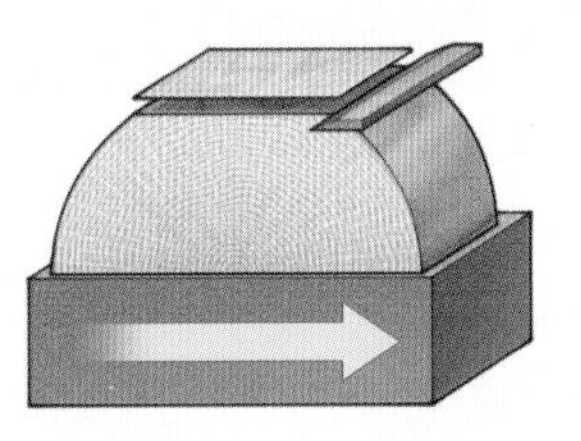

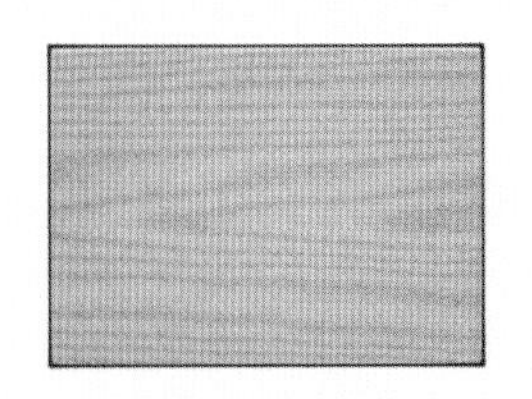

弦切

将半片原木固定在可以上下运动的滑车上，横向移动滑车，将半片原木送入固定刨刀进行横向切割。

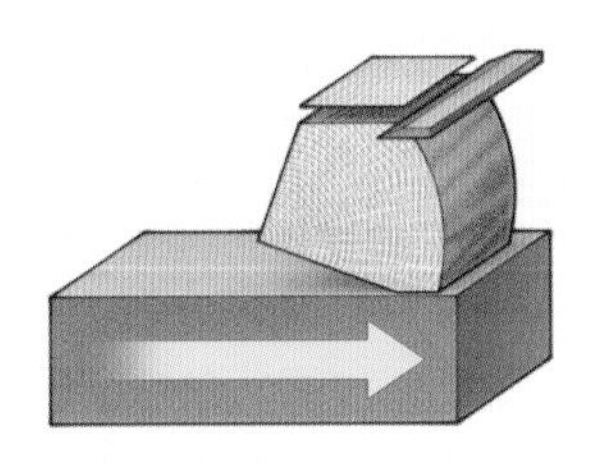

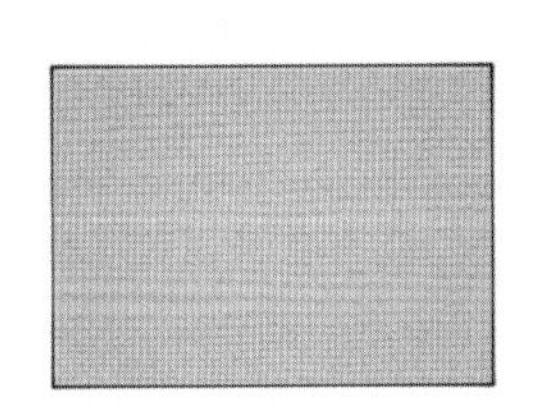

四开切

径切和四开切与弦切的方法很相似，不同之处在于固定进行切割的原木部分形状和角度不同，以保证按照所需的纹理取向进行切割。

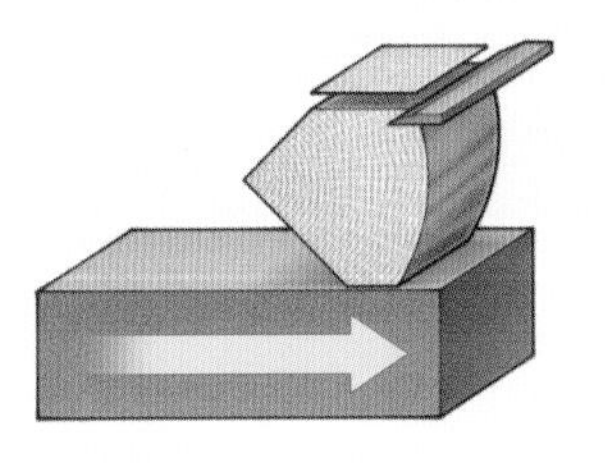

径切

固定四分之一块原木，然后沿橡木等木材的髓射线切割出标志性的虎皮纹。

样式的能力。首先，原木买家的目标是寻找干净、笔直且表面没有明显缺陷或变形的原木，然后再观察原木的端面纹理，来确定原木内部的纹理样式。所以原木买家需要对树木的生长规律以及纹理随时间的形成过程有深入的了解。由于无法对原木进行预切，以查看其内部纹理，所以对每根制作木皮的原木的选择完全取决于原木买家判断原木内部纹理的知识储备和经验。

在原木被挑选出来送到木皮厂后，切割木皮的过程就相对简单了，当然，这需要配备昂贵的大型设备。此外，木皮厂往往具有很大的堆货场，用来堆积等待切割成木皮的原木。原木的放置时间取决于木皮厂所接订单的期限和储存的木材类型。在原木堆积在堆货场尚未被切割时，需要不断地对其进行喷水，以防止原木开裂和褪色。

当堆货场的原木被送入车间进行切割时，首先要进行剥皮，将原木上的树皮和外层全部去除。去皮过程是通过手工操作研磨机并借助能够将原木的树皮和外层剥离或切掉的大型剥

这些半片原木正在进行人工剥皮，为切割做准备。这道工序可以去除树皮和外层，以及可能会损坏刨刀的污垢或沙砾。

在用大型带锯将原木切割成所需的形状和尺寸后，将木块重新捆扎成原木的形状，准备进行浸泡。

皮机完成的。完成剥皮后，原木被送到大型带锯上，被切割成所需的形状和尺寸，用来切割特定纹理样式的木皮。待原木被切割成所需形状和尺寸后，将木块重新堆叠并捆绑成原木的形状，并在非常热的水中浸泡一天至数周。这种浸泡有助于软化木纤维，使切割过程更加连贯，并有助于防止木材在切割过程中开裂。浸泡时间和浸水池的水温取决于许多变量，比如木材的种类、最终的木皮厚度以及木材本身的硬度等。这是另一个需要知识储备和经验积累的领域，而这两者的综合运用会对最终的木皮质量产生重要影响。

一旦原木离开“热水浴”，就会直接被送到切割车间进行切割。待切割的原木或是被固定在液压滑车上，在刨刀固定不动的情况下，通过反复地升降原木进行切割；或是安装在旋转轴上旋转，调整刨刀切入原木。当木皮从刨刀上滑落时，会被按照切割顺序堆叠起来，并在后续所有工序中保持这个顺序。将每片木皮切片按照切割顺序送入运转的烘干机中。待木皮干燥后，会按照质量进行分拣，并被裁切到最终尺寸，然后再按顺序重新打包装运。从后面几页的照片中你可以看到，在整个加工流程中，木皮的叠放顺序是如何在切割、干燥和堆放等一系列操作中得以保持的。这也是为什么你可以从木皮供应商那里买到来自某根特定原木的一捆或几捆木皮。如果你的预算充足，建议购买一整根原木切割出的所有木皮。

切割出的成捆木皮可以被送至某些下游企

被切割的原木经由传送系统运送，通过高架起重机投入盛满热水的浸水池中，在切片之前对木材进行软化。

业用于加工胶合板，或者制作用于拼花的饰面木皮，也可以按捆拆分后进行零售。大部分木皮会进入胶合板加工行业，用于制造各种类型和品质的胶合板，以满足从家庭装修到家具制造等终端需求。质量最佳的木皮会提供给木皮饰面供应商，这些公司生产4 ft × 8 ft（1.22 m × 2.44 m）规格的饰面木皮，饰面有纸背衬、胶背衬和双层木皮等类型，且有多种树种和装饰拼花的选择。

原木块准备好后，会被固定在液压滑车上，通过反复升降液压滑车将原木送入固定不动的刨刀不断进行切割。图中的半块原木是为弦切准备的。

在切割原木的同时，切出的木皮会通过传送系统运送，工人再按顺序手工进行堆叠。

图中这根巨大的树瘤枫木原木正在被固定到旋转轴上以备旋切，其过程类似于用车床进行车削。随着切割过程的推进，原木会变成完美的圆柱体，切下来的木皮也会越来越大，并且越来越均匀。

旋切机在旋转原木的同时，会将锋利的刨刀慢慢切入原木表面。单片的木皮被切下后，会沿着一组滚筒向下移动，然后由工人按照切割顺序进行堆叠。

制作饰面木皮

制作整片饰面木皮需要复杂的设备和精细的加工流程。最终成品是质量上乘的拼接木皮，切割整齐，且已经打磨抛光，可以用来制作橱柜等各种家具。

制作饰面木皮的第一步是将成捆的木皮拼接在一起，使两边平行对齐。这通常是在木皮拼缝机上进行的，这种设备在切割木皮的同时可以测量并夹住成捆的木皮（见图1）。接下来，木皮会被移送到涂胶机处，在整捆木皮的边缘涂上热敏胶（见图2）。然后，继续送往木皮拼缝机处。木皮拼缝机通过加热木皮边缘的热敏胶并重压木皮边缘进行拼缝（见图3）。单片的木皮可以按照任何选定的拼法进行拼接。

完成拼接的木皮之后会被送到分级区，按

切割下来的木皮会被送到烘干机处，每一片木皮会被机器上方的真空系统吸入。片刻后，木皮被烘干，就可以进行下一步的修剪工序了。

待每摞木皮全部干燥后，按顺序重新进行叠放，送往裁切流水线被裁切到特定的长度和宽度。

照质量进行分拣，评级的标准会视树木的种类而定（见图4）。部分木皮会被继续送往饰面木皮制作部门继续加工，并在那里加入合适的背衬材料。无论是纸、胶膜还是一层横纹木皮（其纹理方向与正面木皮的纹理垂直）都可以用作高质量饰面木皮的背衬材料。整片木皮会通过大容量热压机永久地黏合到背衬材料上（见图5）。接着，饰面木皮将被送往裁切部门裁切到最终尺寸（见图6）。最后，使用高性能砂光机会对饰面木皮表面进行打磨抛光，制作出质量极佳、表面已处理到位的成品（见图7）。你可以在硬木供应商那里找到多种这样可以即买即用的饰面木皮。如果你需要特定树种或纹理拼接效果的木皮，某些供应商可以接受定制委托。

这根梨木原木已经经过切割、干燥、堆叠、裁切等工序被切割成木皮，并按照切割顺序捆扎完毕，准备运送到各地的木皮批发商那里，用来制作胶合板、饰面木皮，或者零售。

在每摞木皮拼接之前，首先要把木皮转送到一台木皮拼缝机上，测量每摞木皮的宽度，然后由很长的闸刀沿木皮两条长边切直切齐。

木皮完成拼接后会被送入涂胶机。涂胶机会在整捆木皮的一侧边缘涂上一层薄薄的热敏胶。随后，机器会使木皮呈扇状散开，确保每片木皮不会互相黏合。

边缘涂胶的单片木皮会按顺序进入木皮拼缝机，拼接成更大的木皮。木皮拼缝机会将每片木皮的边缘对齐排列，同时对木皮的边缘进行加热，使热敏胶发挥作用，更好地黏合木皮。每个拼缝的拼接只需几秒钟。

人工对完成拼接的木皮进行质量分级，看片灯桌可以照出木皮中的瑕疵，工作人员发现后会做记录并标记出来。

把背衬纸（或其他背衬材料）固定在每片木皮的背面。木皮与背衬纸之间有一层胶膜，将分层堆叠的木皮送入大容量热压机，在机器和胶膜的作用下，木皮就会和衬纸牢牢黏合在一起。

贴完背衬材料后，木皮会被送往裁切部门，被裁切到最终尺寸。常见的尺寸是4 ft × 4 ft（1.22 m × 1.22 m），或者4 ft × 10 ft（1.22 m × 3.05 m）。

最后，裁切好的木皮会由高性能砂光机轻轻打磨和抛光木皮表面，这样，终端用户在将木皮粘贴到基板上之后只需进行最终的打磨。

木皮经销商

一般来说，大多数木皮经销商会为他们销售的主要木皮种类进行拍照，并将照片发布在其网站上，以便潜在的买家可以在购买之前看到木皮。这可能也是购买木皮的唯一方式——你应始终努力避免在什么都没看过的情况下购买木皮。至少，在到货之前，你可以通过网上的照片，大致了解木皮的纹理和图案样式。如果没有这样做，当你拆开包装的时候，可能会获得意外“惊喜”。

如果有机会拜访大型木皮经销商，你会明白分类存放各种木皮需要多么大的空间。绝大多数经销商会直接在巨型仓库中进行日常运营，那里木皮叠放的高度直达天花板。大多数木皮经销商并不倾向于现场交易，因为仅仅是寻找并取出某种木皮就需要不少时间，还需要一名叉车操作员配合。通常，你最好提前打电话预约，告诉经销商你想购买何种木皮，这样他们就有时间把你需要的木皮移放到方便查看的位置。如果能提前在线预览不同的木皮并做好选择，可以大大节约你和经销商的时间和精力。

当木皮到达经销商的仓库后，每摞木皮都会按照质量进行分类，通常还会对样品拍照，以便感兴趣的买家可以在网上下单前了解木皮的样式。照片中“确实木材公司”（Certainly Wood）的员工正在为几百摞树瘤黑胡桃木皮分级。正确的分级和拍摄需要专业的技术人员，这样才能确保终端用户所得即所想。

要想妥善地存放大批量的木皮用来零售，需要非常巨大的仓储空间，也需要相应的设备快速地移动、分拣和配送每一份订单。这张照片是“确实木材公司”仓库的一角，可见存放大量木皮需要多么大的空间。

用枫木和麦当娜树瘤木皮（由乔鹛木制得）制作的菱形细木镶花装饰表面，为这件电视柜的整体设计增添了层次和趣味。

这件来自蒂莫西·科尔曼（Timothy Coleman）的双门装饰柜采用了雀眼枫木和胡桃木木皮，特点在于柜门上用雀眼枫木木皮制作的装饰性拼花图案，以及双门装饰柜顶部和底座的双层回纹装饰。

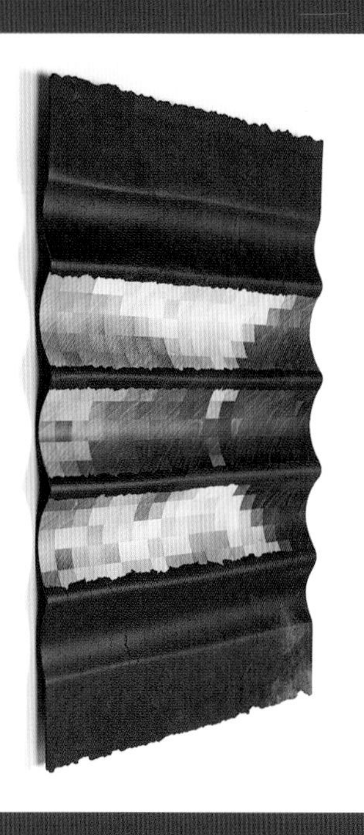

这件独一无二的全木皮壁挂来自凯文·斯坦珀。其木皮背衬贴在雕好形状的泡沫上，以形成涟漪造型。壁挂中心部分是彩色的细木镶花方块，其上下部分使用的是经过喷砂处理的英国黑橡木木皮，凸显了木皮的自然纹理。

让·亨利·里厄泽纳受玛丽·安托瓦内特（Marie Antoinette，法国国王路易十六的妻子）委托制作了这张木制机关桌，并于1778年交付。这张桌子包括可以将整张桌面抬升到与人站立时高度对应的升降装置，设有机械激活装置的弹簧隔层，以及一个可以通过棘轮升起的可翻转镜子或书架。

这件小型餐具柜的侧面和柜门上装饰了色彩缤纷的银杏叶图案，使对拼雀眼枫木木皮的背板显得更加突出。

这件用樱桃木和枫木树瘤木皮制作的床头柜，其精妙之处在于使用樱桃木木皮封边，并用黑檀木镶嵌在枫木树瘤木皮的周围。

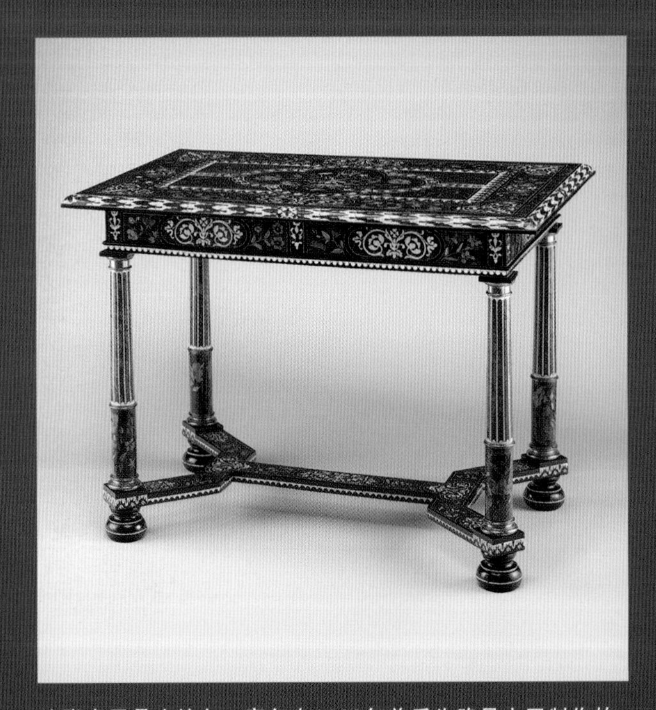

这张桌子是皮埃尔·高尔在1660年前后为路易十四制作的，当时他是路易十四的御用木匠。其精致的细木镶嵌工艺使用了一些非常珍贵的材料（有些已经找不到或不合法了），比如玳瑁和象牙。部分象牙甚至还被染成了生机勃勃的绿色，作为镶嵌花朵图案的绿叶陪衬。

这件奢华的翻盖式写字桌是戴维·伦琴在1785年左右制作的，其特点在于有通过各种机械装置操作的暗格。这张桌子的框架使用橡木、松木和冷杉木制作，外部饰以桃花心木木皮，内部则以枫木树瘤木皮和桃花心木木皮贴面。

第 2 章

使用木皮

在上一章中，我们已经了解了木皮的生产过程和几种用途，现在让我们来进一步探究木皮的使用方式。在本章，我们会讨论如何购买木皮，并学习一些用以描述市售木皮的术语。我们也会讨论如何存放木皮，并讲解如何整平起皱的木皮。然后，我们会演示一些用于精确裁切木皮的工具及其使用方法。最后，我们会学习几种拼贴木皮的方法，为下一章学习木皮的胶合和压板做好准备。

购买木皮

购买木皮与从木材厂购买木板并不完全相同。木皮通常是在网上购买的，而且经常是货到之后才能亲眼见到实物。这会让你在第一次购买木皮的时候略感焦虑，特别是在你还不了解木皮相关术语的时候。多年来，我一直都从一些信誉良好的木皮经销商处购买木皮，我会解答你的所有疑问，帮助你顺利地找到你想要的木皮。

木皮经销商基本都是在网上售卖木皮的，除非你刚好住在某个零售店附近。鉴于你很可能是在没有见过实物的情况下购买木皮，仅有的信息就是网站上的几张照片，所以，你需要在下单之前清楚地知道你要购买的是哪种木皮。木皮的销售一般有两种方式，一是单片的木皮，仅有少数精品木皮经销商会出售；二是成捆的木皮，大多数木皮经销商都有售。单片的

一捆木皮通常是24片或32片，都是从原木上依次切下的，在整个生产加工过程中也都是按照切割顺序叠放的。

木皮其实并没有所谓的标准尺寸。树瘤木皮的尺寸可能非常小，有些品种的树瘤木皮大概只有4 in × 6 in（101.6 mm × 152.4 mm），有些则可能达到3 ft × 3 ft（0.91 m × 0.91 m）。直纹木皮相对较大，有些甚至可以超过2 ft（0.61 m）宽、12 ft（3.66 m）长，但直纹木皮的平均尺寸大约是宽6~8 in（152.4~203.2 mm）、长10 ft（3.05 m）。

无论尺寸大小，木皮论“片”，而“捆”指的是一捆特定数量的木皮，通常是24片或32片，偶尔也能找到12片或16片的小捆木皮。如果你的作品尺寸比较大，那么购买连续的几捆或是来自整块木料的全部木皮更为合适。一捆木皮中所有单片木皮的叠放顺序对于创建均匀一致的外观和连贯的纹理样式至关重要。每一捆木皮都是按切割顺序堆叠的。换言之，每一片木皮被切割出来后，都是按照切割的顺序进行叠放的，在后续的干燥和分级过程中亦是如此。购买一捆木皮，相当于购买了某根原木的一段；

这张照片拍摄于“大西洋木皮公司”（Atlantic Veneer Corporation），图中切割机旁按原木形状堆放的樱桃木木皮表明，将原木切割成木皮的过程几乎没有任何浪费。

购买连续的几捆木皮，相当于购买了某根原木的较大一段，而且那部分切割出的所有木皮都是按照顺序叠放的。

木皮按面积出售（通常以平方英尺为单位），不像实木那样还需要计量厚度。无论木皮厚度如何，每平方英尺木皮的尺寸都是12 in × 12 in（304.8 mm × 304.8 mm）。大部分商业木皮的厚度约为0.025 in（0.6 mm），但某些木皮经销商也供应厚达⅛ in（3.2 mm）的木皮。较厚的木皮可以用来制作弯曲的层压板，甚至是桌面（因为桌面易于损坏，且考虑到将来可能需要重新打磨和进行修补，所以桌面用的木皮需要厚一些）。不过，只有有限的一些树种可以切割出较厚的木皮。

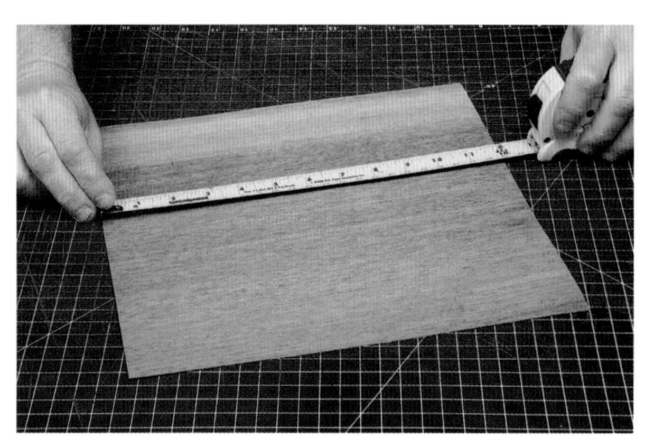

无论木皮厚度如何，每平方英尺木皮都是12 in × 12 in（304.8 mm × 304.8 mm）。

纸背木皮和双层木皮

在第1章我们曾经提到，纸背木皮和双层木皮也有许多尺寸，包括4 ft × 8 ft（1.22 m × 2.44 m）和4 ft × 10 ft（1.22 m × 3.05 m）。这些尺寸的木皮通常都是相对稳健的选择，包含的木材种类也较多。纸背木皮是将一层10 mil（0.01 in，约0.3 mm）或20 mil（0.02 in，约0.5 mm）厚的背衬纸粘到非常薄（0.015 in，约0.4 mm）的饰面

纸背木皮、双层木皮和胶背木皮被紧紧卷成卷，然后装在硬纸箱中运送。在使用前请先将木皮展开并任其自然伸展平整。

计算成本

当你购买一捆32片的木皮时，这一捆木皮的价格是按32片木皮的总面积来计算的。因此，大量购买热带硬木和纹理非常精美的木皮时，花费会非常惊人，比如紫檀树瘤木皮这种由稀有树种制成的木皮，其每平方英尺的价格可能高达25美元。因此，在制作家具时使用木皮并不一定会比使用实木便宜，如果算上材料和人工成本，可能还会超过使用实木的投入，如果选择纹理漂亮的木皮更是如此。但是，木皮的设计潜力远远大于实木。

木皮的背面制作而成的，且饰面木皮通常已经经过了预打磨处理。在胶合以及最后打磨的时候需要非常小心，以免损坏木皮的展示面。双层木皮是将第二层木皮以横向于第一层木皮的纹理方向粘贴到第一层木皮的背面，使整片饰面木皮更加牢固坚韧。这两种木皮在需要进行大面积装饰或者当你不具备拼缝和压板的设备时是非常有用的，但通常，它们的价格比原初木皮高，而且相当薄，所以在使用过程中，你需要特别小心，不要损坏其展示面。

纸背木皮和双层木皮是成卷装在硬纸箱中运送的，所以要在使用前将其展开并任其慢慢恢复平整。本书的大部分内容都是围绕原初木皮展开的，因为每片原初木皮正反两面均可用，并能创造更为复杂的装饰样式，但如果你的作品需要整片拼好的木皮，或者只是不想自行切割和拼接，那么这类经过预加工的木皮就很有用了。

创建切割清单

在购买木皮之前，最好创建一个作品切割清单，以便判断所需木皮的数量。测量作品中每一块需要贴面的板材，要记得，所有板材的两面都要贴木皮，这样才能保证板材的均衡。如果只在其中一面贴木皮，那么这块板材很可能会很快翘曲并最终报废。根据作品的结构，你可以在板材的背面使用比较实惠的衬料木皮；或者，如果是可见的内部表面，可以用装饰性或颜色对比鲜明的木皮来增加整件家具的趣味性。

我在切取木皮时，通常会在每块板材的长宽尺寸的基础上增加一些，以满足后续修边和对齐纹理的需要。对于对拼等需要获得装饰性拼接效果的板材，你需要明确完成这种拼接所需木皮的数量和每一片木皮的尺寸。也就是说，要制作一块12 in（304.8 mm）宽的对拼木皮贴面门板，需要两片至少6 in（152.4 mm）宽的木皮才能完成对拼。不要忘记木板之间的匹配。一对12 in（304.8 mm）宽的门板需要4片至少6 in（152.4 mm）宽的木皮，才能保证两块门板完美匹配。因此，你实际购买的木皮数量有时候比木皮的总面积更为重要。记住，你需要预留一些余量以便于后续的修整，所以在这个例子中，我会使用至少7 in（177.8 mm）宽的木皮，切取衬料木皮也应如此。最后，为了容错和实现更理想的纹理搭配，最好多买一些木皮。我的经验是，直纹木皮至少增加20% 的购买量，纹理漂亮的木皮或树瘤木皮至少增加50% 的购

打开这件安利格樱桃木柜，内饰的径切枫木为内部空间营造了一种轻盈明亮之感。

切割清单示例

作品全部部件的尺寸

- 2块，门板：12 in（304.8 mm）宽，30 in（762.0 mm）长（内外面皆可见）。
- 2块，侧板：8 in（203.2 mm）宽，30 in（762.0 mm）长（内外面皆可见）。
- 1块，背板：24 in（609.6 mm）宽，30 in（762.0 mm）长（内外面皆可见）。
- 2块，顶板和底板：8 in（203.2 mm）宽，24 in（609.6 mm）长（内外面皆可见）。

加大的贴面木皮尺寸

- 门板：2扇门，每扇门2面，每面2片木皮（对拼），共计8片木皮，每片木皮尺寸为7 in（177.8 mm）宽、32 in（812.8 mm）长。
- 侧板：2块侧板，每块侧板2面，每面1片木皮（单块），共计4片木皮，每片木皮尺寸为9 in（228.6 mm）宽、32 in（812.8 mm）长。
- 背板：1块背板，正反2面，每面4片木皮（双重对拼），共计8片木皮，每片木皮尺寸为7 in（177.8 mm）宽、32 in（812.8 mm）长。
- 顶板和底板：2块板，每块2面，每面1片木皮（单块），共计4片木皮，每片木皮尺寸为9 in（228.6 mm）宽、26 in（660.4 mm）长。

木皮总面积

39.4 ft^2（3.66 m^2），增加20% 的余量（8 ft^2），需购买48 ft^2（4.46 m^2）。

需要匹配纹理的木皮总数

门板和背板（内侧和外侧可以使用同一捆木皮的不同部位），共计8片。

侧板、顶板和底板（内侧和外侧可以使用同一捆木皮的不同部位），共计4片。

总结

根据切割清单示例并假设使用的是质量不错的直纹木皮，我们需要8片9 in（228.6 mm）宽、96 in（2438.4 mm）长的木皮。鉴于大部分市售直纹木皮的长度为8~10 ft（2.44~3.05 m），你可以买同一捆木皮中的8片。或者，如果你想在内外部使用不同的材料，可以买一捆木皮中的4片和另一捆木皮中的4片。

直纹木皮通常都是卷成卷并用纸包装运输的，因为将木皮卷起来可以降低运输成捆长木皮的成本。

买量。比起制作到最后，你发现差了一片木皮，而木皮经销商也已经把你最为需要的下一捆木皮卖掉了，这种额外的预算无疑是值得的。

处理木皮

我们曾在第1章讨论过，市面上的木皮种类很多，但在运输和存储时，这些木皮都可以分成两种类型：直纹木皮和树瘤木皮。这两种类型的木皮处理方式不尽相同。由于直纹木皮成卷运输，外面用包装纸或塑料薄膜包裹，货到以后，要把整卷木皮铺开，在使用前需等待几个小时让木皮自行展开恢复平整状态。如果空间足够，直纹木皮也应展平存放。记得在直纹木皮上用铅笔标记裂缝和裂口，并用蓝色美纹纸胶带把裂开的部位粘起来，防止裂缝扩大。在处理直纹木皮的过程中，也应该横向于直纹木皮的两端粘贴蓝色美纹纸胶带，防止其沿纹理方向开裂。此外，货到之后，在所有木皮的

你经常可以在单片木皮的末端发现裂口，需要用蓝色美纹纸胶带将裂口粘起来。还有，记得为每一片木皮编号，以随时了解它们的使用情况。

同一面编号是非常有益的习惯。这样在切割或拼接木皮时，即使你将木皮翻得乱七八糟，也仍能轻松地恢复原来的顺序。

树瘤木皮需要展平并夹在两块硬纸板中间运输，因为它们非常易碎，卷起来一定会造成损坏。这些木皮极为易碎，所以在处理过程中，应该在其4边都粘好蓝色美纹纸胶带，以免折断。如果有破损，那就小心地将木皮粘好，以备不时之需。树瘤木皮上有裂纹不是什么大事，因为把木皮粘好之后，这些裂纹就会消失。耐心地用粉笔标记树瘤木皮上较大的瑕疵或孔洞，方便后续寻找。

树瘤木皮极其易碎，所以需要将其夹在两块硬纸板中间展平运输，不能卷起来运输。

树瘤木皮总有一些瑕疵，需要在后续的木皮装饰制作过程中进行修补。记得用粉笔将瑕疵和孔洞标记出来，以便于之后寻找。

储存木皮

在确定了要购买的木皮种类和数量后，你需要建立一个良好的储存系统。木皮比较适合存放于某些可控条件下，理想的环境条件是70 ℉（21.1℃）的温度和50%的湿度。如果存放之处温度和湿度波动剧烈，木皮会随着时间的推移慢慢卷曲或开裂，很难再使用。如果达不到或者无法创造理想的储存条件，可以在木皮外包裹一层塑料防水布，然后将其放在两块胶合板或中密度纤维板（MDF）之间压紧，以最大限度地减少温度和湿度的波动对木皮的影响，使木皮可以保持相对平整。

整平起皱的木皮

你可能依然记得第一次收到褶皱木皮时的心情，那种感受会烙印在你的记忆里，因为那些木皮看起来无法使用，你会觉得浪费了一大笔钱。不过，幸运的是，事实并非如此，整平起皱的木皮其实很简单。只要使用商业整平溶液和简易的压平系统，每个人都可以做到。木皮重新整平后，可以像正常的木皮那样使用。

大多数树瘤木皮到货时都有些起皱，轻微的褶皱不影响其正常使用，但如果木皮弯曲或

存放木皮的理想方式是在温湿度可控的环境中，将木皮展平放在架子上。

市面上的商业木皮软化剂种类繁多，图为真空夹品牌的专业胶木皮软化剂，适用于所有起皱的木皮，而且使用时不需要调配。

是严重变形，就需要先进行整平。树瘤木皮经过整平后更容易应用，同时不像之前那样脆。此外，虽说整平溶液有多种自制配方，不过商业整平溶液性能可靠，使用方便，容易获取，所以一般没有必要自己配置。通常来说，商业整平溶液就是乙醇、甘油、水和胶类产品的混合物，自制的整平溶液也是差不多的配方。我比较喜欢用真空夹（Vac-U-Clamp®）品牌的专业胶木皮软化剂（Pro-Glue Veneer Softener），因为它起效快，而且容易买到。

如果你有真空封袋装置（见第48~52页“真空封袋装置压板”），那会让整平操作容易得多。如果没有，用夹具也可以，只是会比较费力；如果木皮较大，则需要很多夹具。如果使用真空封袋装置，需要先用比木皮尺寸稍微大一些的 ¼ in（6.4 mm）厚的中密度纤维板制作一些垫板。你还需要准备一些大张的纸来吸收整平溶液，尚未经过印刷的新闻纸和牛皮纸效果都

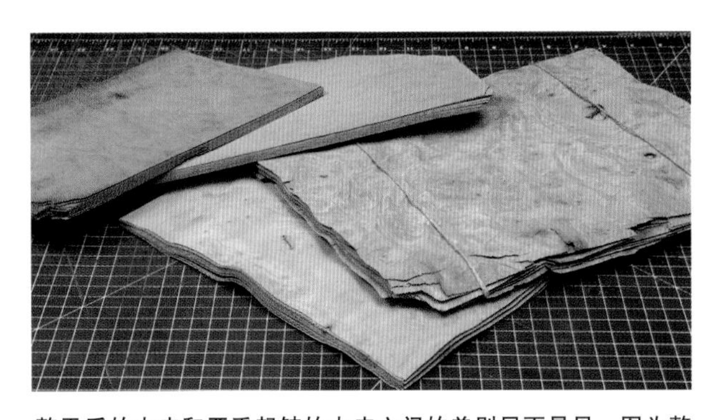

整平后的木皮和严重起皱的木皮之间的差别显而易见。图为整平后的麦当娜树瘤木皮和枫木树瘤木皮叠放在两摞起皱的喀尔巴阡榆木树瘤木皮之上。

不错，不要用已经印刷的纸张，否则纸张上的墨迹会转印到木皮上。先将整平溶液喷洒到木皮表面，这一步是为了均匀地打湿木皮，而不是浸泡木皮（见图1）。然后将木皮静置15~20分钟，以便溶液完全润湿木皮纹理。

接下来，按照收货后你用粉笔标出的编号顺序将木皮叠起来，但每隔一片木皮要翻转一次，将起皱木皮的纹理颠倒过来，以便可以更

用整平溶液将木皮逐一打湿，其目的是将木皮表面全部润湿，而不是浸泡木皮至滴水的程度。

将润湿的木皮和纸张交替叠放，并夹在两块中密度纤维板垫板之间，准备进行压平。

大概30分钟后，你会发现，纸张完全被整平溶液浸湿，需要用干燥的新纸将其替换下来，以继续干燥过程。

刚刚压平的木皮非常柔韧，也很好裁切，但仍然带有一定的水分，所以在压平后还需要一点时间对其进行干燥。把木皮夹在中密度纤维板之间放置几天，一边结束干燥过程，一边可以保持木皮平整。

彻底地压平。整平时，先铺上一块中密度纤维板垫板，并放上一张纸，然后将第一片木皮放在纸上面。接下来依次放上另一张纸，铺上另一片木皮。用这种方法，可以一次性整平整捆木皮。继续用这种方式叠放木皮，直到所有的木皮都平整地堆叠好，木皮之间、顶部和底部的垫板与木皮之间都有纸张间隔（见图2）。将整摞材料放进真空封袋装置中进行压平，等待大约30分钟，将材料从真空封袋装置中取出，用干燥的纸张换掉浸湿的纸张（见图3）。如果使用的整平溶液剂量合适，你会发现替换下来的纸张很湿。

继续干燥，你需要用干燥的新纸替换湿纸，以从木皮中吸收更多的水分。更换完毕后，将所有材料放回真空封袋装置继续压平。几个小时后再次取出材料，重复换纸的步骤。经过3~4次换纸后，木皮基本上就干燥到位了。将材料全部取出，重新叠放木皮，这次无须再用纸张间隔。将被吸干水分的木皮夹在中密度纤维板之间放置几天，继续进行干燥，然后木皮就可以使用了（见图4）。如果短时间内你不打算使用，那么把木皮继续夹在中密度纤维板中不失

这件由笔者制作的大件意大利装饰艺术风格的桌子全部采用纹理匹配的麦头树瘤木皮（由桃金娘木制成）贴面。每片木皮大约3 ft（0.91m）见方，且在使用前经过了整平处理。整平后的麦头树瘤木皮切割起来如同柔软的皮革，很容易操作，即使是在桌面、桌角、门边的曲面区域进行贴面也不是很难。

为一个好办法，否则，木皮有可能再次起皱。

借助夹具整平木皮的过程本质上与使用真空封袋装置是相同的。最主要的区别是将顶部和底部的中密度纤维板垫板的厚度从 ¼ in（6.4 mm）增加到 ¾ in（19.1 mm），这样可以让来自夹具的压力更均匀地分布在木皮上。整个过程中，从用整平溶液打湿木皮，到在设定时间后更换纸张，这些细节都是相同的。

裁切木皮

学习裁切木皮和学习切割燕尾榫很相似，每个人都有自己对于正确切割方法的认识，而每个人的方法也都不一样。从中分辨出高效的方法并找到适合自己的并非易事。在我刚开始学习裁切木皮时，也遇到了同样的问题，并为此颇费力气。裁切木皮的工具有很多种，比如木皮手锯和电动轨道锯，每一种工具都有其优点和不足。

不论使用何种工具，采用哪种方法，裁切木皮的过程都基本相同。在已经用蓝色美纹纸胶带粘好的一摞木皮上标记裁切位置，将平尺与标记的裁切线对齐，然后有条不紊地切割，一次切开一片木皮，或者一次性切开一整摞木皮。多年来，我几乎尝试过所有可以切割木料的工具用来裁切木皮，然后探索出了一种高效且简单易学的木皮切割方法。接下来，我会介绍几种用于裁切木皮的工具，但实际上，只要有一把木皮手锯和一把平尺，几乎可以完成所有的裁切工作——还有比这更简单的方法吗？

木皮手锯

裁切木皮的传统工具是木皮手锯，现在还能找到的木皮手锯基本上可以分为两种，一种是带有细长手柄的双面刃手锯，另一种是带有巨大木手柄的单面刃手锯。这两种木皮手锯用

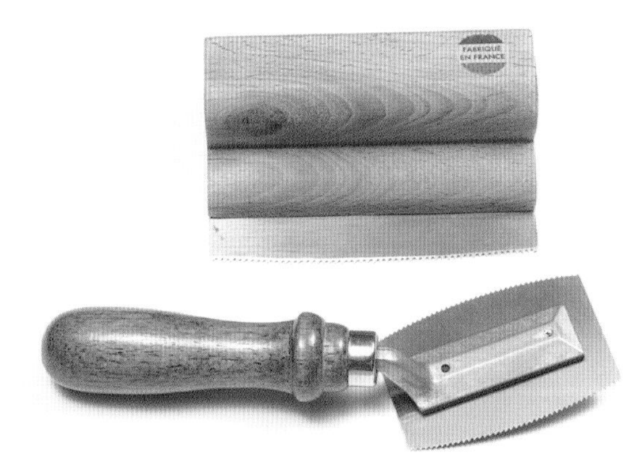

市面上仅有的两种木皮手锯，都非常适合裁切木皮，而且能用很多年。

研磨木皮手锯

先用一把小型三角锉研磨锯齿刃口，顺着刃口原有的角度，保持三角锉与锯片表面垂直进行研磨（见图1）。然后用三角锉的平面斜向锉削锯齿的刃口，直到锯齿刃口被锉削出尖端（见图2）。大部分锯片的锯齿刃口买来时并没有锥度变化，所以你需要用锉刀为锯齿研磨出锥度刃口。最后，在细水磨石或是粘贴在扁平木料上的320目砂纸打磨掉锯片背面的毛刺（见图3）。

用一把小型三角锉研磨锯齿刃口，确保沿着锯齿刃口原有的角度研磨。

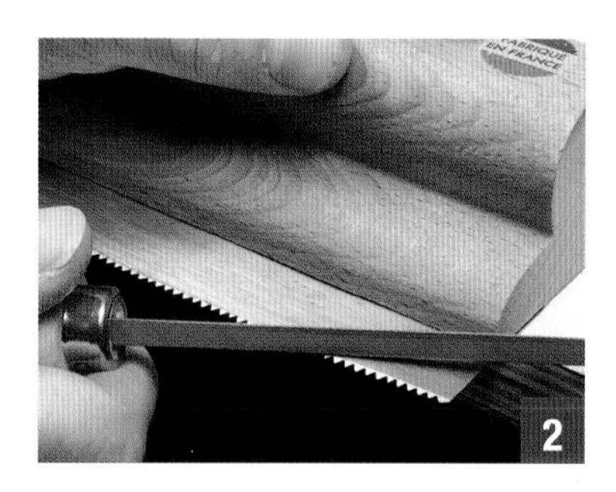

把锯齿研磨锋利后，将木皮手锯的背面平贴在工作台上，用三角锉的平面在锯齿的刃口上锉削出斜面。继续锉削，直到锯齿刃口被锉削出尖端。

用细水磨石或粘贴在扁平木块上的320目的砂纸打磨掉锯片背面的毛刺，轻轻磨削几下应该就可以使锯片背部变得很光滑。

起来都很称手，其工作原理都是用锯片背面抵靠平尺，并且因为锯齿后缘没有斜角，所以切面始终是垂直于木皮正面的。这两种木皮手锯都能在一摞木皮上快速切割出利落、笔直的边缘。而且，这两种木皮手锯都不算昂贵，只是，如果想获得最好的切割效果，需要经常研磨锯齿刃口，使其保持锋利（见本页“研磨木皮手锯”）。

要切割出整齐的直线边缘，需要用平尺为锯片提供引导。可以用1 in（25.4 mm）厚、2 in（50.8 mm）宽、比木皮长一些的硬木来制作理想的平尺。如有必要，可以在平尺的底部垫上粗砂纸（100目），以防止平尺在裁切木皮时移位。很显然，自制平尺的一侧边缘必须平直，且与平尺的上下表面垂直，否则，切割就无法保持直线并垂直于木皮正面。可以借助已经设置好的平刨或手工刨与组合角尺来快速完成自制平尺边缘的刨平和刨直。

在裁切刚买来的整捆木皮之前，你需要对齐所有的木皮，使每片木皮的纹理完美契合。为此，需要首先找到每片木皮上最明显的纹理标志，然后以纹理标志为参照，将木皮一片一

你购买的每一捆木皮都会有一些明显的纹理标志，在裁切木皮之前，你可以利用这些标志对齐单片的木皮。对齐每片木皮上的纹理标志可以确保在裁切整摞木皮的时候，每一片木皮被切割的位置都是相同的。如此，这些纹理一致的木皮就可以用来进行连贯的拼接。

把整摞木皮用蓝色美纹纸胶带粘好后，用铅笔画出标记，指引第一次裁切的切割线。

将平尺边缘与铅笔标记对齐，将锯片背面抵紧平尺边缘慢慢切开整摞木皮。

片地对齐叠放起来，并在纹理标志处将对齐的木皮用蓝色美纹纸胶带粘贴在一起。接下来寻找另一个木皮的纹理标志，并重复对齐、堆叠和粘贴的过程。环绕整捆木皮重复几次上述操作。这样一来，在你裁切整捆木皮的时候，你就会得到纹理完美对齐的木皮。我发现，用木皮手锯可以一次性轻松切开8~12片木皮，如果木皮多于这个数量，要么分成几摞进行裁切，要么改用电动轨道锯裁切。

切割时，可以将木皮放在购自缝纫用品店的耐切割垫上。比起中密度纤维板或胶合板，耐切割垫不易切入，因此可以延长锯片保持锋利的时间。用两个标记来标明切割线，每摞木皮的两端各一个（无须标出整条切割线）。只需将平尺的边缘与这两个标记对齐即可。裁切时，被切掉的那一侧是废料，所以应把平尺放在你打算保留的那一侧。牢牢压紧平尺，然后沿着木皮的长度方向逐步切割。不要试图一次性切开所有木皮，应以多次力道较小的切割方式进行裁切，让木皮手锯发挥作用。持续裁切，直到所有木皮都被切开。在整个过程中保持锯片

修边

有时候，可能需要对刚刚完成裁切的木皮边缘轻微打磨，以去除小碎屑或撕裂的纤维。在整摞木皮还粘贴在一起的状态下，将其靠近工作台的边缘放置，使木皮边缘悬空，超出工作台边缘约⅛ in（3.2 mm）。用平尺压在距离木皮边缘约⅛ in（3.2 mm）的位置（即平尺与工作台边缘对齐）。用与制作平尺类似的方法制作一块长而直的打磨块，并在其一侧大面上粘贴100目的砂纸。将打磨块垂直紧贴于木皮需要打磨的边缘，沿木皮的切割边缘轻轻地来回打磨几次。检查切割边缘的瑕疵是否消失，以判断操作进度。如果木皮边缘上的瑕疵还未完全消除，就继续均匀地打磨，直到瑕疵消失。

用木皮手锯或者电动轨道锯裁切的木皮，其边缘偶尔会出现小碎屑或纤维撕裂（在裁切树瘤木皮时尤为明显）。用打磨块快速打磨几次可以消除这些瑕疵。

背面紧贴平尺边缘。这是一项需要经过一些练习才能掌握的技能，但使用木皮手锯裁切木皮的要点都在这里了。

其他裁切工具

另一类可以用来裁切木皮的工具是手术刀和美工刀。我不建议使用这些刀具来裁切长木皮，因为这两种刀具很容易受到纹理走向的影响，并不总是沿着平尺的直边进行切割。此外，这两种刀具的刀刃两侧均有斜面，所以在裁切时，刀片必须稍微倾斜一定的角度，才能获得垂直切割的效果。不过，手术刀在裁切封边和镶嵌所需的小片木皮时非常好用。

手术刀不太适合用来裁切长纹理的木皮，但非常适合裁切小片的装饰性封边和偶尔需要的镶嵌材料。

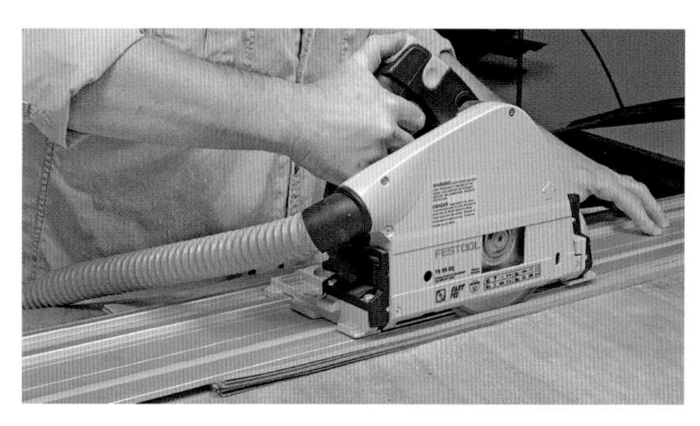

现代电动轨道锯可以快速笔直、干脆利落地裁切一整摞木皮，并且切口总是平直整齐的。

> ❖ 小贴士 ❖
>
> 对一摞木皮进行平行裁切时只需标出一条裁切线，然后沿裁切线进行裁切，再借用卷尺以第一条切割边缘为基准标记第二条切割线。同样的方法也适用于裁切辐射拼所需的锥形木皮，以及本书后面会讲到的拼花工艺作品。

在同时裁切更大一摞或许多捆木皮时，采用电动轨道锯效果更佳。电动轨道锯的轨道相当于平尺，锯片沿滑槽轨道运动进行裁切，其切出的木皮边缘非常笔直。电动轨道锯有很多品牌，每种品牌都有几种不同的轨道长度，所以从理论上来说，电动轨道锯的轨道长度是无限的。

用电动轨道锯裁切整摞木皮的过程与使用木皮手锯类似。首先，标记切割线，把轨道边缘与切割线对齐，然后用锯片进行裁切。确保锯片在裁切开始时和停止时都越过木皮的边缘，并刚好切开整摞木皮。在裁切过程中，要紧紧压住轨道，以确保切开的木皮边缘平整。此外，因为我们使用的是电动锯，所以不应使用耐切割垫，而应换成廉价的胶合板作为垫板。稍微调整每次裁切的位置，切口就不会重叠，裁切效果也会非常好。通过每次调整裁切位置，相当于是为锯片创造了一个零间隙的底面，这样最底部的木皮就不会撕裂。要使锯片完全对准前一次的切口是相当困难的，所以只需稍微调整锯片的位置，重新切割就可以了。

拼贴木皮

我一开始拼贴木皮时使用的是从家居建材中心购买的蓝色美纹纸胶带，现在，在工房完成大部分的拼贴木皮时我仍然会使用它。这种胶带很容易买到，价格也实惠。除此之外，还

木皮用胶带

家居建材中心所售的蓝色美纹纸胶带黏着力很强，可以将木皮紧密拼接在一起，但在压板时就偏厚了，可能会在木皮上留下压痕。这时候，蓝色低黏美纹纸胶带或湿水胶带就派上了用场。号称“可持续60天”的蓝色低黏美纹纸胶带比普通蓝色美纹纸胶带更薄，黏性也稍弱，压板之后便于去除。湿水胶带是一种很薄的纸胶带，一面附有干性胶黏剂，使用时需用湿海绵润湿无胶的那一面。湿水胶带在变干时会出现轻微的收缩，所以可以帮助拉紧接缝处的木皮。去除时只需用水润湿湿水胶带表面，就可以快速将其撕掉或者从胶合的面板上刮掉。湿水胶带有多种型号，有些是实心的，还有一些则是有孔的，其宽度通常为1~2 in（25.4~50.8 mm）。

蓝色美纹纸胶带是胶带中的“劳模”。在制作装饰性木皮贴面面板时，我们一般都会使用蓝色美纹纸胶带。在进行大规模排样时，蓝色美纹纸胶带也可用于临时的木料拼接，非常省力，因为在把部件拼接在一起的同时，木纹理仍清晰可见。在接合部分的背面使用蓝色美纹纸胶带可以将接合部件拉紧，从而便于用湿水胶带或蓝色低黏美纹纸胶带将正面的木皮黏合到位。蓝色美纹纸胶带宽度不一，通常在 ¾~3 in（19.1~76.2 mm）。

图中从上到下依次为蓝色低黏美纹纸胶带、蓝色美纹纸胶带和湿水胶带，这三种胶带在贴木皮时最为常用，且用途各异。工房里应常备这三种胶带。

有其他一些胶带在拼贴木皮时也很实用，其中，最常用的是湿水胶带和蓝色低黏美纹纸胶带。身边常备这三种胶带，操作时会非常方便，不过，每一种胶带的使用方法都有细微的差别，具体用法见本页“木皮用胶带”部分。

粘贴对拼木皮

我们继续讨论操作步骤。现在已经有了一摞木皮，每一片木皮的边缘都已打磨或切割整齐，可以用来拼接和装饰较大的面板。取两片木皮，通过简单的对拼方式来感受不同的胶带是如何发挥作用的。我们会在后面的章节详细讲解对拼的具体操作步骤，此处只是通过快速练习帮助了解胶带的使用。

按叠放顺序取出两片木皮，把它们沿切割边缘折叠并像翻书一样打开，这时两片木皮的纹理是镜像对称的。在拼缝处以垂直于拼缝的方向，按照大约4 in（101.6 mm）的间隔，粘上几条1 in（25.4 mm）宽的蓝色美纹纸胶带。先将蓝色美纹纸胶带的一半牢牢粘贴在一片木皮的边缘，然后将两片木皮对齐拼接并压紧，同时将剩下的一半蓝色美纹纸胶带跨过拼缝拉向另一片木皮并粘牢，效果是最好的。蓝色美纹纸胶带具有一定的延展性，因此可以将拼缝处拉紧。接下来，用一整条蓝色美纹纸胶带沿拼缝粘贴好。我发现用黄铜刷磨压胶带可以确保胶带黏合得更牢，不容易出现松动，我用的是麦克马斯特－卡尔（McMaster-Carr®）品牌的长柄黄铜刷。在胶带上来回磨压可以将胶带中的黏合剂牢牢压入木皮中，把拼缝木皮翻面进行磨压，可以使拼缝处黏合得更牢固。在木皮的一面粘好蓝色美纹纸胶带后，将木皮整体翻面，用另一种胶带来完成压固之前的拼贴工作。

每片木皮有两面：展示面和胶合面。顾名思义，胶合面是黏合到基材上的面，而展示面是木皮完成黏合后外露的一面。在示例中，我们先在对拼木皮的胶合面粘贴蓝色美纹纸胶带，然后用另一种胶带粘贴对拼木皮的展示面，为后续的胶合做准备。在粘贴展示面时，蓝色低黏美纹纸胶带和湿水胶带非常好用，虽然它们的使用方式略有不同，但都有特定的作用。这两种胶带的使用方法会贯穿全书。

蓝色美纹纸胶带本身具有延展性，在粘贴木皮时可以利用这一点。将蓝色美纹纸胶带的一半粘贴在一片木皮的边缘，将剩下的一半拉到另一片木皮的边缘，把两片木皮对齐粘好。在这个过程中可以感觉到蓝色美纹纸胶带将两片木皮拉紧。

为了确保蓝色美纹纸胶带牢牢地粘在木皮上，不会在后续操作中剥落，可以用坚硬的黄铜刷好好刷一遍胶带。

首先，将大约3 in（76.2 mm）长的蓝色低黏美纹纸胶带以横向于拼缝的方向，按照大约4 in（101.6 mm）的间隔粘贴好。拼贴方式与处理胶合面时相同，先在一片木皮的边缘粘贴好一半的蓝色低黏美纹纸胶带，然后将两片木皮对齐并压紧，再将另一半蓝色低黏美纹纸胶带拉向另一片木皮的边缘并粘牢。记得用力磨压胶带，因为蓝色低黏美纹纸胶带的黏合力较弱。接下来，用一整条蓝色低黏美纹纸胶带沿拼缝粘贴，尽量保证左右均匀，再用黄铜刷用力磨压蓝色低黏美纹纸胶带，使其粘贴牢固。

关于蓝色低黏美纹纸胶带的使用需要注意一点：因为其黏合力较弱，发挥作用的时间很短（通常不超过1小时），所以最好在即将进行胶合的木皮上使用这种胶带。如果粘贴好的木皮还需要一段时间才能进行胶合，或者在胶合前还需要对木皮进行一些其他的处理，那么最好使用湿水胶带。

现在，我们来学习使用湿水胶带进行拼接。另取两块切割好的木皮，并将其进行对拼。用蓝色美纹纸胶带粘贴好胶合面，然后把木皮翻面，准备用湿水胶带粘贴展示面。湿水胶带是

蓝色低黏美纹纸胶带并没有蓝色美纹纸胶带那么大的黏合力，所以尽量在需要即将进行胶合的木皮拼缝处使用。最好在蓝色低黏美纹纸胶带粘贴好的1小时内进行压固处理。

一种很薄的纸胶带，其背面附有干性胶黏剂，非常适合处理不能立刻压固的拼接木皮，因为湿水胶带上的干性胶黏剂能够一直附着在木皮表面，直到其再次湿润。使用湿水胶带的关键在于对干性胶黏剂施以适量的水——太少，黏性不够；太多，水和胶水会溢出。而且过量的水也容易使木皮膨胀和形变，这可不是我们想要的。

使用湿水胶带的话，不需要粘贴一连串横向于拼缝处的胶带，沿着拼缝的主要部分粘贴一条湿水胶带就足够保持木皮拉紧和对齐了。撕下一条与拼缝处等长的湿水胶带，并用湿润的海绵将其润湿。湿润的湿水胶带不应该滴水，如果有水滴落，说明水太多了；如果摸起来有点干，则表明水还不够。将湿水胶带沿拼缝的长度方向粘贴，并用纸巾一边用力按压湿水胶带，一边吸走多余的水分。在粘贴湿水胶带时，不要用力拉抻，以免其被撕裂。随着湿水胶带的干燥，湿水胶带的收缩会进一步拉紧木皮。

在用蓝色低黏美纹纸胶带或湿水胶带粘贴好展示面之后，就可以将胶合面的蓝色美纹纸胶带撕掉了。将木皮翻面，轻轻撕下拼缝处的蓝色美纹纸胶带，然后，就可以准备将拼接好的木皮粘贴到基板上了（具体讲解见第3章）。

湿水胶带切割器

市面上有几款湿水胶带切割器，内部装有一小块用来润湿胶带的海绵。你也可以像我一样，用一些简陋的材料和一块洗碗海绵自制一个湿水胶带切割器。将几块胶合板胶合到一块狭窄的胶合板底座上，并用一根圆木榫穿过两块侧板上的孔来固定胶带（见下图），然后在切割器的前面放一个小塑料杯，将洗碗海绵放进去。或者，如果你对湿水胶带的使用还不够熟练，那么准备一个浅口的碗，将一块湿海绵放在里边，效果也很好，而且基本上不会额外耗费时间和金钱。我认识的一位木皮装饰专家用这招用了许多年。

湿水胶带在干燥时会收缩，可以进一步拉紧木皮。只是在除去胶合面拼缝处的蓝色美纹纸胶带前，一定要确保湿水胶带已完全干燥。

湿水胶带完全干燥后，将木皮翻面，将胶合面的蓝色美纹纸胶带轻轻撕下。现在，可以准备胶合木皮了。

❖ 小贴士 ❖

为了帮助木皮保持平整，我会使用一块 ¾ in（19.1 mm）厚的中密度纤维板压住刚刚粘贴好湿水胶带的拼缝处，直到湿水胶带完全干燥（约20分钟）。否则，木皮的拼缝处容易弯曲或形变。

第 3 章

基板、木皮胶和压板

在首次尝试胶合木皮时，你会发现，有多种基板、木皮胶和压板方式可以完成这项工作，而且每种材料的作用略有不同。在本章中，我们将讨论用于粘贴木皮的不同基板，以及为什么特定的木皮需要选择某一种基板，而不是其他材料。然后，我们会探讨一些可用于木皮装饰的胶水，及其正确的使用方法。最后，我们将介绍两种将木皮压固到基板上的基本方法，即使用夹具的手工方法和使用真空封袋装置的半机械方法。不要因为选择的种类繁多而感到不知所措，你完全可以使用一套最基本的工具和设备获得很好的处理效果，而且无须花费大量资金。对于这一点将在之后进行讨论。

选择一种基板

因为木皮非常薄，所以需要粘贴到另一种更坚硬的材料上，才能使其稳定耐用。这种材料叫作基板，它可以由任何材料制成。在本书中，我们会重点讨论三种主要基板材料：中密度纤维板、胶合板和实木板。

这三种板材作为木皮的基材各有优缺点，下文会详细说明。

三种主要的木皮基板为（由下到上）中密度纤维板、胶合板和实木板。每一种板材在木皮装饰工艺中都占有一席之地，在特定的情况下，特定的基板会有其独有的优势。

中密度纤维板

中密度纤维板是时下木皮使用最多的基板。其制作过程是将木纤维和树脂黏合剂混合在一起，然后在高压和高温下将混合物压制成板材。中密度纤维板与刨花板的区别在于，刨花板通常是用颗粒较大的木屑制成，容易分解和粉碎；而中密度纤维板的厚度非常均匀，十分稳定和致密，几乎不会发生形变。这两种特性使中密度纤维板成为木皮基板的首选。

不过，中密度纤维板也有一些缺点，其中最明显的就是密度偏大。这是因为中密度纤维板中的木纤维和树脂密度较大——一整张 ¾ in

中密度纤维板是最常用的木皮基板，这种板材平整且厚度均匀，密度较大但不能承重。切割、打磨中密度纤维板时产生的粉尘非常细微，吸入会很危险，所以在完成这些操作时一定要戴好防尘面罩，并开启集尘设备。

（19.1 mm）厚的中密度纤维板的质量超过80 lb（36.3 kg）。此外，中密度纤维板也不适合使用紧固件或制作接合件，因为其构成主要是碎木纤维，所以常常需要额外的结构件为贴面的中密度纤维板部件增加强度。如果你的木工房没有合适的集尘设备，那么安全地使用中密度纤维板也会成为一个挑战。中密度纤维板在使用过程中产生的粉尘和其他粉尘一样，会威胁到你的健康。近年来的中密度纤维板的制作开始使用低甲醛树脂，从而减少了中密度纤维板中的化学成分对身体健康的危害，但吸入粉尘始终是有害健康的。

波罗的海桦木胶合板基板

对于较薄的部件，可以直接在波罗的海桦木胶合板上贴木皮。确保木皮纹理与胶合板表面的纹理相互垂直。

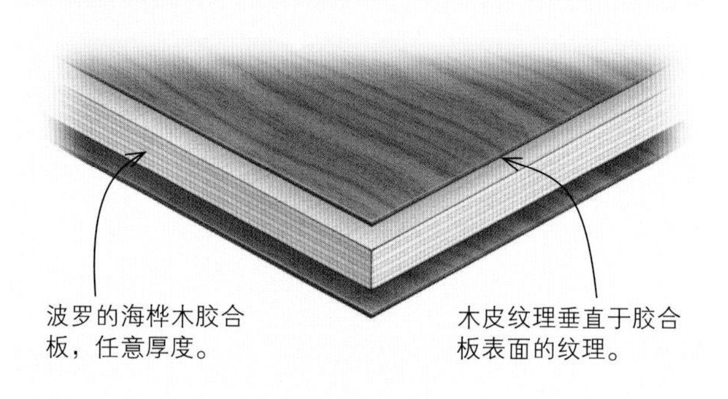

胶合板

在使用胶合板作为木皮基板时，其实好的选择只有一个，那就是波罗的海桦木胶合板。它具有贴面所需的平整度和稳定性，并且有多种厚度可供选择。在使用波罗的海桦木胶合板时要注意一点，即始终保持木皮的纹理方向垂直于胶合板表面的纹理。这样一来，相当于是在胶合板的芯材上又增加了一层饰面，使胶合板更容易保持稳定。虽然波罗的海桦木胶合板密度相当大，几乎与中密度纤维板相同，但它具有很好的固定紧固件的能力，而且与中密度纤维板相比，它的结构强度足够高。

购买波罗的海桦木胶合板时，可以买到表面为整块无拼接的板材，而且其结构强度足够大。在贴面时，注意保持木皮纹理垂直于胶合板表面的纹理，以维持胶合板的稳定性。

实木板

如果需要对木材形变影响不大的较窄或较长的部件进行贴面，或者为较宽的板材顺纹理贴木皮，那么实木板是作为基板的上佳之选。宽大的实木板潜在地具有实木结构常见的各种形变，因此应该顺纹理方向贴木皮。我通常会在用作桌面的实木基板表面使用经过再切割的木皮，这样可以增强桌面的耐用性，当然，你也可以使用商业木皮进行贴面。要确保实木基板在贴木皮之前是平整光滑的，因为任何铣削痕迹都可能会在木皮表面显现出来。此外，实木基板的两面都要贴木皮，这样才能保持基板平整，在其他基板上贴木皮也要如此。

诸如桌腿和装饰件等狭窄的部件很容易贴木皮，而且不会出现形变的问题，因为这样的实木部件通常宽度都不大，只有几英寸。我在

定制基板

有一种方法可以充分发挥中密度纤维板的优势，那就是将其与其他基板结合使用。我开发了一种方法，并成功地将其应用到了我制作的几乎所有箱式家具上——在 ¾ in（19.1 mm）厚的细工木板（俗称大芯板）两面增加⅛ in（3.2 mm）或 ¼ in（6.4 mm）厚的中密度纤维板。通过使用这种定制厚度的芯材，可以确保中密度纤维板的平整度和稳定性，而且不会额外增加重量。同时，比起纯粹的中密度纤维板，加入细工木板后可以更好地固定紧固件以及制作接合件。这种方法也可以用来调整基板的厚度，通过改变表层的中密度纤维板或中间的细工木板的厚度来形成不同部件之间的伸缩缝和工艺缝，而且不会明显增加基板的重量。

首先制作定制的芯材，所有部件在每个方向都要多留出1 in（25.4 mm）的余量，对齐在这一步并不重要。然后将聚乙酸乙烯酯胶（PVA，俗称白胶）滚涂到每一层板材的其中一面，并将其堆叠黏合。将黏合好的三明治结构的板材放入真空封袋装置中静置约1~2小时。待 PVA 干燥后，定制基板就完成了。不过，如果制作时不小心在芯材表面粘上了 PVA，记得用砂纸将其打磨去除，否则木皮胶可能无法黏附在表层的中密度纤维板上。定制基板的制作过程并不复杂，不会消耗太多精力，只是在贴木皮之前增加了一步胶合步骤，而且省掉了移动沉重的中密度纤维板的麻烦。

我开发了自己的一套制作木皮定制基板的方法，即将两种易获得的板材组合使用，这种方法不仅能兼得两者的优点，还能中和两者的缺点。通过将薄而均匀的中密度纤维板胶合到轻质的细工木板上，可以创造一种平整、轻质的基板，它不仅适合贴木皮和固定紧固件，也具有足够的结构强度和稳定性。

保持所有板材的尺寸略大于目标尺寸，使细工木板的其中一侧边缘稍微突出，作为后续将整块基板裁切至目标尺寸时的基准边。使用 ¼ in（6.4 mm）的短毛滚筒刷将 PVA 滚涂到每一层板材的其中一面。

用塑料平网覆盖胶合完毕的三明治结构板材，然后将其放入真空封袋装置中静置1~2小时等待 PVA 凝固。将层压后的定制基板静置干燥24小时，并将其竖放在空气流通之处，让定制基板两侧表面通风，使定制基板定型。

定制基板示例

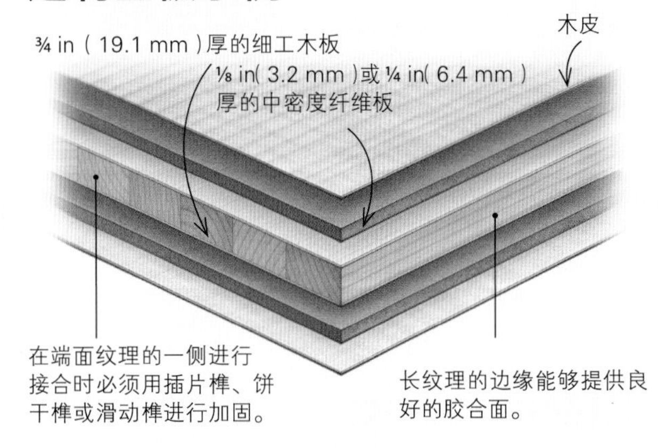

在制作狭窄的部件和装饰性部件时，可以用实木作为木皮基板。这件来自笔者的装饰艺术风格木柜的全部外表面都以非洲相思木木皮（由香脂苏木制成）贴面，而且大部分装饰件和框架部件（包括支撑脚）都是实木基板。通常，最好将实木基板的宽度控制在几英寸以内，这样木材形变的影响可以忽略不计。

这件装饰艺术风格的软垫长凳，其半圆形装饰线脚以实木作为基板，以麦头树瘤木皮贴面，其凳腿也使用了同样的木皮进行贴面。因为木材形变对这样的狭窄部件影响不大，所以也不需要为这些部件的背面贴木皮。

设计和制作需要全部进行贴面的家具时，会以实木作为基板并为其选择合适的木皮，比如很多装饰艺术风格作品的支撑腿和装饰件，都会采用拼贴的木皮进行处理。在制作家具无法获得理想的实木板时，我也会选择以实木作为基板，然后为家具部件贴木皮的处理方式。对于长条形的实木部件，可以用横纹木板皮贴面，因为实木在顺纹理方向（即纵向）上几乎没有形变。用实木制作结构性部件可以增加家具的强度，经过与其他部件纹理相匹配的装饰性木皮贴面处理后，则可以营造出整体协调一致的设计美感。

木皮胶

在我刚开始接触木皮装饰工艺时，木皮胶的种类远没有现在这么多。我曾经粘贴的所有木皮几乎用的都是聚乙酸乙烯酯（Polyvinyl Acetate，简称 PVA）、脲醛树脂（Urea Formaldehyde，简称 UF）和热皮胶。但实际上，有很多其他的木皮胶也可以用于粘贴木皮，而且在某些时候，这些木皮胶甚至优于我曾经的最爱。让我们从基本的木皮胶开始，然后逐步拓展到更加专业的木皮胶。在本书的作品章节，每件作品都会展示一种木皮胶的使用方法，使你有机会了解不同木皮胶的使用效果，以及它们的工作性能。

我的经验是，在工房准备多种木皮胶，以轻松应对所有需要完成的胶合操作。不过，我处理的大部分木皮只需要三种木皮胶：PVA 用于简单的平整板材；UF 用于镶嵌细工和细木镶花；聚氨酯胶（国内也称为优力胶）用于形状复杂的板材和弯曲表面的处理。不过，对于刚入门的木皮装饰操作者，你不需要准备多种木皮胶，一种木皮胶已经足够你应付很长时间了。选择热皮胶还是 PVA 取决于你的工房配置和你喜欢使用的装饰工艺。

聚乙酸乙烯酯（PVA）

在木皮胶中，使用起来最简单也最容易买到的是 PVA。我个人偏好使用的 PVA 是太棒（Titebond®）1代胶，因为这款 PVA 涂抹简单，干燥快速，而且可以形成相当坚硬的胶层。我不太倾向于使用防水性更强的太棒2代和3代胶，

> **❖ 小贴士 ❖**
>
> 确保将完成贴面的板材竖立在一个两侧表面皆可通风的位置，静置24小时，等待木皮胶完全凝固，然后打磨木皮或去除木皮拼缝处的胶带。如果在胶水凝固之前去掉胶带，木皮拼缝处可能会开胶。

因为我的绝大部分作品都不需要防水。如果需要，我会选择环氧树脂胶或聚氨酯胶，因为这两种胶才是真正防水的。而且，太棒2代和3代胶形成的胶层较软，更容易产生低温蠕变，无益于木皮装饰工艺。太棒1代胶可以用于很多贴面操作，但主要用于平整板材的简单贴面操作，比如对拼木皮。更复杂的拼花木皮需要其他木皮胶。

用 PVA 粘贴木皮时，需要在基板上滚涂一层薄而均匀的胶水（绝对不要在木皮上涂抹胶水，否则木皮会起皱，而且无法压平）。我发现，家居建材中心所售的胶辊可以用于大多数场合涂抹胶水。反复检查 PVA 是否均匀地涂满了基板表面，特别注意在基板的边缘，胶层很容易

有很多木皮胶可以用来粘贴木皮，PVA、聚氨酯胶、双组分环氧树脂胶、热皮胶、液态皮胶和 UF 都适合用于木皮装饰工艺。每种木皮胶都具有特定性能和应用场景。

太棒1代胶是非常适合粘贴木皮和大部分木工操作的全能胶。它固化快、胶层坚硬、易于清理，而且使用时不需要特殊的安全防护措施。

涂抹适量的 PVA 胶不需要太多练习。只需要用胶水完全覆盖基材表面，但胶水不能多到会流下来的程度。确保胶层没有凹坑或干涸的胶点。

UF 有多种颜色可选，并能混合调制出所需的颜色，以匹配特定木皮的颜色。专业胶品牌的木皮黏合干树脂是粉末状的，加水调配使用。这款 UF 甲醛含量较低，但为安全起见，使用时需要佩戴手套和防毒面罩。

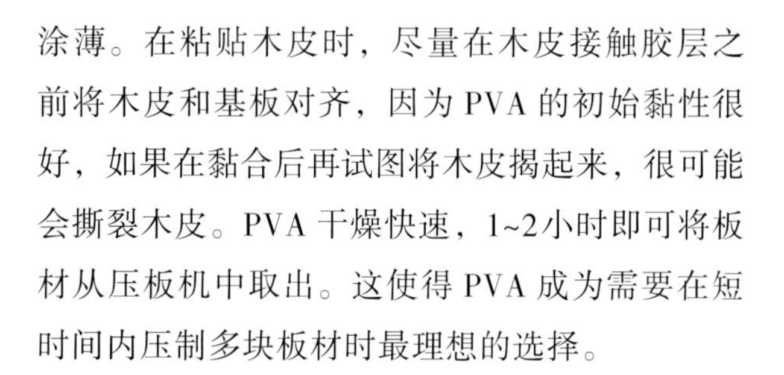

涂薄。在粘贴木皮时，尽量在木皮接触胶层之前将木皮和基板对齐，因为 PVA 的初始黏性很好，如果在黏合后再试图将木皮揭起来，很可能会撕裂木皮。PVA 干燥快速，1~2小时即可将板材从压板机中取出。这使得 PVA 成为需要在短时间内压制多块板材时最理想的选择。

脲醛树脂（UF）

脲醛树脂是另一种木皮装饰工艺中常用的胶水，特别是镶嵌细工和细木镶花，层压弯曲时也常用到。市面上有几个品牌的这种胶水，但我最常用的是专业胶（Pro-Glue®）品牌的木皮黏合干树脂（Pro-Glue Veneer Bond Dry Resin）。这种胶有白色和棕色两种颜色，并且可以按照不同比例混合出所需颜色，以便用来匹配特定木皮的颜色，比如在层压弯曲时，胶水需要与木皮纹理在颜色上浑然一体。与其他 UF 不同，专业胶品牌的木皮黏合干树脂呈粉末状，你需要在使用时加水调制。此外，这种胶甲醛含量较低，但为安全起见，最好在调制和最后打磨木皮时戴上手套和防毒面罩。

UF 的使用方法与 PVA 相似，在滚涂一层薄而均匀的 UF 时，应确保胶水在整个基板表面均匀涂布，特别是边缘区域。在粘贴木皮时你会发现，UF 的初黏性不及 PVA，而且还有点滑，所以木皮可以稍微移动，从而方便与基板对齐。但 UF 的这种特性同样存在弊端，即木皮在压板机里容易移位（这更说明了在贴面后的板材四周粘贴胶带以固定木皮的必要性）。

与大部分 UF 一样，专业胶品牌的木皮黏合干树脂胶需要在压板机中固化6~8小时，具体时长取决于工房的温度。温度较高会加速胶水凝固，温度较低则会减缓胶水的凝固。不管怎样，在移去胶带或打磨板材之前，都需要等待24小时，以便 UF 完全凝固。UF 凝固后清理板材时要特别注意，UF 凝固后非常坚硬，板材边缘溢出的胶会变得非常锋利。在刨削板材侧面边缘时要戴好护目镜，因为尖锐的胶块会四处飞溅，飞进眼睛里可就糟了。

热皮胶

传统的热皮胶在木皮装饰工艺中历史非常

热皮胶有水滴状和颗粒状两种形式，需要先让其吸入足够的冷水，然后放在形似双层蒸锅的双层胶锅中加热。在双层胶锅夹层中加水，通过水浴加热上层胶锅中的热皮胶。加热时一定要控制好温度，以免热皮胶失效。理想的温度范围是140~160℉（60~71.1℃）。如果你的双层胶锅没有配备温控装置，可以用烹饪温度计来监测热皮胶的温度。

悠久，通常与木皮锤一同使用，可以用来为或大或小的表面或弯曲部件贴木皮。如果你不熟悉如何使用热皮胶，那最好在为重要作品贴木皮之前用废木料练习一下。热皮胶有水滴状和颗粒状两种形式，在形似双层蒸锅的双层胶锅中通过水浴加热并保温。先将一些热皮胶颗粒放入塑料容器中，加入冷水没过热皮胶颗粒；大约1小时后，热皮胶颗粒会完成吸水，然后准备将其放入胶锅中加热。加热过程中，温度控制非常关键。如果温度太低，热皮胶就无法正常熔化；如果温度过高，热皮胶就会被破坏。热皮胶理想的加热温度范围是140~160℉（60~71.1℃）。尽量将温度保持在160℉（71.1℃）以下，如果高于这个温度，热皮胶就可能失效。

大部分美国制造的热皮胶都来自同一家公司——米利根-希金斯（Milligan & Higgins），如果你在使用热皮胶时有任何问题，制造商会提供非常专业的建议。热皮胶有几种克数强度（Gram Strength）可选。“强度”这个说法可能会让人误以为是热皮胶的强度，但其实指的是热皮胶的凝固时间和刚度。克数强度的数值越高，代表热皮胶凝固得越快、形成的胶层越硬。对于木皮装饰工艺，192克数强度的热皮胶是最佳选择，其凝固时间和刚度最为理想。

双层胶锅需要1小时左右才能预热，并使热皮胶完全熔化，所以你要提前计划好上胶的操作。与使用其他胶水一样，在对部件进行任何清理之前，需要静置至少24小时以使热皮胶完全凝固。在第4章你会了解到，使用热皮胶时，木皮的展示面和胶合面都会被热皮胶覆盖。在热皮胶凝固之前，清理木皮的展示面非常容易，只需用湿布擦拭展示面，擦掉多余的热皮胶。尽量不要用水浸泡木皮，因为太多的水可能会溶解用于将木皮固定在基材上的热皮胶。只擦拭表面即可，然后用刮刀或硬刷去除多余的热皮胶。如果木皮表面留下了任何已完全凝固的热皮胶，稍后需要将其打磨除去或刮掉。

由于在使用木皮锤贴木皮时，整个木皮表面都会被热皮胶覆盖，所以不可能预先用胶带对木皮进行复杂的拼接。因此，每片木皮需要单独粘贴到基板上，它们之间的拼缝要在锤平木皮的同时完成切割和拉紧。我认为这种方法在对板材进行复杂贴面时很耗时，所以我只用热皮胶处理仅需单片木皮的小型作品，用其他胶水进行较为复杂的贴面，以便我能够提前在木皮拼缝处粘贴好胶带，并一次性把木皮全部粘贴到位。

液态皮胶

在过去的几年里，液态皮胶已经成为许多木工房处理各种工艺的主要用胶。在普通的胶水无法满足我的需求时，我喜欢用它来粘贴木皮。例如，在为柱子贴木皮时，需要木皮完全包裹柱子的表面，最后的拼缝只能等部分胶水凝固后才能切割完成。为此，需要使用一种可以通过加热恢复初始黏性的胶水，然后在最后的木皮拼缝切割完毕后重新黏合并压固木皮。

液态皮胶使用起来很方便，只需将整瓶胶水热水浴20分钟左右，即可像使用其他木工胶水一样进行胶合。可以配合真空压板机或夹具使用液态皮胶，但无论哪种方式，胶水都需要一段时间才能完全凝固，因为胶水的凝固需要通过胶水中水分的蒸发来实现。使用液态皮胶粘贴木皮时的清理方式与热皮胶相同，即用水擦拭木皮表面，然后刮去或擦掉表面多余的胶水。

现在市面上的液态皮胶主要有两个品牌，一个是太棒胶，另一个是由帕特里克·爱德华（Patrick Edwards）生产的“老棕胶”（我个人最喜欢的液态皮胶品牌）。因为知道帕特里克老棕胶的制作工艺，我相信从他那里买到的胶水是足够新鲜的，而且可以买到各种规格，不用担心整瓶胶水在用完之前会过期。

聚氨酯胶

聚氨酯胶是木皮装饰工艺中受到误解最多的木皮胶。由于这种胶水水分含量很少，所以木皮不会刚接触胶水就开始卷曲，这在粘贴大片木皮时是一个很大的优势。而且聚氨酯胶本

从瓶子中倒出的液态皮胶是一种浓稠的凝胶，在温水中加热整瓶液态皮胶，胶水就会恢复应有的黏性和流动性，非常适合贴木皮。目前市面上有几家液态皮胶制造商，但我认为“老棕胶”（Old Brown Glue）是最好的，因为它采用小批量方式生产，液态皮胶总能保持新鲜。

大猩猩万能胶（Gorilla Glue®）是市场上最常见的聚氨酯胶品牌，也是我最常用的。它可以在大部分家居建材中心和各种商店买到。想要完全掌握这种胶水的使用方法需要一些练习，而且你最好佩戴手套以防胶水沾到手上。使用时最好在手边放上装水的喷雾器，因为聚氨酯胶需要水分才能固化。

在使用聚氨酯胶时，很容易分辨你涂抹的胶水是否足够或者过量。图中的三块经过贴面后的木板从左向右依次展示了胶水过量、适量和不足时的效果。木皮展示面呈现出的渗透效果完全取决于胶水的量。

身很滑，所以可以微调木皮的位置以使其与基板对齐。此外，任何渗入木皮并出现在展示面上的聚氨酯胶都很容易打磨去除，且不会影响木皮的染色或表面处理。聚氨酯胶也很适合层压弯曲，因为胶层较硬，可以使层压弯曲后的板材保持制作时的形状。到目前为止，听起来都很不错，对吧？

聚氨酯胶唯一的缺点是胶合后的清理工作困难。聚氨酯胶固化过程中会产生泡沫，任何多余的聚氨酯胶都会变成又脏又黏的泡沫，直到完全凝固。我的经验是，在泡沫固化之前最好不要去管它，待胶水完全凝固后，再把泡沫凿切掉。聚氨酯胶泡沫很软，没有任何结构强度，所以不要在需要一定强度的位置用聚氨酯胶来填补缝隙。那是双组分环氧树脂胶的工作。

因为聚氨酯胶是异氰酸酯类胶水，所以在工作时要佩戴手套以避免其沾到手上。如果你的工作台上或工具上沾到了一些，你可以在胶水仍然湿润时用丙酮或工业酒精进行清洗。聚氨酯胶的固化过程需要一些水分才能开始，所以在粘贴木皮时要在手边准备一个装水的喷雾器。当你在基板表面涂完胶水后，在木皮的胶合面喷一些水。固化所需的水分很少，所以不要过量，否则木皮会开始起皱。

双组分环氧树脂胶

双组分环氧树脂胶看似不是木皮装饰工艺的理想胶黏剂，但它可以完成一些其他胶水都无法胜任的操作。我在一个大型游艇的修复项目中学到了几种双组分环氧树脂胶的使用技术。在这个项目里，我们需要对游艇船体已经安装好的弯曲面板再次进行贴面。创建一种可以将木皮准确地压到箱体上的真空封袋装置极富挑战性，所以，我们转而选

双组分环氧树脂胶是很有用的胶水，可常备于木工房。虽然在木皮装饰工艺中不常用到，但当你需要时，它可能是唯一可以帮你达成目标的胶水。需要记住的是，在使用时，你需要穿戴安全防护装备以保护你的健康，最好佩戴丁腈手套和防毒面罩。

使用增稠双组分环氧树脂胶粘贴木皮

先混合双组分环氧树脂胶并加入足够的增稠填料，混合出与蛋黄酱稠度相似的糊状物（见图1）。不用担心混合的胶水是浅红色的，老式的固化剂可以将颜色变成深红色，且黏合效果不变。不过，我不会在胶水容易渗透到木皮表面的操作中使用这种胶水。

用凹口泥刀将混合物均匀地涂抹到基板上，在整个基板表面形成均匀的胶层（见图2）。然后将木皮与基板对齐，按压到涂抹增稠双组分环氧树脂胶的基板表面（见图3和4），并用能够在大范围木皮上均匀施力的小块中密度纤维板或坚硬的橡胶泥刀将木皮抚平，同时将增稠双组分环氧树脂胶层整理平整均匀（见图5）。这个过程与使用木皮锤的操作类似，只是木皮锤被换成了一块中密度纤维板，以防止木皮锤的锤面损坏精致的木皮。要记得，增稠双组分环氧树脂胶包含不可以吸入或接触的化学成分，所以要佩戴手套和带有滤毒盒的防毒面罩进行防护。

批量制作双组分环氧树脂胶，并在其中加入足够的增稠填料，让混合的胶水达到类似蛋黄酱的稠度。记得在添加填料之前和之后将双组分环氧树脂混合均匀。

用凹口泥刀将增稠双组分环氧树脂胶涂抹到基板上。石膏灰泥刀和不锈钢泥刀效果都不错，而且价格也不贵。确保将其按照脊状分布的形式均匀涂布整块基板，这样你可以看到基板上有一组清晰的、均匀的胶线。

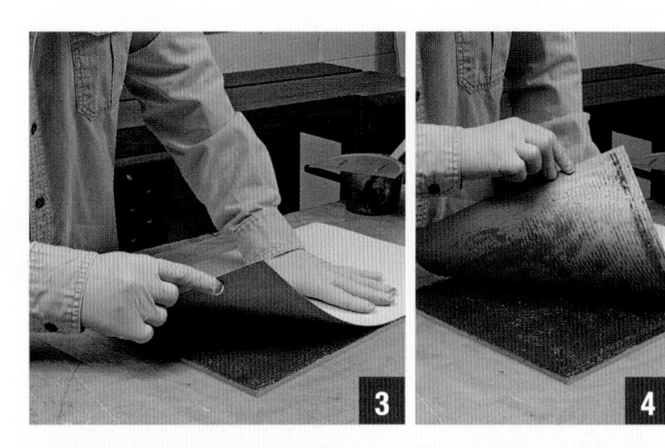

将纸背木皮或双层木皮与基板对齐，放到基板上。如果剥开部分木皮，应该会在木皮背面看到一层均匀的胶线，这说明增稠双组分环氧树脂胶的用量是合适的。

用一小块中密度纤维板或坚硬的橡胶泥刀将增稠双组分环氧树脂挤压均匀。从中心开始向外操作，并不时地用手抚摸木皮表面，以判断进度。你应该感觉到表面是平整而均匀的。如果有任何凸起，继续用橡胶泥刀将其抹平，直到整个木皮表面平整顺滑。

择使用大片的纸背木皮，将其裁切到刚好适合每块船体面板的尺寸。然后，我们使用凹口泥刀在船体上涂抹增稠双组分环氧树脂胶作为黏合剂，再用硬橡胶块将木皮压平。

这是一种相当专业的技术，在日常木皮装饰工艺中很少使用，但是增稠双组分环氧树脂胶确实非常适合在无法使用真空压板机或夹具时，将纸背木皮或双层木皮粘贴到平面和曲面部件表面。我认为这门技术并不适合初学者，因为在技术层面，要正确完成所有步骤是非常复杂的，但考虑到未来的某些作品可能会用到，你的工具箱中还是可以保留这种胶水的。

如果想使用夹具压制一定尺寸的板材，你需要配备多种夹具。板材越大，需要的夹具就越多，同时还需要准备几块弓形垫块，以便向板材中心施加压力。

压板

压固小片木皮不需要太多设备。你可以用几个夹具和一些用废木料制作的简易垫板来完成，或者完全不用夹具，用热皮胶和木皮锤来处理木皮。如果你打算制作较大的贴面面板或者对家具的重点部件进行贴面装饰，那你可能需要购买一套真空封袋装置。这些装置看起来似乎很贵，但其实有办法在不花很多钱的情况下，创建一个可以使用多年的系统。

不论是使用夹具还是真空封袋装置压固木皮，需要的工具基本相同——垫板、塑料薄膜、胶水和胶辊。这两种方式真正的区别在于，使用夹具时需要厚垫板来帮助分散压力，而使用真空封袋装置时，薄一点的垫板效果更好。

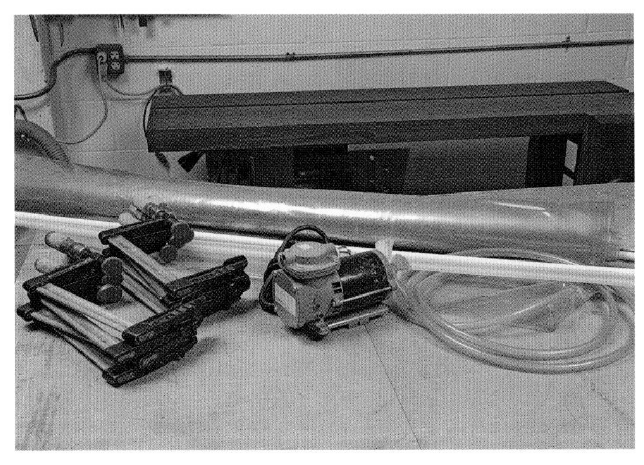

压固基板上的木皮的方法基本上分为两种：使用夹具或使用真空封袋装置。这两种方法效果都很好，不过在某些情况下各具优势。

夹具压板

我们先了解一下用夹具完成简单压板需要什么。首先，你需要很多夹具，而且如果板材比较宽，你需要一些深喉夹或弓形垫板提供协助，以便向板材中心施加压力。

你还需要用 ¾ in（19.1 mm）厚的中密度纤维板或刨花板制作一些垫板，垫板每边都应超过基板约 ¼ in（6.4 mm）。同时，裁出两块塑料薄膜（可从家居建材中心成卷购买），塑料薄膜四边的尺寸要比垫板大 ½ in（12.7 mm）。然后

用 ¾ in（19.1 mm）厚的中密度纤维板或刨花板制作夹具垫板，将其切割到比基板稍大一点的尺寸，以确保基板的边缘都可以受到来自夹具的压力。将整个压板组件放在 T 形胶合板支架之上，可以使固定夹具的过程变得更容易。

夹具压板设置

基板
弓形垫块
垫板
塑料薄膜
胶合板支架
木皮
垫板

制作两个支架放在工作台上，以将需要进行压板的板材垫高，方便操作夹具。我会用4~5 in（101.6~127.0 mm）宽、8⁄4 in（50.8 mm）厚的实木废料或胶合板钉成 T 形制成支架，其长度与板材的宽度相同。准备好这些，就可以用夹具压固木皮了。

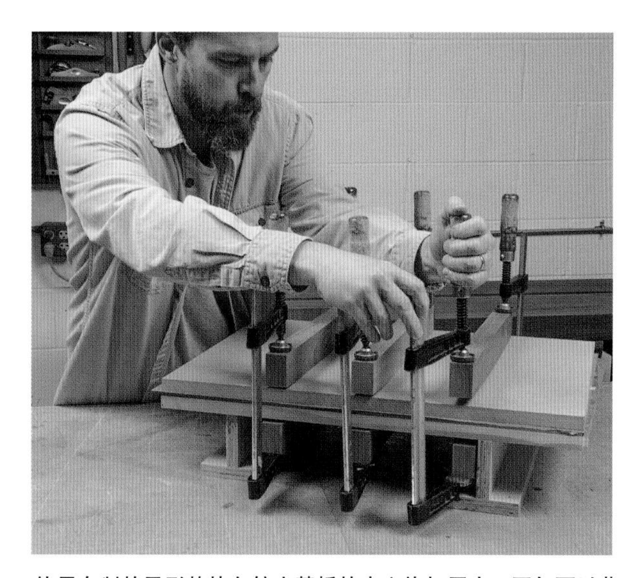

使用自制的弓形垫块向较宽基板的中心施加压力，不仅可以节省购买深喉夹具的支出，而且制作用时也不长。基板越宽，所需的弓形垫块就要越长。

先将第一块垫板放在胶合板支架上，用塑料薄膜盖住垫板，再将基板放到塑料薄膜上。在基板表面均匀地涂抹一层胶水，然后小心地将木皮放到涂胶后的基板上。将基板翻面，使木皮面朝下放于塑料薄膜盖住的垫板上。像刚才一样在基板的另一面涂抹胶水，然后将另一块木皮放到涂胶后的基板表面。在与基板对齐后的木皮四边快速粘贴几条蓝色美纹纸胶带。依次用第二张塑料薄膜和第二块垫板覆盖贴木皮后的基板，然后开始固定夹具。将夹具沿基板边缘均匀分布，并尽可能地使夹具靠近基板中心。利用夹具在顶部和底部的垫板上夹上几块弓形垫块，以增加作用于基板中心的压力，然后等待基板干燥。

真空封袋装置压板

夹具压板的替代方法是使用真空封袋装置压板。这些装置可以很简单（见第50页左上照

为宽板制作弓形垫块

当你没有深喉夹具（价格高昂）时，如果想对宽板材的中心施加压力，弓形垫块是非常好的工具。可以用手边的任何边角料制作弓形垫块，不过硬木确实比一般的软木效果更好。理想情况下，弓形垫块应该是大约1¼ in（31.8 mm）宽、2 in（50.8 mm）高，长度应尽可能使其两端接近板材的边缘。首先在垫块坯料的一侧底部画一条柔和平滑的曲线，曲线两端位于坯料每端底部向上 ¼ in（6.4 mm）的位置。画出的曲线应该是均匀平滑的，没有凸出或转角。

用带锯或线锯沿着画出的曲线切割，再用粗砂纸打磨切割面。打磨完成后的弓形垫块应该可以平滑地来回摆动，并且曲面两端有大约 ¼ in（6.4 mm）的间隙，在你夹紧夹具进行压板时，这个间隙会变小，甚至消失。必要时，制作足够的弓形垫块，两块弓形垫块为一组，分别对应每个位置的顶部和底部。通常情况下，在无法使用深喉夹的板材上，需要每隔3~4 in（76.2~101.6 mm）放置一组弓形垫块。

用记号笔沿着垫块坯料的底部边缘画一条平滑流畅的曲线。可以先徒手画线，再用砂纸打磨出弧度，也可以一开始就借助有弹性的木条画出更为均匀的曲线。确保垫块坯料两端的曲线起点距离底部边缘约 ¼ in（6.4 mm），这样在进行压板时，垫块沿整个长度方向可以产生足够的压力。

用带锯或线锯沿垫块底部边缘绘制好的曲线切割，然后用砂纸打磨掉任何凸起或锋利的边缘。

片），也可以极为复杂，这取决于你的需求和预算。我的第一个真空袋是一个便宜的4 ft × 8 ft（1.22 m × 2.44 m）的乙烯基真空袋，大概只花了100美元；我的第一个真空泵来自一家二手设备商店，只花了15美元。与其创造的价值相比，在设备上投资的这些钱可不算多。那台真空泵我用了10年，直到烧坏了才报废，而那个真空袋我依然在使用。在木工房里，没有什么工具可以如此耐用，如此常用，而且不需要任何刻意的维护。

真空袋的材质

最便宜的真空袋是乙烯基材质的，它的弹性往往不如聚氨酯材料，但仍然很耐用，且价格更低。聚氨酯真空袋在装入大型或带有尖角的垫板时，不太可能被永久拉伸，因为聚氨酯的弹性比乙烯基要大得多，而且更耐热。这两种材料都有两种常用厚度供选择，即20 mm和30 mm。两种厚度的袋子都可以用作真空袋，但较厚的材料会更耐用，而且用久了也不易出现

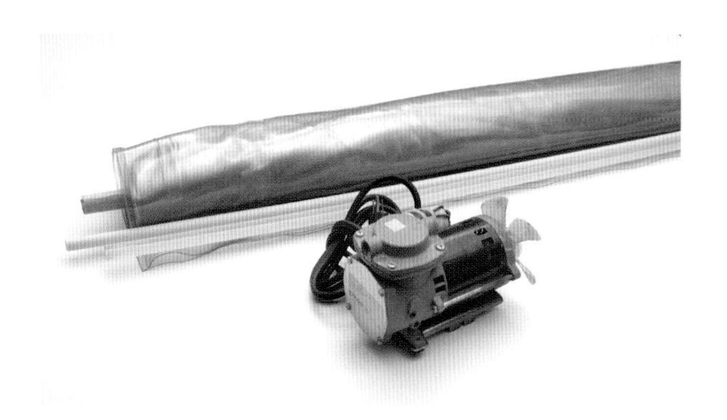

入手真空封袋装置最实惠的方法就是使用乙烯基真空袋和二手真空泵。网上同样有一些状态良好的二手真空泵资源。“木皮用品网”（www.veneersupplies.com）是一个能买到翻新真空泵的优质平台。

孔洞。你应该能够以200美元左右的价格买到崭新的4 ft × 8 ft（1.22 m × 2.44 m）乙烯基或聚氨酯真空袋。不要忘记，真空袋有多种尺寸可供选择，所以如果你打算只用真空压板机压制小型部件，完全没有必要购买大袋子。

真空泵

真空封袋装置的真空泵有多种选择，从二手设备商店中出售的翻新活塞泵到高端的旋片式真空泵，以及介于两者之间的其他类型。就个人而言，我比较喜欢使用活塞泵，因为它们可以连续工作（意味着它们可以在整个压板过程中一直运转），而且基本不需要维护。如果持续运行的真空泵并不适合你，那你就只剩下两个选择。要么投资一台更昂贵的内置真空开关的真空泵，可以根据需要打开和关闭真空泵，以保持正确的真空度；要么购买零件自己组装真空开关，配合较便宜的真空泵使用。

一台入门级可连续工作的活塞泵的价格在150~350美元。如果是翻新的二手泵，价格会更低；若购买一台新款的、动力较强的活塞泵，价格会更高。一台带有内置开关和快速抽空功能的全新、全功能真空泵，价格可以高达2 000美元。对于木皮装饰工艺的初学者来说，没有必要购买这么昂贵的真空泵。先从便宜的活塞泵或隔膜泵开始，在确定你真心喜欢木皮装饰工艺并致力于此后，再投资几千美元购买全功能的真空泵也不迟。使用廉价真空泵的唯一缺点是，抽气速度比较慢，所以需要较长的时间才能让真空袋达到完全真空。不过，这个缺点也有应对措施，网上有一些方案详细介绍了如

修补真空袋的孔洞

你需要对真空袋进行的最重要的维护就是修补孔洞，这些孔洞可能来自带尖角的垫板。一个快速的修补方法是，将透明胶带直接贴在孔洞的内表面和外表面（见图1和2）。将透明胶带牢牢粘贴到真空袋上，就能有效地从两面封住孔洞。为了预防产生这类孔洞，我建议你在胶合后的板材上使用塑料平网。

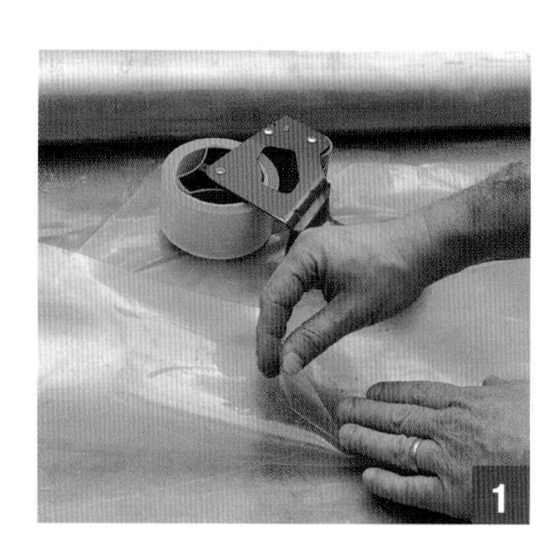

在真空袋的内表面直接在孔洞处贴上一块透明胶带，并用力按压。

在真空袋外表面的同样位置再贴上一块透明胶带，并用力地将透明胶带按在真空袋上。这样可以有效地封住孔洞。

你能买到的最便宜的真空泵就是二手设备商店中的二手隔膜泵。通常，这种隔膜泵都是从旧机器上拆下的，但依然还有很长的使用寿命。买一台这样的隔膜泵需要花费15~50美元。这种真空泵适合持续运转，并且可以达到24 inHg（81.3 kPa）的真空度，但流量相对较小，只有1.1 cfm（1.7 m³/h），这对于小型的真空封袋装置来说很理想，但对大型的装置来说，这样的流量就相当慢了。

右图是可以用于真空封袋装置的众多双活塞真空泵中的一种。这种真空泵可以持续运转，流量在3 cfm（5.1 m³/h），较为适中，真空度可以达到24 inHg（81.3 kPa）。翻新的双活塞真空泵的价格为150~250美元，全新的则为400~850美元，具体价格取决于双活塞真空泵的功率和抽气时间。

对于没有预算限制的人来说，这款真空夹品牌的、型号为VHP的全功能旋片式真空泵可以提供高达10 cfm（约17.0 m³/h）的流量和29 inHg（98.2 kPa）的真空度。它可以持续运转，并且功率足够强大，可以支持多个真空袋同时抽真空。这些特性需要额外增加费用（整套真空泵装置需要将近2 000美元），但如果你确实需要动力强劲、即开即用的真空泵，这款是不错的选择。

何将一个真空罐整合到你的真空泵系统中，经过改装的真空泵系统可以预先给真空罐抽真空，在启动后即可快速排空真空袋中的空气。

塑料平网

要想有效地利用真空封袋装置压板，所需的工具与使用夹具压板时相同，二者真正的区别是，真空封袋装置压板所用的垫板更薄，以及压板过程中塑料平网的使用。塑料平网是一种由纤细塑料条交织构成的塑料网。它在使用真空封袋装置压板时有两个重要作用。其一，它可以将真空压力均匀地分布在板材表面；其二，它可以保护真空袋不被尖锐的木板边角损坏。塑料平网价格相对低廉，物超所值。我会使用一块足够大的塑料平网，使其完全覆盖胶合板材的顶部垫板，并一直延伸到真空泵的进气管处。

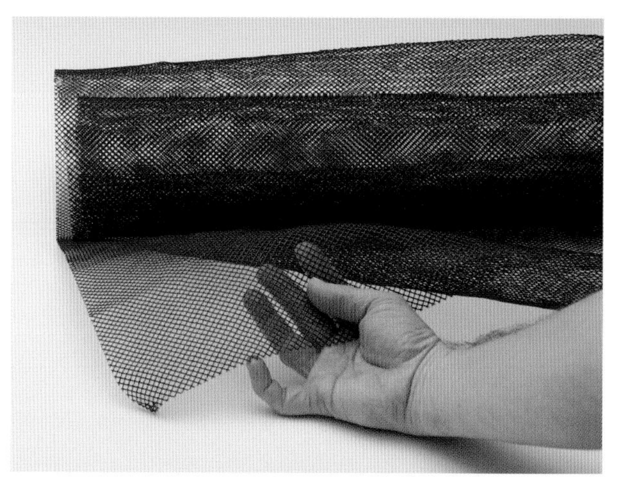

塑料平网是一种允许空气自由地在大面积的表面流动的塑料网。其价格不高，而且对于使用真空封袋装置压板非常有帮助。

翻盖式真空压板机

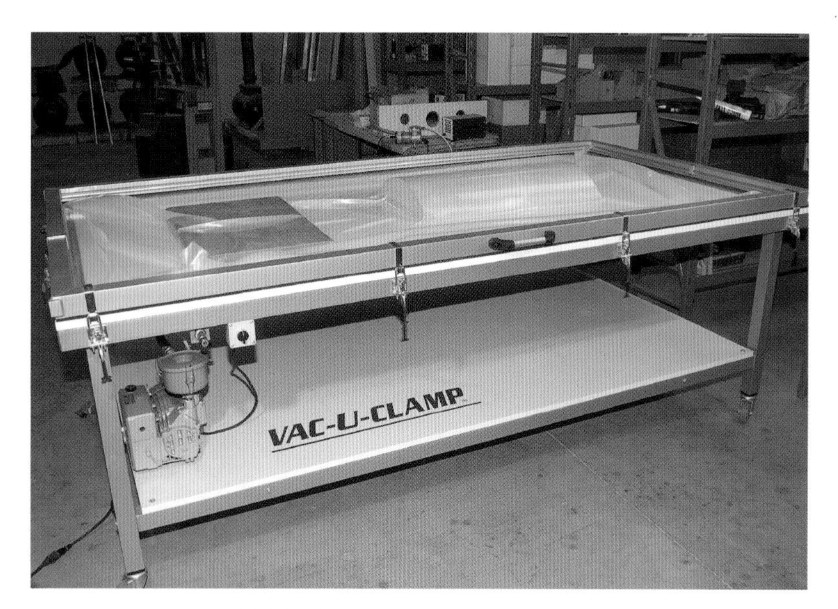

对于一个家庭木工房或小型专业木工房，你能买到的最好的真空装置之一就是翻盖式真空压板机。图中这款真空夹品牌的入门款翻盖式真空压板机是SP系列的，尺寸为4 ft × 8 ft（1.22 m × 2.44 m），配备了整体持续运转的真空泵。它兼具真空袋的易操作、快速抽真空和高品质的构造，售价在8500美元左右。

如果有多余的预算可以投入在真空装置上，你可以直接购置翻盖式真空压板机。这种压板机本质上是一个带有铰链顶框的台面，内部装有真空袋材料。把需要进行压板的材料放到压板机的台面上，然后放下盖子，将台面上的压板材料密封。启动真空泵，只需几秒钟，真空压板机就会开始压板。翻盖式真空压板机比真空袋系统更容易使用，因为它不需要将沉重的板材从真空袋中推进退出。此外，台面也可以作为底部垫板使用，所以你只需要一个顶部垫板就可以完成所有的压板工作。不过，它们的成本确实比真空封袋装置高得多。

第 4 章

制作第一块贴面面板

为了创作出有趣的图案，可以对木皮进行多种装饰性拼配，例如对拼、四拼和辐射拼等。在本章中，我们将介绍两种使用木皮的方法：一是用单片木皮装饰精美的盒顶，二是用两片纹理连续的木皮制作对拼面板，装饰嵌入式门板。

¼ in（6.4 mm）厚波罗的海桦木胶合板上的白影木皮（由槭树制成）为本来简单的桃花心木木盒增加了视觉层次。

你需要的工具

在切割和拼贴第一块木皮装饰面板时，你所需要的基础工具箱由我们之前讨论过的所有工具组成：木皮手锯、切割垫、平尺、胶带（包括蓝色美纹纸胶带和湿水胶带）和黄铜刷。为了更直观地观察不同的木皮匹配效果，我们要在你的“武器库”中增加一件新工具——一组长方形镜子，用蓝色美纹纸胶带简单连接成折叠镜。折叠镜在本书后续章节讨论的不同的木皮拼接方法中，将是出人意料的得力工具。

将一块镜子放在两片木皮的拼接处，你就可以轻松地看到对拼的效果。镜子中的图像能够展示出对拼的两侧，你也可以调整镜子的位置，寻找最满意的纹理匹配效果。然后，只需沿着镜子的底边用铅笔在木皮上做几个标记，就可以确定木皮具体的切割位置。

切割和拼接对拼木皮面板的基本工具包括木皮手锯、切割垫、平尺、蓝色美纹纸胶带、湿水胶带和黄铜刷。

想要知道对拼的效果如何，可以将一块镜子放在预期的对拼拼缝处。在设计四拼和辐射拼木皮时，一组用胶带连接的折叠镜是非常必要的。

衬料木皮

所有木皮装饰作品的一个关键的设计决策就是使用何种衬料木皮，即所有贴面面板的背面用来保持板材平衡和平整的木皮。衬料木皮的用途有两种：要么是廉价、毫无美感的木皮，只用于平衡板材；要么是可以为你的作品添加更多装饰的木皮。

这件柜子内部采用了金色安利格木皮，意在提亮内部空间，同时也与柜身外侧镶嵌到胡桃木门板和侧板上的对拼安利格木皮相映成趣。

使用折叠镜

自制折叠镜最实惠的方法是从玻璃用品商店购买两面长方形的镜子，可以在玻璃用品商店里将镜子切割到所需尺寸。我个人觉得，一组 ¼ in(6.4 mm)厚、6 in (152.4 mm) 宽、20 in (508.0 mm) 长的镜子效果非常好。

将两面镜子端对端放置（镜面朝上），中间留出大约 ¼ in (6.4 mm)的空隙，然后在两面镜子的接缝处贴上蓝色美纹纸胶带。将镜子翻面，在反面的接缝处也贴上蓝色美纹纸胶带。这样就在两面镜子之间有效地创造了一个灵活的“铰链”。处理镜面玻璃时要小心，因为切割后的玻璃边缘可能相当锋利。如果你觉得镜子边缘过于锋利，可以在粘连镜子前，用覆有粗砂纸的打磨块打磨所有边缘。

使用一组用蓝色美纹纸胶带连接的镜子可以让你看到各种木皮匹配效果——从镜面相互保持90° 垂直放在木皮上可见的四拼效果到镜面保持45° 垂直放在木皮上可见的8片辐射拼效果，以及将两块镜面调整至其他角度观察到的各种纹理匹配方式。

刚刚切割好的玻璃边缘非常锋利，用覆有粗砂纸的硬木打磨块打磨玻璃的所有边缘，避免在粘贴蓝色美纹纸胶带时被割伤。

将两面镜子粘贴在一起制作折叠镜，可以让你看到对拼之外的各种拼接方式。将两面镜子端对端放置，留出 ¼ in (6.4 mm)左右的空隙，然后在镜子的两面接缝处都贴好蓝色美纹纸胶带。

将用蓝色美纹纸胶带连接的两面镜子的角度调整至90°，并将其垂直放在需要匹配的木皮上，你可以看到完整的四拼效果。

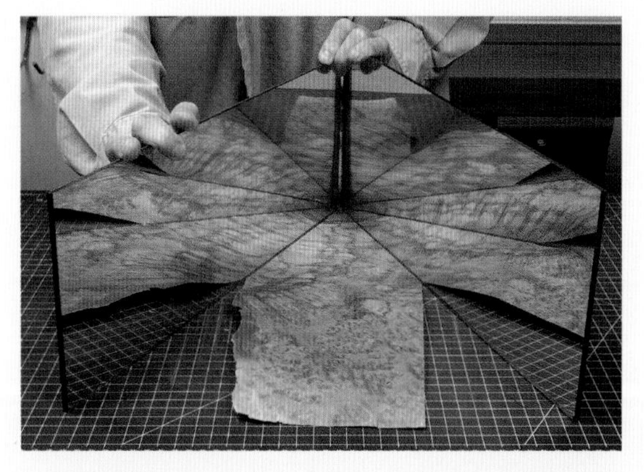

将同一组镜子以不同角度放置可以看到不同的辐射拼效果。这里，两面镜子之间呈45° 角，展示了木皮的8片辐射拼效果。

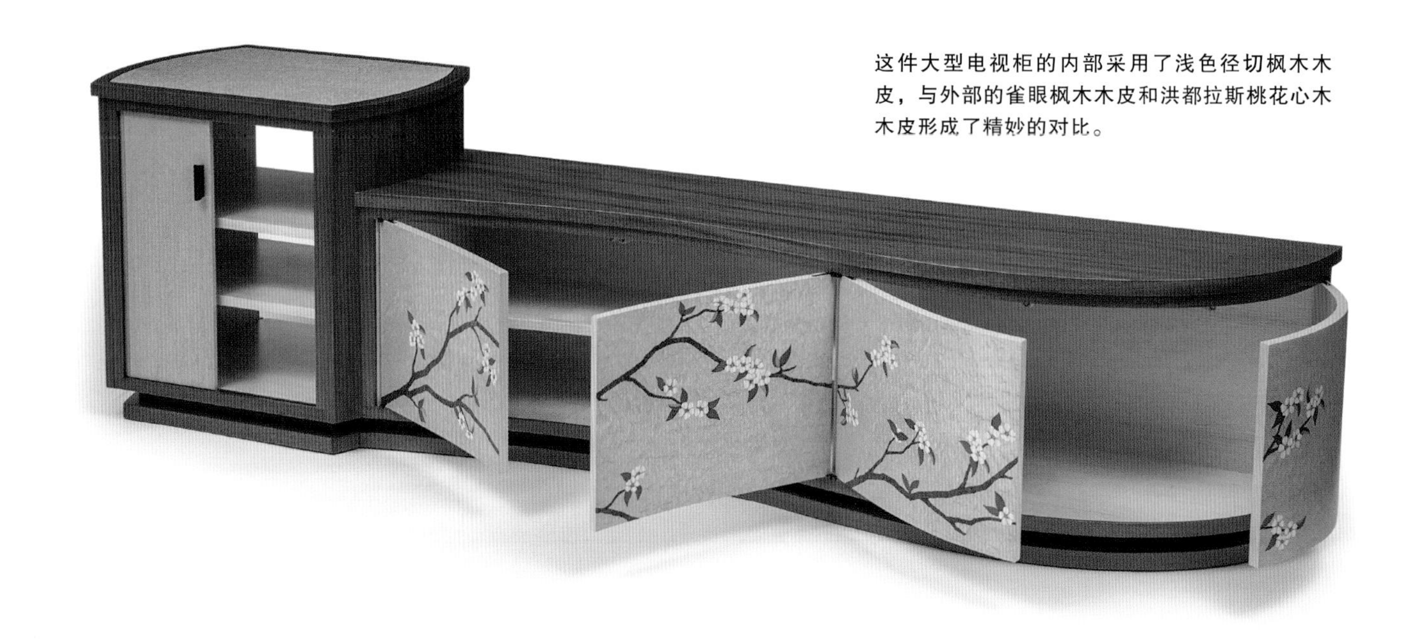

这件大型电视柜的内部采用了浅色径切枫木木皮，与外部的雀眼枫木木皮和洪都拉斯桃花心木木皮形成了精妙的对比。

对我来说，衬料木皮是在家具内部增加创意的机会。我总是选择在柜子内部粘贴与外部木皮对比鲜明的木皮，通常是浅色、纹理较柔和的木皮，比如卷纹枫木木皮或安利格木皮。这种浅色的木皮可以挑起客户的好奇心和兴趣——当客户打开一扇门，会出乎意料地发现，家具的内部并非乏味枯燥的木头。此外，浅色木皮还有助于使原本狭窄的内部空间变得明亮。

入门木皮装饰工艺的一个极好的方法就是，制作一个图中这样的贴面盒盖顶板，装饰性的木皮为本来平淡无奇的盒子增加了精巧的细节。

单片木皮贴面的面板

一个需要装饰盒盖顶面的小盒子是入门木皮装饰工艺的不错选择。这件简单的作品非常适合学习一些基本的木皮装饰技巧，包括如何使用热皮胶和木皮锤。真空封袋装置和更为复杂的胶水的使用留到后面的章节讲解。现在，我们重点讲解基础操作——上胶前充分准备，以及涂抹胶水和锤贴木皮的正确技巧。

首先，确定需要贴面的基材的整体尺寸。

使用正确的工具切割木皮是非常简单的。只需使用锋利的木皮手锯、平尺和切割垫，你就可以切割出尺寸准确、边缘整齐的木皮。

对比鲜明的内饰木皮

我在对柜门面板进行贴面装饰时，也会同时考虑柜子内部的装饰。如果设计要求柜子内部与外部基本匹配，那我会在门板的内部贴上与外部相同的木皮。这样既能展现接近实木板的外观，又体现了木皮贴面选择的多样性。如果内部需要不同的装饰效果，我会在门板内侧粘贴与柜子内部其他区域匹配的木皮。

同样的处理方法也可以应用到盒子或者其他任何需要木皮装饰的作品上。为盒子内部粘贴装饰木皮是很好的练习，你可以尝试不同的木皮，为小件作品增加趣味性。这种对细节的关注会让潜在的客户在放下盒子后的很长时间里都忘不了你的作品。

这件来自笔者的细木镶花柜子，其外部使用白栓树瘤木皮进行装饰，内部则饰以浅白色的径切枫木木皮。

这件由艾德里安·费拉祖蒂制作的盒子，其外部饰以精巧的拼花，但真正让人眼前一亮的是你打开盒子时，会看到内部明亮醒目的白影木皮。

笔者这件使用了紫檀树瘤木皮和非洲相思木木皮的装饰艺术风格的柜子在柜门打开后会更加有趣，因为柜子内部采用了与外观颜色对比强烈的浅色白枫木皮。

在这个例子中，小盒子的顶板尺寸为6 in（152.4 mm）宽、9 in（228.6 mm）长。切割一块长宽尺寸比顶板分别大1 in（25.4 mm）的波罗的海桦木胶合板，并使胶合板的纹理与木皮纹理的方向垂直。也就是说，如果最终获得的成品盒盖顶板的尺寸为6 in（152.4 mm）宽、9 in（228.6 mm）长，那么胶合板的尺寸应该是7 in（177.8 mm）宽、10 in（254.0 mm）长，胶合板的纹理看起来也应该是7 in（177.8 mm）宽、10 in（254.0 mm）长。

裁切出7 in（177.8 mm）宽、10 in（254.0 mm）长的木皮，这样木皮的尺寸会比成品顶板大，与胶合板大小相同。用第2章中介绍的技术，在切割垫上用木皮手锯和平尺裁切木皮（见第29~32页“木皮手锯”）。记得也为顶板的背面切割一块木皮，可以选用与正面相同的木皮。

使用热皮胶

现在我们来煮一些热皮胶（最好在涂胶前的几个小时开始加热，因为热皮胶加热需要一段时间）。首先将大约½ cup（约120 ml）的胶粒放入塑料容器中，然后加冷水稍没过胶粒。静置约1小时，使胶粒吸水凝胶化。

1小时后，胶粒应该已经充分吸水。将混合物倒入双层胶锅中。外锅应装入约⅔热水，并放到电热板上加热（见图1）。我发现，先将外锅的水加热，再用烹饪温度计检查温度，是确保水温不会过高的好方法。因为你需要将热皮胶的温度控制在140~160 ℉（60~71.1℃）。

在加热皮胶时（需要45~60分钟才能达到所需的温度），可以将木皮和基板裁切到所需尺寸。在你的工作区域覆盖一张塑料薄膜，以便

在塑料容器中倒入一些胶粒，加入冷水稍没过胶粒。静置大约1小时，就可以把胶粒放入双层胶锅中加热了。

一边煮胶，一边准备好所有粘贴木皮的工具：木皮锤、用来盖住工作区域的塑料薄膜、基板、木皮、胶刷、胶罐、水和一些纸巾。

将胶刷浸入热皮胶热液中并抬起至少10 in（254.0 mm），检查热皮胶的黏度是否合适。从刷子上流下的胶应该呈连续的水流状，然后才会呈断线状。

> **❖ 小贴士 ❖**
>
> 尽量让热皮胶的温度保持在160 ℉（71.1℃）以下，超过这个温度的时间太久，热皮胶就可能被破坏。先将水加热到150 ℉（65.6℃）左右，就可以确保热皮胶不会比刚放入双层胶锅时温度更高。

完成裁切后快速清理工作台。准备好所需工具，即胶刷、胶罐、木皮锤、水和一些纸巾（见图2）。热皮胶冷却后会迅速凝固，所以在涂胶之前，你要确保一切准备就绪。

检查热皮胶的黏性是否合适。将沾满热皮胶的胶刷抬起约10 in（254.0 mm），黏性合适的热皮胶会形成连续的水流状（见图3）。如果热皮胶太稠，需要在混合物中加入一点热水；如果热皮胶太稀，在使用前应多煮一会儿。当热皮胶的稠度刚刚好时，就可以开始贴木皮了。

首先用胶刷将适量的热皮胶涂抹在基板表面，让其渗入木材（见图4）。然后迅速将木皮的展示面朝下铺在涂胶后的基板上，用胶刷在木皮的胶合面刷涂更多胶水。当你用木皮锤敲击木皮时，木皮展示面的胶水可以起到润滑剂的作用（见图5）。

在木皮的胶合面均匀刷涂胶水后，将木皮揭起并翻面，胶合面朝下贴到基板上。拿起木皮锤，开始在贴上木皮的基板中心来回敲击。缓慢地向面板边缘移动，注意在锤子前部施加较大的力。用一只手握住锤柄控制锤子，另一只手用力按压锤头。继续用木皮锤在面板的整个表面来回敲打，直到木皮全部均匀地压在基板上（见图6）。

在操作时，要留意热皮胶会沿着基板的边缘溢出；我们遵循的原则是，在热皮胶固化之前，把所有多余的热皮胶从木皮下面挤出去。

4

开始在基板上涂抹热皮胶，确保热皮胶渗入木纹理中。快速操作，因为热皮胶干燥得很快。

5

将木皮的展示面朝下放到基板上，在木皮的胶合面涂抹热皮胶。木皮展示面粘到的热皮胶会在锤打木皮时起到润滑作用。

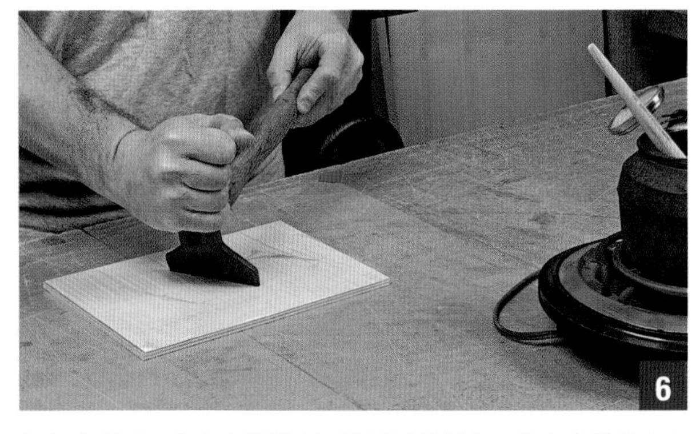

6

把木皮翻面，将木皮的胶合面粘贴到基板上。用木皮锤从中心开始逐渐向外缘锤打木皮。这一步需要用一点力，所以如果需要的话，可以双手并用，并将压力集中到锤头部分。持续从中心向外锤打木皮，直到整片木皮平贴基板。

安装盒盖顶板

贴面盒盖顶板有多种不同的制作方法，但我找到了最简单的方法。首先，切取一块约 ¼ in（6.4 mm）厚的薄胶合板作为顶板。然后，为顶板的上下两面粘贴木皮，并在顶板的四周切割一圈半边槽。接下来，在4块侧板上统一开横向槽，将顶板嵌入槽中。准确设计开槽的位置，尽可能使顶板的顶部与盒子侧板的顶部边缘齐平。组装完毕后，将顶板和侧板打磨平齐。

这件作品的木皮装饰非常简单，因为你只是为一块小面板贴木皮。这款盒子顶板制作的复杂之处其实在于准确切割顶板边缘的半边槽，使其完美嵌入盒子侧板的横向槽中，不在顶板周边留下任何缝隙。不过，即使有缝隙问题也不大，可以通过一些装饰性的镶嵌来解决，所以不用担心。

将贴面顶板装入盒子最快的方法是，在盒子的每块侧板上分别锯切一条横向槽，其位置正好位于顶板自盒子侧板顶部边缘向下的厚度对应的位置。然后慢慢将顶板的半边槽嵌入横向槽中。

先尝试将榫头与横向槽紧密接合，然后使用台锯或槽刨不断精修部件，直到顶板完全嵌入侧板的横向槽中。

一旦开始听到开裂的声音，你就完成了锤打的步骤。使用经过温水浸湿的纸巾擦掉多余的热皮胶（水不要太多，只需润湿纸巾即可）。在基板的一面粘贴好木皮后，将基板翻面，重复同样的步骤，为另一面粘贴木皮。

对拼贴面面板

在创建具有装饰效果的木皮匹配时，制作对拼贴面面板是练习贴木皮所需精度的好方法。在平时的木工操作中，如果想要进行练习，可以在制作柜门的框架－面板结构时，将面板由实木板更换为贴面面板。贴面面板的制作并不费力，而且你会有很多有趣的装饰性纹理和图样可选，这是实木板无法实现的。

由于我的框架－面板门所用的面板是在组装门的过程中嵌入的，所以我倾向于使用 ¼ in（6.4 mm）厚的中密度纤维板作为基板。这样的面板非常稳定，并能够胶合到门框上，增加门的结构强度。也可以使用 ½ in（12.7 mm）厚的中密度纤维板或波罗的海桦木作为基板，但我

要想制作一块对拼木皮的面板，你需要准备两片木皮用于面板的正面，另外两片木皮用于面板的背面。在裁切之前将4片木皮的纹理对齐，这样就可以在相同的位置一次性切割所有木皮，也更易于在对拼时拼接纹理。

发现 ½ in（12.7 mm）厚的基板在粘贴木皮之后，就与 ¾ in（19.1 mm）厚的框架差别不大了。这需要根据柜子与柜门部件的整体设计进行选择。现在，假设你已经决定使用 ¼ in（6.4 mm）厚的中密度纤维板作为贴木皮的基板，我们将据此进行后续的讲解。

首先，你需要选择两片木皮用于面板的正面，选择另外两片木皮用于面板的背面。在这个示例中，面板的正面和背面均使用胡桃木木皮，所以需要4片至少8½ in（215.9 mm）宽、25 in（635.0 mm）长的顺序排列的胡桃木木皮，用来制作大约16 in × 24 in（406.4 mm × 609.6 mm）规格的框架－面板门的贴面面板。首先，按照第2章中介绍的方法，根据每片木皮上连贯的纹理图案将木皮对齐并堆叠好，然后在几个位置粘贴好蓝色美纹纸胶带，以确保当你切割整摞木皮来创建对拼的木皮图案时，4片木皮的纹理走向几乎完全相同。在你选定中意的对拼图案后（见第62页“镜子中的图像”），在镜子的底部边缘确定几个位置，用铅笔在木皮上做好标记。因为你已经将木皮对齐并粘贴在了一起，所以可以直接进入裁切木皮的步骤。

裁切木皮

将平尺沿标记线放置，木皮手锯紧贴平尺边缘，且锯片放在木皮的废料侧，然后开始锯切整摞木皮。逐步切开所有木皮，慢慢操作，多次小力度切割比一次性强行切开整摞木皮的效果要好。此外，一定要将锯片的背面紧贴平尺边缘，以保持刃口垂直于木皮。

在去除连接木皮的蓝色美纹纸胶带，分开每片木皮之前，检查木皮边缘的切割质量，如果有任何撕裂或粗糙的切口，按照第2章介绍的

镜子中的图像

利用我们之前制作的折叠镜（见第55页“使用折叠镜”），将其中一面镜子暂且折起不用，将折叠后的镜子边缘放置在你想创建对拼效果的中缝位置。耐心地移动镜子，找到最完美的纹理对拼方案。通过镜子中的图像，你应该可以看到切割木皮创建的对拼效果。稍微改变镜子的角度，就能呈现出更有趣的对拼效果，纹理的一致性也会因此增强或减弱。这一切都取决于你期望的面板中缝纹理的样式。你希望纹理的对拼痕迹相当明显，就像夸张的天主教堂式花纹，还是更喜欢纹理的过渡更加柔和，两侧纹理较为一致地与中缝垂直？这些都由你来决定，而且这也是构成木皮装饰工艺学习过程的一部分。

利用折叠镜找到合适的对拼效果，先将不用的那面镜子折起，再将折叠后的镜子放置在你选择的木皮中缝处。

在木皮表面移动镜子，可以看到对拼纹理样式的变化，也很容易观察不同的纹理走向会对面板的外观产生何种影响。现在，我们创建的图案是在中缝处形成比较夸张的天主教堂式花纹。

向相反的方向移动镜子会产生完全不同的对拼纹理。在设计贴面面板时，尝试不同的图案是非常有帮助的。

在借助镜子选定预期的对拼纹理样式后，用铅笔沿着镜子的底部边缘画线。这将是你用木皮手锯锯切木皮时的切割线。

按照第2章详解的方法（见第29~32页“裁切木皮”）切割木皮，你只需要一把木皮手锯、一把平尺和一张切割垫。

有时候，你可能需要修整木皮的切割边缘。将整摞木皮放在工作台的边缘，用平尺压住木皮以保持其平整。用硬木制作的打磨块打磨边缘，确保均匀打磨整个边缘。

修边方法（见第31页“修边”）进行处理，以获得干净、整齐、方正的切割边缘。

拼接和粘贴木皮

切割完木皮后，去除蓝色美纹纸胶带，将两组木皮按照对拼的方式摆放，使拼缝位于中间。你看到的是木皮的展示面，也就是木皮拼接完成后展示在外的那一面。沿着拼缝轻轻滑动一片木皮，直到两片木皮的纹理标记对齐，纹理完全匹配。对齐木皮时，寻找明显贯穿接缝的纹理线作为参照可以得到更好的对拼效果。在纹理完全对齐后，横跨拼缝处贴上几条蓝色美纹纸胶带，将木皮固定在一起（见图1）。

下一步，将木皮翻面，在两块木皮的胶合面上横跨拼缝粘贴胶带。我们在此处使用蓝色美纹纸胶带进行粘贴。首先在拼缝处每间隔4~6 in（101.6~152.4 mm）粘贴一条蓝色美纹纸胶带，并在粘贴时拉紧蓝色美纹纸胶带，将两块木皮紧紧拉在一起。接下来，用一长条蓝色美纹纸胶带沿拼缝进行粘贴，然后用黄铜刷按压，使其牢牢粘贴在木皮上（见图2）。

再次将木皮翻面，除去展示面的几条蓝色美纹纸胶带。仔细检查对拼纹理的效果。如需调整，重复上述粘贴胶带的步骤，直到纹理的对拼效果达到你的预期。在这块面板上，我们会使用湿水胶带粘贴木皮的展示面。我们已经在第2章中详细介绍了如何使用湿水胶带，在此快速回顾一下。用湿海绵将湿水胶带的胶面稍微打湿，沿着两块木皮的拼缝处轻轻贴下，使拼缝大致相对于湿水胶带居中。然后用一张纸巾轻轻拍打湿水胶带，使其在木皮上贴牢，并

首先，以一定的间隔将对拼的木皮用蓝色美纹纸胶带粘贴在一起，以便检查纹理的对齐情况。如果对得不太齐，就调整木皮的相对位置，直到纹理完全对齐。

用蓝色美纹纸胶带粘贴胶合面的拼缝。先横跨拼缝粘贴几条胶带，然后再沿拼缝粘贴一长条胶带，这样有利于拉紧两块木皮。之后，用黄铜刷磨压胶带使其粘牢。

按照第2章中介绍的方法粘贴湿水胶条：先润湿胶带的胶面，然后将胶带相对于拼缝居中粘贴。

用纸巾用力拍打胶带，除去多余的水分；然后把木皮压在一块中密度纤维板下干燥20~30分钟。

在湿水胶带粘贴好并干燥后，你就可以去除木皮胶合面上的蓝色美纹纸胶带，准备进行压固了。

擦去湿水胶带上多余的水分（见图3）。将粘贴好的木皮压在一块中密度纤维板下20~30分钟，等待胶带干燥（见图4）。胶带干透后，将木皮翻面，将胶合面的蓝色美纹纸胶带全部去除（见图5）。现在，可以将这组对拼的木皮粘贴到基板上了。对第二组对拼的木皮重复同样的操作。

胶合木皮

现在，你已经把木皮用湿水胶带粘贴好，为胶合做好了准备，接下来要准备好使用液态皮胶和夹具压固木皮所需的其余装备。首先，你需要制作几套弓形垫块，以便在使用夹具压板时向板材中心施加压力。按照我们在第3章中讨论的方法，准备一些边角料，用带锯或线锯进行制作（见第49页“为宽板制作弓形垫块”）。在这次胶合中，你可能需要至少三对弓形垫块。除此之外，你还需要一组¾ in（19.1 mm）厚的中密度纤维板垫板，其尺寸应比需要进行压板的基板稍大一些，就示例面板而言，垫板尺寸应该刚刚超过17 in × 25 in（431.8 mm × 635.0 mm）。

由于我们使用的是液态皮胶，你需要预先准备一小瓶液态皮胶、一个胶辊和一个盛有热水的容器。先将小瓶液态皮胶水浴加热约 20分钟，使其获得更好的流动性。至于胶辊，我发现家居建材中心所售的胶辊在涂抹大多数胶水时都很好用。我购买的是9 in（228.6 mm）长的胶辊，然后将其等分成三份，这样我就可以将切割后的胶辊安装到3 in（76.2 mm）宽的刷柄上了。

准备两个支架将需要压板的组件抬高，以便于固定夹具。我将几块胶合板废料钉在一起，制成约4 in（101.6 mm）高、17 in（431.8 mm）

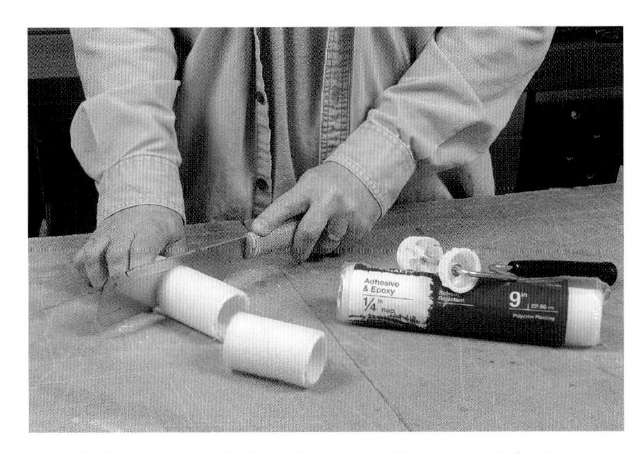

胶辊非常适合木皮装饰工艺中涂抹胶水。可以购买9 in（228.6 mm）长的胶辊，将其等分成三份，安装到3 in（76.2 mm）宽的手柄上使用。

可以用4~5 in（101.6~127.0 mm）宽、8/4 in（50.8 mm）厚的木料或用胶合板边角料钉在一起制成T形支架。这种支架在工房的各项操作中都很有用，所以准备各种长度的支架会方便操作。

当你准备在基板上涂抹胶水时，应确保已经准备好了所有使用夹具压板所需的工具。你需要在做好的支架上放上铺好塑料薄膜的垫板。

在基板上均匀涂抹一层液态皮胶，确保各处施胶均匀，避免出现胶水积聚。

涂好液态皮胶后，你只有几分钟时间将木皮粘贴到位并固定好夹具，所以要快速操作。

粘贴好木皮、放好塑料薄膜和顶部垫板后，夹上夹具和弓形垫块。先固定弓形垫块，向基板中心施加压力，然后向外扩展夹上夹具，确保基板边缘每隔几英寸就有一个夹具。

长的T形支架，可以横跨整个面板的宽度。把垫板放在两个支架上，支架应位于垫板边缘向内几英寸的位置。在垫板表面铺上一块塑料薄膜，然后将 ¼ in（6.4 mm）厚的中密度纤维板基板放在塑料薄膜上。

开始涂胶，将液态皮胶均匀地涂抹在基板表面。操作要快，因为液态皮胶一离开胶瓶就会开始固化。使用液态皮胶时，你可能只有几分钟的时间来涂抹胶水和粘贴木皮，所以我通常每次只在面板的一侧粘贴木皮，确保基板边缘涂抹了足够的液态皮胶。基板表面的胶层应该是均匀的，你的目标是均匀涂抹液态皮胶，不能涂抹过多，否则会适得其反。将第一片木皮小心翼翼地铺在胶层上，并轻轻按压各处。尽量快速操作，因为液态皮胶很快就会开始固化，在没有使用夹具压板前，木皮在胶层停留得越久，就越容易卷翘和移动。

在木皮表面铺上一层塑料薄膜，然后再放置顶部垫板。开始使用夹具压板，先放置基板中心的弓形垫块，然后向外使用夹具夹紧压板组件的边缘。协同拧紧所有夹具，确保整个基板表面每隔几英寸就有一个夹具。将组件干燥过夜，然后取下所有夹具、垫板和塑料薄膜，评估对拼后的贴面面板的外观效果。如果一切顺利，木皮应该被均匀地压平，且应该有细小的点状胶水均匀渗出并分布在木皮表面。如果木皮的粘贴结果符合预期，将面板翻转过来，用同样的方法将第二片木皮粘贴到另一侧。待第二片木皮完成干燥并去掉夹具后，将基板放在两面都能通风的地方，继续过夜干燥。

即使是一块中等大小的基板，也需要相当多的夹具来压固。如果基板的尺寸更大，你就需要使用真空封袋装置进行压板，因为夹紧所有夹具需要花费的时间太长了，远远超过了胶水凝固的时间。

最后一步是将对拼木皮胶合完毕的面板嵌入框架中制成框架 – 面板结构的门。

胶合后打磨木皮

在木工操作中，很少有比磨穿木皮更令人失望和沮丧的事。通常情况下，磨穿木皮发生在打磨的最后阶段，当你认为差不多就要完成这件作品了，所以决定再打磨一下的时候。首先，你会看到木皮的颜色发生变化，然后纹理会开始消失。当你意识到发生了什么的时候，已经打磨掉了很多木皮。有些磨穿的木皮可以完全修复，有些则会在修复后留下明显的修复痕迹。

像我这样的小范围磨穿，可以用润色记号笔进行修补（见本页下图），修补后除了制作者本人，其他人基本分辨不出来。修复磨穿的木皮是个技术活儿，需要大量练习以及临场时的稳定操作。请记住，天然木材包含多层颜色，要想准确复制其颜色层次，你需要运用各种工具涂抹几层不同的颜色。可以用细线笔完成重新创建纹理线，可以用较粗的记号笔完成基底颜色的绘制，但图案和彩虹纹（涡状纹或琴背纹）几乎不可能重新建立。要完成大面积的木皮修复，所需的工具更多，不是润色记号笔能够完成的。有一些色素粉末可以与表面处理产品混合涂在纹理缺失的区域，蜡笔可以用来填充凹痕的，此外，还有虫胶填充棒、油漆笔、抛光笔，等等。我获得的有关修复磨穿木皮的最好建议（虽然我当时不以为然）就是，学会一开始不要磨穿木皮。这需要大量练习，但非常值得付出努力。

现在的木皮切割方法所生产的木皮比以往任何时候都要薄，因此，具备过硬的打磨技术变得更加重要。如果你使用的是$\frac{1}{16}$~$\frac{1}{8}$ in（1.6~3.2 mm）厚的再切割木皮，可以随便打磨，不用担心磨穿木皮的问题。但对于商业木皮，如果打磨时间过长，或者所用砂纸的颗粒过粗，商业木皮很快就会被磨穿。

我通过一些教训才学会在打磨商业木皮时要保持耐心，循序渐进。我通常会先用不规则轨道砂光机搭配150目的砂纸快速整平面板表面，并去除溢出的胶水，然后改用搭载180目砂纸的硬橡胶或泡沫块手动进行初步打磨。之后，使用不规则轨道砂光机搭配180目和220目的砂纸完成打磨。我很少使用比150目的砂纸颗粒更

磨穿木皮很令人沮丧，而且需要修复或更换木皮。根据损坏的严重程度，有时重新制作一块新的贴面面板可能更容易。小范围的磨穿通常可以用润色记号笔进行修复。准备各种记号笔很有帮助，以备不时之需。

我经常先用不规则轨道砂光机搭配150目的砂纸打磨木皮。我很少用比150目的砂纸颗粒更粗的砂纸进行打磨，因为想要去除粗糙砂纸的打磨痕迹，磨穿木皮的风险会大大增加。

用砂光机整平面板表面后，我会用搭载180目的砂纸的硬橡胶或者泡沫块对整个面板进行手工打磨，这有助于进一步整平表面，并去除不规则轨道砂光机留下的痕迹。

粗的砂纸，如果你是用喷漆或转换清漆完成表面处理，砂纸的目数也不需要超过220目，因为这类表面处理产品都能形成不错的薄膜涂层。如果你打算为贴面部件进行法式抛光或上油处理，可以考虑使用320目或400目的砂纸手工打磨。用320目砂纸手工打磨树瘤木皮也可以获得不错的效果。

与表面处理操作一样，在为你的作品进行这些处理之前，应先制作一些样品测试你的打磨和表面处理方法，以评估最终的处理效果。你很快就能看到，哪些方法是有效的，哪些方法是无效的。如果没有进行样品测试，你就只能在汇集了数百小时劳动和大量昂贵材料的作品上做试验了（很可能会功亏一篑）。

接下来做什么?

另一种将木皮运用到木工作品中的方法是，用 ¾ in（19.1 mm）厚的贴面面板代替实木框架制作一套柜门，并以薄实木条或木皮封边。制作这种门需要投入更多精力，但可以使柜子正面看起来更加干净整洁。制作这种柜门的一个好方法是，先将木皮基板安装到组装好的柜子框架上，用薄实木条或木皮封边，然后再用匹配的木皮为基板贴面。这样做，你从柜子外面看到的是完整的木皮表面，而且看不到边缘的封边。关于贴面面板的封边操作，我们会在本书的后续章节详细介绍。

除了这些入门级别的作品，木皮在家具和盒子中的应用只有你想不到的，没有做不到的。在很多20世纪20年代的装饰艺术风格的家具中，木皮被用来装饰整件家具的外表面，并使用了许多我们将在后面章节中详细探讨的技艺，创造了精准拼接和对齐的饰面效果。甚至在装饰艺术风格风靡之前的几百年中，就已经存在用镶嵌细工装饰的奢华家具。在17和18世纪，一些极致奢华和昂贵的家具就是用木皮完成表面装饰的。现在，你已经体验了对拼木皮的制作，让我们继续探索更复杂木皮装饰工艺，帮助你创作出自己的木皮装饰杰作。

对拼贴面面板可以为原本简单的框架–面板结构设计增添趣味，正如罗伊·戴维斯·马丁（Loy Davis Martin）制作的这张胡桃木书桌，将精美的对拼卷纹胡桃木木皮嵌入胡桃木实木框架中。书桌的全部面板都采用对拼卷纹胡桃木木皮进行贴面，令整体设计更加统一和谐。

这件同样来自罗伊·戴维斯·马丁的餐具柜以对拼的枫木朽纹木皮贴面的门板和抽屉正面的拼花装饰相映成趣。

蒂莫西·科尔曼在这件小型柜子上使用了对拼木皮的水曲柳面板作为白栓有影木皮贴面面板的框架。白栓有影木皮贴面面板上肆意流动的纹理清楚地展示出两扇门上的图案采用的是对拼方式。

笔者制作的这件卷纹枫木配桃花心木柜子的亮点在于，柜门以对拼方式粘贴卷纹枫木木皮。柜子的左右两块侧板同样进行了对拼贴木皮处理，以保证整体设计的连续性。

笔者制作的这件马蹄莲镶嵌细工餐具柜的柜门选用了径切寇阿相思木木皮进行对拼，抽屉正面和柜身侧面也采用了对拼方式。

这件由迈克尔·辛格（Michael Singer）制作的高脚首饰柜以桃花心木树杈木皮打造的对拼柜门为特点，柜门的封边是在粘贴木皮之前完成的，所以观众只能看到美妙绝伦的桃花心木木皮饰面。

为了打造与众不同的外观，可以采用笔者制作这件小型的樱桃木配枫木边柜的方法，将木纹水平设计，横贯柜门及柜身。

这件由戴维·伦琴于18世纪晚期制作的绝世之作融合了几乎所有形式的木皮装饰工艺。

在20世纪20年代，贾奎斯·艾米尔·鲁尔曼（Emile Jacques Ruhlmann）设计了众多极为精细华美的装饰艺术风格家具。这件黑檀木木皮配象牙装饰的柜子，其大部分表面都用对拼木皮进行了装饰。

这件由贾奎斯·艾米尔·鲁尔曼制作的小型边桌特点在于对拼的榆木树瘤木皮完全覆盖了椭圆柜身，形成了不断起伏的波浪状纹理效果。

第 5 章

四拼面板

现在，你已经完成了第一件贴面作品，并学会了一些木皮装饰所需的技术，可以继续探索更具挑战性的木皮装饰操作了。我们接下来的这件作品会使用树瘤木皮制作一块四拼面板，作为极富视觉吸引力的盒顶。树瘤木皮具有木皮中最独特、最有趣的纹理图案，是展示木材之美的理想材料。比起直纹木皮，将树瘤木皮的旋涡状纹理对齐并融合到木皮的装饰性拼接中要更难一些。即使是切割自同一树瘤的树瘤木皮，不同木皮之间的纹理也可能存在很大的变化，因此，树瘤木皮必须是按顺序切割和叠放的，否则，四拼面板的纹理会很难匹配。

树瘤木皮的选择

说到树瘤木皮，有不少木材种类可以选择，单片树瘤木皮的尺寸也存在较大的差异。有些树瘤木皮只有较小的尺寸，比如花樟树瘤，很难切出大块的木皮。而白栓橄榄树瘤和白栓树瘤木皮则不同，通常有几英尺长宽，可以成捆购买。显而易见，你想在作品中使用的木材类型，及其木纹和颜色与作品中其他材料的关系将影响你对树瘤木皮的选择。同时，你也应该考虑计划制作的树瘤木皮贴面面板的尺寸，以及该面板需要树瘤木皮的数量。虽然你可以将一大捆白栓树瘤木皮的一角裁下，用于制作四拼的

四拼的白栓橄榄树瘤木皮贴面面板为这款定制的小盒子提供了精妙的装饰，而且这种尺寸的贴面制作过程不需要太多工具就可以完成。

盒顶，但限制自己使用较少的白栓树瘤木皮完成盒顶的装饰和制作可能更有意义（也更经济）。许多树种的树瘤木皮都以小捆的形式售卖，因此找到适合你的作品的树瘤木皮应该不成问题。

选定作品使用的树瘤木皮后，你就要确定在粘贴木皮之前是否需要对木皮进行整平。我为盒顶选择了一捆漂亮的白栓橄榄树瘤木皮，这种木皮在使用前肯定是需要整平的。你购买的许多树瘤木皮都是易碎的，且其表面像波浪一样皱起，所以在任何操作之前，都应该首先将其整平。按照第2章中的整平指导（见第26~29页，“整平起皱的木皮”），你最终可以得到柔韧且易于切割的木皮。注意，正确地压平以及干燥在整平溶液中浸泡过的木皮需要几天的时间，所以要提前计划好时间安排。

现在从一捆树瘤木皮中选取4片用来装饰盒顶面板。理想情况下，你可以选取整捆树瘤木皮最上面的4片，其余木皮留给另一件作品。有时候，你会发现一捆木皮中最外层的单片木皮已经损坏，树瘤木皮的图案存在缺失。如果出现这种情况，将这些受损的木皮放到一边，从剩余木皮中继续选取4片未损坏的连续木皮。取出所需的木皮后，将剩下的木皮重新堆叠起来，并确保对其进行了正确的编号，这样在日后用的时候，你能记起曾经从这捆木皮中取出过4片。

在这件作品中，我们将为中等尺寸的珠宝盒制作经过装饰的盒顶。盒顶成品尺寸为12 in

树瘤木皮有各种颜色和图案，精细的抑或复杂的图案、各种尺寸、各种木材种类应有尽有。图中的木皮，最下面是黑胡桃树瘤木皮，然后从左向右依次是北美红杉树瘤木皮、麦当娜树瘤木皮、喀尔巴阡榆木树瘤木皮、胡桃木边材树瘤木皮和右前方的白栓橄榄树瘤木皮。

（304.8 mm）长，9 in（228.6 mm）宽，为了制作一个四拼木皮贴面的盒顶，我们需要4片至少6½ in（165.1 mm）长、5 in（127.0 mm）宽的树瘤木皮，对它们进行裁切、拼接和修边处理，最终制作出12 in × 9 in（304.8 mm × 228.6 mm）的盒顶。裁切时，木皮的4个方向都要预留出½ in（12.7 mm）的余量，便于后续修边和拼接时微调，以防木皮之间的纹理图案变化过大。

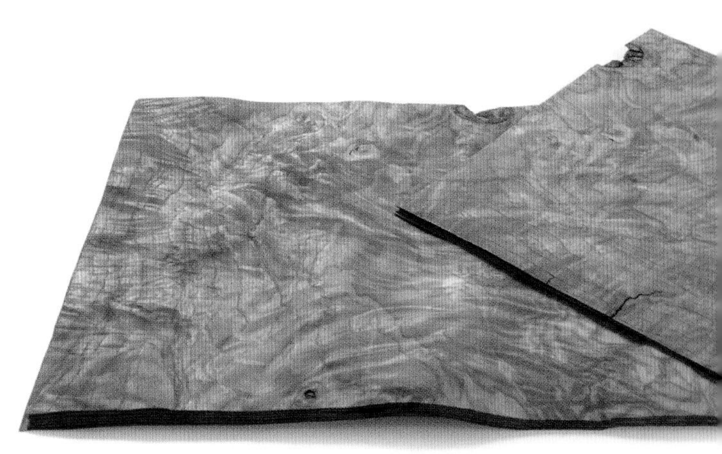

白栓橄榄树瘤木皮因其明暗相间的旋涡纹理可以用作需要强烈对比效果的背景木皮。这种木皮到货时其表面经常起皱严重，所以在裁切至所需尺寸之前要进行整平。最终可以得到像图中右上方这摞木皮一样的柔韧而平整的木皮。

利用折叠镜

预览树瘤木皮拼接效果最简易的方法就是使用我们之前用过的折叠镜。要想制作四拼木皮，你首先需要选择树瘤木皮纹理最为鲜明和集中的区域，然后以这个区域为中心，使两面镜子彼此成90° 角并竖直放在木皮上。这样可以清楚地展示出所选木皮纹理在中心位置进行四拼的效果。移动折叠镜，就可以预览在树瘤木皮的其他区域进行四拼可能出现的效果。

通常情况下，将树瘤木皮最繁复的纹理置于四拼中心位置时，拼接的效果最为特别。但实际效果取决于你所选的特定树瘤，所以一定要移动折叠镜多预览几种四拼纹理的效果，直至找到最具吸引力的拼接效果。将镜子保持在原位不动，用铅笔沿两面镜子的底部边缘标记木皮，接下来就可以按照理想的拼接方式继续操作了。

现在沿木皮的四边做标记，以便于将木皮裁切到更易处理的大小。我会用卷尺从镜子的底部边缘出发进行测量，并在正确的位置用铅笔做几处标记。将这些标记连接起来，就得到了边缘的切割线。

使用我们在第4章中制作的折叠镜（见第55页“使用折叠镜”），就可以轻松预览各种四拼效果。打开折叠镜，保持其两面镜子彼此成90° 角。将镜子竖直放在树瘤木皮上并不断移动，以寻找最好的四拼效果。当你找到了最吸引你的四拼效果后，就用铅笔在两面镜子的底部边缘做好标记。

用卷尺从每面镜子的底部边缘向外测量，确定包含预留部分在内的树瘤木皮的整体尺寸，用铅笔为每条边做出标记。将这些标记连成直线，就画出了木皮的全部边缘。

想要修复图中树瘤木皮的开裂而不留任何痕迹是颇具挑战性的，所以应尽量避免使用有开裂的树瘤木皮。当然，开裂的木皮要先保存起来，以后总有机会在修复工作中用到它们的。

沿木皮的一条边找到一个明显的纹理细节，据此将每片木皮一一对齐。然后在木皮余下的边缘继续寻找标志性的细节，重复对齐木皮的步骤。当所有木皮的纹理细节全部对齐后，用蓝色美纹纸胶带在纹理细节处把一整摞木皮紧紧粘贴在一起。

叠放和切割

当你整平了树瘤木皮，并利用折叠镜找到了能够完美呈现四拼效果的纹理区域后（见第75页“利用折叠镜”），就可以将木皮裁切至所需尺寸了。首先将每片木皮的纹理图案对齐，这样就可以在切割完成后仍然保持4片木皮的纹理是完全对齐的。对齐树瘤木皮的纹理比对齐直纹木皮的纹理难度更大一些，因为即便是相邻的几片树瘤木皮，其纹理图案也可能存在明显的差别。

不过，无论哪种木皮，操作步骤是基本相同的。首先沿木皮的一条边在每片木皮上找到一处特点明显的纹理细节，然后参照纹理细节逐一对齐木皮，直到4片木皮的相同纹理细节全部对齐。然后用蓝色美纹纸胶带在该纹理处将4片木皮粘贴在一起（见图1）。继续寻找下一个纹理细节，并重复对齐木皮和粘贴胶带的过程。沿木皮的四边重复这个操作。操作完成后，你会得到一摞充分对齐的木皮。

将平尺边缘与拼接中缝处的木皮长边对齐，然后小心地切割整摞木皮（见图2）。将木皮滑动到工作台的边缘，用硬质打磨块打磨切割边缘，去除木皮边缘的任何撕裂或碎屑（见图3）。我们目前只切割了第一条拼缝，所以请继续裁切余下的拼缝，并在完成裁切后除去树瘤木皮上的蓝色美纹纸胶带。用铅笔或粉笔分别在4片木皮的同一边角处从1到4进行编号，这样即使在木皮翻面后也能保持正确的拼接顺序（见图4）。

将平尺边缘对齐中缝处的标记，用木皮手锯小心地切割全部4片木皮。慢慢来，不要试图一次性切开所有木皮。

修复树瘤木皮的孔洞和破损

树瘤木皮在到手时往往存在轻微的损坏或有需要修复的孔洞。在你拆开包装时，最好把所有树瘤木皮碎片都保留下来，以备日后修复时使用。大多数情况下，简单的修复可以轻松完成，只需准备手术刀和一些蓝色美纹纸胶带。尽量在木皮的胶合面侧进行修补，这样即使在修复过程中出了问题，展示面也不易受到损坏。

首先，检查一下4片木皮是否需要等量的修复工作。在整捆木皮中，越下层的木皮，其上的孔洞和开裂越小。在填补小孔时，一种快速且基本看不出修复痕迹的方法是，先在孔的一侧粘贴一块蓝色美纹纸胶带，然后用小片的树瘤木皮边角料进行填补（见图1）。

通常，有一部分树瘤木皮其实是用不到的，所以你完全可以从这部分树瘤木皮上切下一小片与孔洞区域的颜色和纹理相似的木皮，用来填补孔洞。先试着用手术刀或锋利的凿子将这样的木皮补丁大致修剪成孔洞的形状。然后将木皮补丁放在孔洞中，并按压到蓝色美纹纸胶带上（见图2）。你可能会看到孔洞周边有一些区域露出了蓝色美纹纸胶带。用凿子再切下一些小片的木皮填补进这些区域，需要修复的孔洞应该可以完全消失了。下一步，将PVA涂抹在修复处，并用手指将其抹进缝隙中（见图3）。然后用120目的砂纸轻轻打磨修复区域，用灰尘和胶水的混合物填补剩余的瑕疵（见图4）。

在修复裂口和裂缝时，试着用蓝色美纹纸胶带将木皮贴合在一起。如果把胶带拉紧，这些瑕疵应该可以消除。如果下次仍然没有消失，你同样需要用树瘤木皮的边角料进行填补。像之前一样，小心地用手术刀在不用的木皮部分切下与裂缝形状大致匹配的木皮补丁，然后不断测试木皮补丁与裂口或裂缝的匹配程度，直到获得形状完全匹配的木皮补丁。

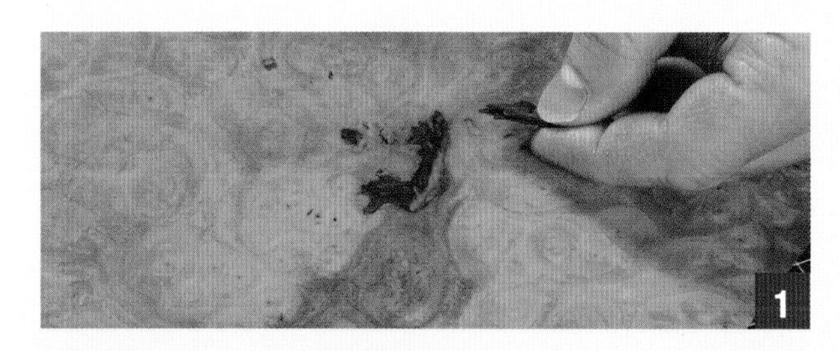

将蓝色美纹纸胶带粘贴在待修复的孔洞背面，这样方便观察孔洞的周围，且蓝色美纹纸胶带可以在修复过程中将小片的树瘤木皮固定在一起。

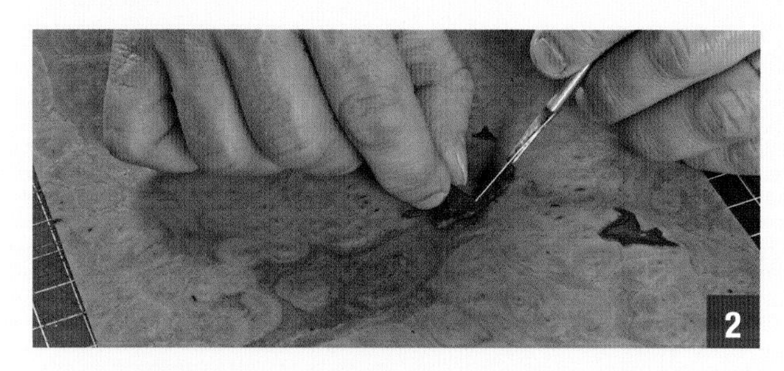

找一块与待填充的孔洞的周围纹理非常接近的树瘤木皮边角料。逐渐减小木皮补丁的尺寸，直到木皮补丁与孔洞的大小匹配。修剪掉多余的部分，将木皮补丁嵌入孔洞中。

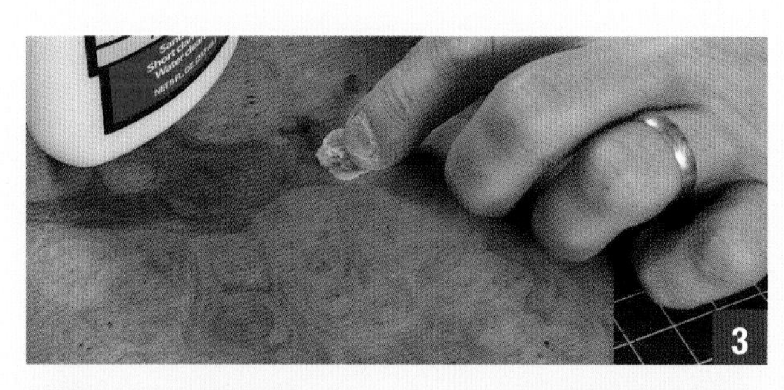

继续切下一些树瘤木皮补丁，用来填补孔洞周围残余的缝隙，然后将其与周围的木皮修剪平齐。在修复处涂抹PVA，并用手指将胶水抹进缝隙中。

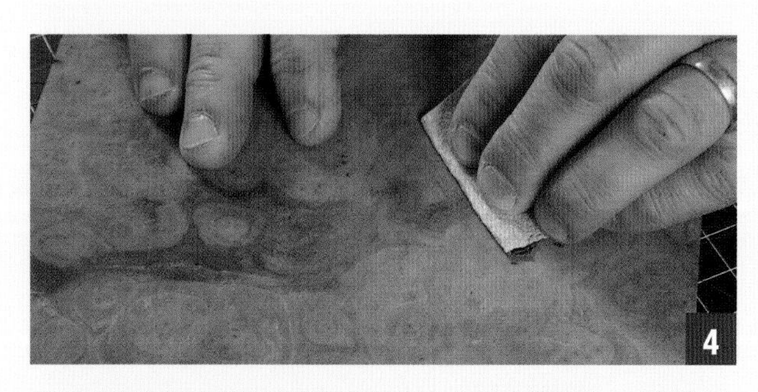

用120目的砂纸轻轻打磨还未干的胶水和修复区域，直到补丁与周围的木皮平齐。最终几乎是看不出修复痕迹的。

用一块硬质打磨块轻轻修整切割边缘，把树瘤木皮处理得更加整齐。打磨时保持打磨面与切割边缘垂直，去除撕裂和碎屑即可。

除去蓝色美纹纸胶带，并在木皮翻面之前，在所有木皮的同一边角标记编号，这样就可以在移动木皮时依然保持正确的木皮顺序。

拼接木皮

取前两片木皮（分别编号1和2），像普通的对拼一样，沿着刚才切割和打磨的拼缝处展开并平铺木皮（见图1）。细致地对齐拼缝两侧的纹理。这时不要担心木皮的两端是否能够对齐，因为稍后还会对这条拼缝进行修整。横跨拼缝粘贴几条蓝色美纹纸胶带，将木皮固定拉紧到位。现在取编号为3和4的木皮，重复上述步骤。现在，你得到两片对拼的树瘤木皮。理想情况下，两片对拼的树瘤木皮看起来几乎一模一样，木皮的纹理能够完美对齐。

现在，你需要将两片对拼木皮对齐并裁切出四拼的中缝。为了对齐两片木皮，可以先将其以中缝处为基准摆放并拼接在一起（类似对拼木皮拼缝时的摆放方式），再将其中一片木皮以拼缝为轴翻面，放在另一片木皮上面。像你最初切割整摞木皮时那样，在接缝处对齐两片木皮的纹理，然后裁切出四拼的中缝。木皮上应该有几条醒目而漂亮的纹理，可以帮助你正确地对齐木皮。对齐后，将两片木皮用蓝色美纹

取出前两片木皮，将其沿着刚刚裁切出的拼缝像对拼那样摆放。横跨拼缝将纹理标记对齐。当你对对齐效果感到满意后，横跨拼缝粘贴几条蓝色美纹纸胶带以拉紧两块木皮。重复上述操作，完成第二对木皮的对拼。

纸胶带粘贴在一起（见图2），借助塑料绘图三角尺画出一条与单片对拼木皮的拼缝垂直的直线（见图3）。具体做法是，将三角尺的其中一条直角边与对拼木皮的拼缝对齐，然后移动三角尺，直至找到满意的中心拼缝的位置，用铅笔沿三角尺的另一条直角边画出这条线。

下一步，拿走三角尺，将平尺放到画线处。裁切木皮，切掉拼缝处的废料（见图4）。完成中缝的裁切后，将木皮移动到工作台边缘，轻轻打磨中缝处，去除所有撕裂或损坏。

取下蓝色美纹纸胶带，把上层的木皮翻开

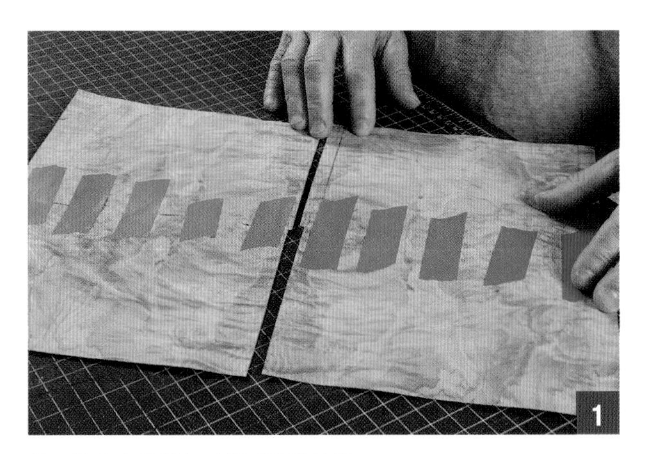

将两片木皮像进行对拼时那样平铺。

沿着拼缝将一片木皮翻到另一片木皮之上，以便裁切四拼的中缝。仔细对齐两片木皮拼缝处的纹理，然后用蓝色美纹纸胶带将两片叠放的木皮粘贴在一起。

用三角尺或直角尺画出一条垂直于一片对拼木皮拼缝的直线。这就是四拼木皮的中心拼缝，所以这条画线与木皮上原本的对拼拼缝精确垂直是至关重要的。如果出现一点偏离，最后的组装效果就会受到影响。

用木手皮锯和平尺沿画线裁切两片对拼木皮。然后用硬质打磨块轻轻打磨木皮的切割边缘，去掉任何撕裂或损坏，确保整个木皮边缘干净整齐。

平铺，最终确定四拼木皮的中缝。仔细对齐所有4片木皮交会的中心点，并跨中缝粘贴几条蓝色美纹纸胶带（见图5）。仔细检查四拼木皮上所有拼缝处的纹理是否对齐，以及每对木皮之间纹理的匹配情况。理想情况下，四拼木皮全部四条拼缝处的纹理应该近乎完美地对齐。如果你的四拼木皮属于这种情况，翻转木皮，令其胶合面朝上，用几条蓝色美纹纸胶带横跨拼缝粘贴，并沿拼缝再纵向粘贴一条蓝色美纹纸胶带，以拉紧所有木皮，将其牢牢固定在接缝处（见图6），同时重新粘贴展示面拼缝处的蓝色美纹纸胶带。如果任何一条拼缝处的纹理没有对齐需要调整，应去掉蓝色美纹纸胶带，然后滑动木皮，直到纹理正确对齐。此时还需要重新切割四周的拼缝，这就是为什么我们一开始裁切木皮时留出了余量。

再次翻转木皮，使展示面朝上，并取下之前粘贴的蓝色美纹纸胶带。我们要用湿水胶带重新粘贴展示面的拼缝。沿展示面上两条拼缝纵向粘贴两条长长的湿水胶带。用折叠的纸巾按压湿水胶带，然后迅速在木皮上压上一块中密度纤维板，以保持木皮平整，直到湿水胶带

将两片木皮上的蓝色美纹纸胶带去掉，并沿切割好的中缝展开木皮。沿中缝对齐木皮的纹理，小心地将4片木皮在中心点处精确对接。然后横跨最终的四拼木皮中缝粘贴几条蓝色美纹纸胶带，将4片木皮沿中缝拉紧。

翻转木皮，使胶合面朝上，在所有的拼缝处沿横向和纵向都粘贴好蓝色美纹纸胶带，确保横跨拼缝拉紧胶带，将4片木皮紧紧拼接在一起。

再次翻转整片木皮，使其展示面朝上，并将拼缝处的蓝色美纹纸胶带全部去除。像前边的示例那样，沿展示面的拼缝纵向粘贴湿水胶带。用折叠的纸巾擦干并磨压湿水胶带，然后将整片木皮压在一块中密度纤维板下干燥。待湿水胶带干透，将木皮胶合面的蓝色美纹纸胶带全部去掉。

完全干燥（一般需要一两个小时）。湿水胶带干透后，翻转木皮，将胶合面上的蓝色美纹纸胶带全部去除（见图7）。

最后的裁切

现在可以将木皮裁切到最终尺寸，并准备粘贴到基板上了。鉴于成品盒顶面板的尺寸是12 in × 9 in（304.8 mm × 228.6 mm），一定要记得在木皮边缘留出一些余量用于胶合。由于这件作品所需的面板尺寸不大，所以每个方向多留出约 ¼ in（6.4 mm）的木皮就足够了。在修边时要小心操作，避免出现缺口或损坏脆弱的树瘤木皮。

在木皮的每个方向上量出比最终的盒顶面板每个方向的尺寸多出约 ¼ in（6.4 mm）的距离并画线。留出的 ¼ in（6.4 mm）余量便于后面的胶合，且胶合后仍可根据需要进行修剪。我发现，在木皮的胶合面标记面板的边缘比较容易，这样我就能从拼缝向外测量，并保证这些拼缝居于面板的中心。

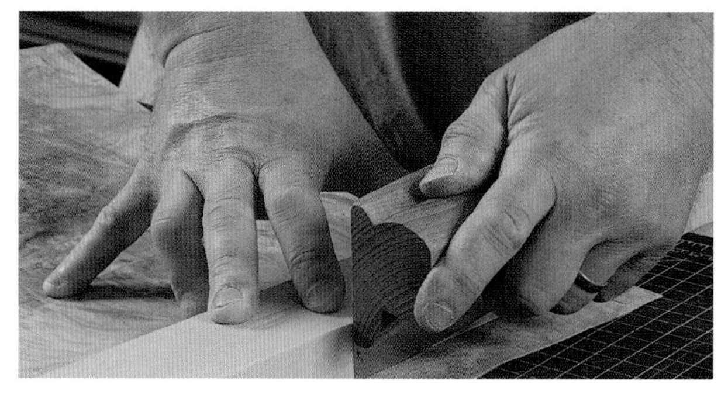

按照画线标记修整木皮的四边。

准备好胶合木皮所需的全部用品：塑料薄膜、垫板、基板、聚氨酯胶、塑料平网、胶辊和装水的喷雾器。

把木皮裁切到最终尺寸12½ in × 9½ in（317.5 mm × 241.3 mm），就可以将其粘贴到基板上了。接下来，你只需要再切割并粘贴一片衬料木皮。尽量选择与你设计的盒子相得益彰的衬料木皮。以我为例，我使用的是一片漂亮的安利格直纹木皮，与盒顶使用的白栓橄榄树瘤木皮形成对比。选取好衬料木皮后，同样将其裁切成12½ in × 9½ in（317.5 mm × 241.3 mm）。

在翻盖式真空压板机中胶合

我们将使用聚氨酯胶和自制的翻盖式真空压板机将树瘤木皮粘贴到基板上。在这件作品中，基板是一块¼ in（6.4 mm）厚的中密度纤维板。使用翻盖式真空压板机的优点之一是，只需闭合压板机就能启动真空程序，不需要移动压板组件，不用担心木皮是否在进入真空袋时发生了移动；也不需要第二块垫板，因为翻盖式真空压板机的底面可以充当垫板。

我们在第3章讨论过聚氨酯胶的使用方法（见第44~45页“聚氨酯胶”），这里快速回顾一下。聚氨酯胶遇水活化，所以需要一点水分才能启动固化过程。我们会在上胶前用喷雾器在木皮表面喷一些水雾。准备好上胶所需的用品：两块约13 in × 10 in（330.2 mm × 254.0 mm）的塑料薄膜，一块长12½ in（317.5 mm）、宽9½ in（241.3 mm）、厚¼ in（6.4 mm）的中密度纤维板垫板，一个胶辊，一瓶聚氨酯胶，一个装水的喷雾器，还有包括塑料平网在内的真空压板装置。同时将 ¼ in（6.4 mm）厚的中密度纤维板基板切割到最终尺寸，即12½ in × 9½ in（317.5 mm × 241.3 mm）。

你需要以正确的顺序组装好压板组件，以保证胶合压板的效率，因为聚氨酯胶暴露在空气中5~10分钟就会开始固化。将两片木皮铺放在台面上，方便你随时使用，并将塑料薄膜和垫板也放在附近。在基板的背面均匀涂抹一层聚氨酯胶，确保没有堆积或干点（见图1）。在衬料木皮的胶合面轻轻喷洒一层水雾，并将木皮放到胶层上。迅速将木皮压放到位，然后将基板翻面，在其正面涂抹一层聚氨酯胶。同样，要确保胶层均匀。现在，在四拼树瘤木皮的胶合面喷洒一层薄薄的水雾，然后将木皮粘贴到涂胶后的基板正面（见图2）。确保四拼树瘤木皮与基板边缘对齐，并沿面板四边粘贴几条蓝色美纹纸胶带以固定木皮（见图3）。

❖ 小贴士 ❖

聚氨酯胶几乎可以粘在除塑料薄膜外的所有东西表面，所以一定要确保在木皮和垫板之间以及木皮和压板机之间铺有一层塑料薄膜。

在真空工作台上铺放一块塑料薄膜，将贴面面板放在上面，然后将另一块塑料薄膜和顶部垫板放在贴面面板上，再盖上塑料平网（确保平网能够覆盖到真空泵的进气孔处），然后合上翻盖式真空压板机的翻盖。如果使用聚氨酯胶，应该可以在约2小时后将贴面面板从真空袋中取出，但需要蓝色美纹纸胶带继续保留24小时，以等待聚氨酯胶完全凝固（见图4）。确保将面板放在一个两侧都有气流流通的地方，否则面板可能发生形变。

在基板表面均匀涂抹一层聚氨酯胶。基板边缘不要有胶水堆积或溢出的胶滴。胶合同样面积的木皮，所需的聚氨酯胶要比PVA少一点，所以要注意聚氨酯胶的用量。

在衬料木皮的胶合面喷洒一层薄薄的水雾，将其粘贴到基板的胶水面。然后迅速将基板翻面，在其另一面涂抹聚氨酯胶，并在四拼树瘤木皮的胶合面喷水后，将树瘤木皮粘贴到涂胶后的基板正面。

打磨树瘤木皮

从翻盖式真空压板机中取出贴面面板后，将其放在通风处继续静置24小时，等待胶水完全凝固。之后，就可以对贴面面板进行清理和打磨了。首先去除面板上的全部湿水胶带，只需用湿纸巾润湿湿水胶带，湿水胶带就会逐渐变成半透明状。继续用湿纸巾擦拭几遍，湿水胶带的黏性就会减弱，然后就可以将整条湿水胶带撕下来了。在去除所有湿水胶带后，将面板放在一边，让木皮在打磨前完全干燥，通常情况下，放置一两个小时就足够了。

打磨树瘤木皮与打磨直纹木有些不同，因为手工打磨块的打磨痕迹总会横贯树瘤纹理，即使使用高目数的精细砂纸依然会留下非常明显的打磨痕迹。基于这个原因，我只在开始时进行手工打磨，然后就改用不规则轨道砂光机完成余下的打磨工作。首先用一个硬质打磨块

在贴面面板的四边粘贴几条蓝色美纹纸胶带以固定木皮。你可能会注意到，木皮在喷水之后很快就会开始起皱和卷曲。

在垫板上覆盖塑料平网并合上翻盖式真空压板机的翻盖，将贴面面板置于翻盖式真空压板机中约2小时。翻盖式真空压板机的一大好处是，省掉了将面板放入压板机再取出的步骤。

用湿纸巾润湿湿水胶带，直到湿水胶带变得半透明。用油灰刀铲起湿水胶带的边缘可以更容易地将其撕下。当所有湿水胶带都被撕掉后，将面板放到一边干燥一两个小时。

何时打磨

请牢记，知道何时打磨贴面面板很关键。举例来说，如果贴面面板采用与木皮平齐的实木封边，那么在实木封边完成之前，我不会进行任何打磨，否则，你很可能会过度打磨甚至磨穿木皮。如果贴面面板用来嵌入框架内或安装在柜子腿之间，则需要先行完成打磨，再胶合到位。否则，很难打磨到安装好的贴面面板的角落。

保罗・舒尔西的这款折叠屏风使用了多组四拼月桂树瘤木皮进行装饰，木皮周围则配以胡桃木木皮镶边。无论你是在贴面的同时进行横纹镶边，还是贴面后进行横纹镶边，如果在所有横纹镶边完成后再进行打磨，磨穿树瘤木皮的风险会大大降低。但请记住，你需要在将贴面面板胶合到框架上之前完成木皮的打磨，否则，你很难正确地打磨嵌入后的木皮。

这张餐桌的桌面饰以对拼的喀尔巴阡榆木树瘤木皮、木皮周围镶嵌以垂直纹理的黑檀木和苏拉威西乌木，并以较宽的樱桃木实木进行封边。想要打磨桌面同时不磨穿脆弱的树瘤木皮实在是一个挑战。需要其他操作都完成后才能打磨桌面，但在组装过程中，你仍然需要先将镶嵌木条打磨至与木皮齐平的程度，然后才能使用木条进行镶边。我发现，如果打磨止于镶嵌木条与木皮平齐这一步，能够有效避免后面磨穿木皮。

安德鲁・克劳福德（Andrew Crawford）的这件曲面盒在前侧和顶部饰以四拼的麦头树瘤木皮，且四拼木皮的拼缝位于面板和顶板的连接处。此外，它还饰有安德鲁的作品中标志性的哈勒奎小丑菱形细木镶花和几种不同的镶边。对于这样的盒子，最好等所有镶嵌操作完成后再进行打磨。

这件来自安德鲁・瓦拉（Andrew Varah）的不朽名作“霍克斯莫尔办公桌”（Hawksmoor Desk）使用了多种树瘤木皮，包括白栓橡榄树瘤木皮、麦当娜树瘤木皮和枫木树瘤木皮，以及多种其他装饰性木料。想要确定何时以及如何打磨如此复杂的作品中的每一部分，需要事先做好打磨计划。不过，从本质上来说，打磨方式与其他作品并无不同。

和150目的砂纸来整平树瘤木皮，使面板达到初步的平滑状态。注意不要过度打磨。在这个阶段，你只需要整平面板，并去除溢出的聚氨酯胶。因为打磨才刚刚开始，后续你还要使用其他目数的砂纸继续打磨。

下一步，为不规则轨道砂光机装配150目的砂纸。像打磨其他贴面面板一样打磨这块面板，小心操作，且不要在任何位置过度打磨。逐步将砂纸目数从150目增加到180目、220目，直到320目，确保在更换砂纸时用真空吸尘器清除所有灰尘。在用320目的砂纸打磨后，你应该在贴面面板的表面看不到任何打磨划痕，这时贴面面板就制作完成了。

使用不规则轨道砂光机完成打磨，先从150目的砂纸开始，然后逐步升级到180目、220目和320目的砂纸。这种方法可以创建无瑕疵的表面，为最后的表面处理做好准备。确保每次打磨后都对面板进行吸尘处理，并注意不要在同一位置过多打磨。

用硬质打磨块和150目的砂纸手工打磨贴面面板。这一步只是为了打磨掉溢出的聚氨酯胶，同时整平木皮。不要过度打磨，否则可能会磨穿树瘤木皮。

经过打磨的树瘤木皮贴面面板已经可以用作装饰性盒子的顶板了。

这款梳妆台的正面选用了枫木树瘤木皮对拼的装饰方式，梳妆台的所有抽屉面板的装饰均由连续且纹理匹配的木皮制作而成，为整体营造了统一的外观。每块贴面面板的封边使用了纹理与枫木树瘤纹理相互垂直的樱桃木木皮，以搭配梳妆台的樱桃木框架。

由戴维·马尔（David Marr）制作的这件装饰艺术风格椭圆桌，其中心使用白栓橄榄木皮以四拼的方式进行装饰，并以苏拉威西乌木进行镶边，从桌子的中心向外延伸到桌子边缘，与乌木底座相呼应。

这款来自保罗·舒尔西的托拉经柜（用来存放犹太教托拉经卷的柜子）的最大特点是，其正面饰以四拼的黑胡桃树瘤木皮，围绕在中心的石榴石发光面板周围。

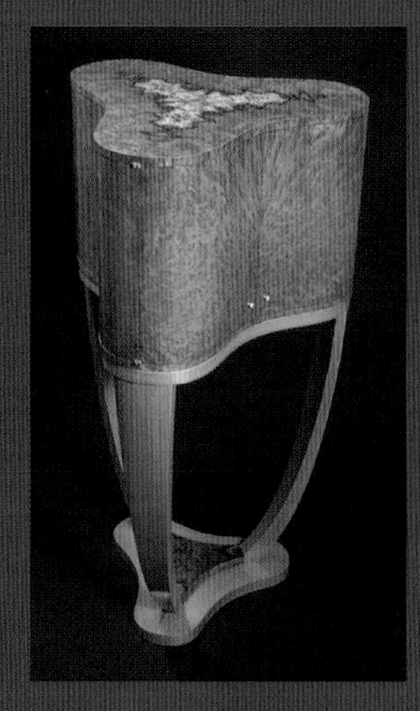

这件由杰弗逊·沙伦伯格制作的线条感十足的柜子，其顶部使用6片北美红杉木树瘤木皮构建了十分有趣的图案，且树瘤木皮向下延伸到了柜门上，与柜身边缘相映成趣。

四拼的喀尔巴阡榆木树瘤木皮装饰的桌面镶嵌了苏拉威西乌木边框，这套笔者制作的桌椅创造了精妙无比的装饰效果。比起简单的单一颜色，木皮保留了少量浅色的边材，这种设计为这套桌椅增添了令人回味的趣味性。

第 6 章

辐射拼桌面

辐射拼（也被称作太阳花或星爆）是一种将装饰性木皮图案融入家具中的有趣方式。辐射拼最常见于圆形桌面，不过也可以用在其他地方，比如门和箱式家具的侧板，以增加设计的复杂性（见第101~102页“精品展览”）。通常情况下，辐射拼常选用树杈木皮和树瘤木皮等具有夸张纹理图案的木皮，但实际上你可以使用任何木皮进行辐射拼，为你的作品增添装饰效果。从本质上讲，辐射拼是通过将扇形的木皮以对拼或顺拼的方式组成圆形图案，以创建重复性的木纹图案。

制作辐射拼

制作辐射拼的方法有很多种，其中最常见的方法是围绕一个中心点对拼木皮，你也可以将木皮进行顺拼来创造有趣的螺旋形图案。顺拼的方式很适合某些木皮，但在其他木皮上则效果不佳。比如，你一般不会见到顺拼的树瘤木皮，因为拼接后的图案变化不是很明显。

制作辐射拼最基本的方法是在一捆木皮的同一位置切下多片扇形的木皮，然后将这些扇形对拼成一个圆，用作类似圆形桌面的饰面，最后形成重复性的木纹装饰图案。通常，辐射拼所需的木皮数量有4片、8片、12片、16片、32片，甚至更多，所需木皮的具体数量取决于设计所需的复杂程度。

达米恩·福奥泽（Damion Fauser）制作了一系列类似图中的澳洲红木配巨盘木的小桌子，结合了辐射拼的中心面板与对比鲜明的装饰性镶边。

辐射拼最常选用16片和32片木皮。木皮的数量需要成对增加，这样才能使圆形内的图案保持均衡。奇数数量的木皮会使最后的两片木皮无法正确对齐。成对增加木皮的数量能够确保拼出的图案处于平衡模式，这在采用对拼制作辐射拼时尤为明显，因为为了完成最终的设计，两片木皮的图案会根据需要重复不止一次。

制作模板

要想制作辐射拼，需要一种精确的切割方法来制作相同的扇形木皮。我总结出的最简单的方法是，以实际比例画出需要贴面的桌面的部分，然后用这张图预估完成桌面贴面所需的扇形木皮的数量。有了这些信息，就可以简单画出辐射拼其中一片扇形木皮的形状，用作切割所有木皮的模板。

为了阐释辐射拼的制作技术，我以16片弦切胡桃木木皮制作一张辐射拼的圆形桌面的饰面为示例。桌面直径是32 in（812.8 mm），所以扇形木皮需要至少16 in（406.4 mm）长，还需要额外留出约½ in（12.7 mm）的余量，以便后续修边。为了覆盖直径32 in（812.8 mm）的圆，我需要木皮的宽度大于6¼ in（158.8 mm）。这项数据是我利用一些基本的几何学知识计算得出的。计算一个圆的周长需要用圆的直径乘以 π（3.14）。然后将所得的值除以辐射拼所需的木皮数量（本示例中是16），就得到了辐射拼每片扇形木皮的圆弧尺寸。在本示例中，圆形桌面周长是100½ in（2552.7 mm），除以16后，得出每片扇形木皮的圆弧尺寸约为6¼ in（158.8 mm）。我总是会在计算值的基础上增加一点余量，因为扇形木皮的末端是弧形的，同时我习惯性地认为每片木皮多出 ½ in(12.7 mm)才能有保障，所以每片扇形木皮的圆弧尺寸至少需要6½ in（165.1 mm），才能确保用16片相互匹配的木皮完成直径32 in（812.8 mm）的圆形桌面的辐射拼贴面。

也可以借助数字角度尺来确定扇形的大小。我们以同一个桌面为例。一个完整的圆是360°，将其除以16，你会得到将整圆16等分后每个扇形的圆心角，为22.5°。将数字角度尺设置为22.5°，并在纸上根据设置好的数字角度尺画出扇形的两条半径。因为圆形桌面的直径是32 in（812.8 mm），所以每片扇形木皮的半径至少要有16 in（406.4 mm），并留出余量便于后期修整。借助数字角度尺将扇形的半径延长到约16½ in(419.1 mm)，就可以绘制扇形模板了。其他与此类似的操作也是如此，在最初设计时测量得越精确，最终的作品尺寸就越准确。

16片木皮的辐射拼

每片扇形木皮的圆心角 =360° /16

圆周长 = 直径 × 3.14

每片扇形木皮的圆弧尺寸 = 周长 /16

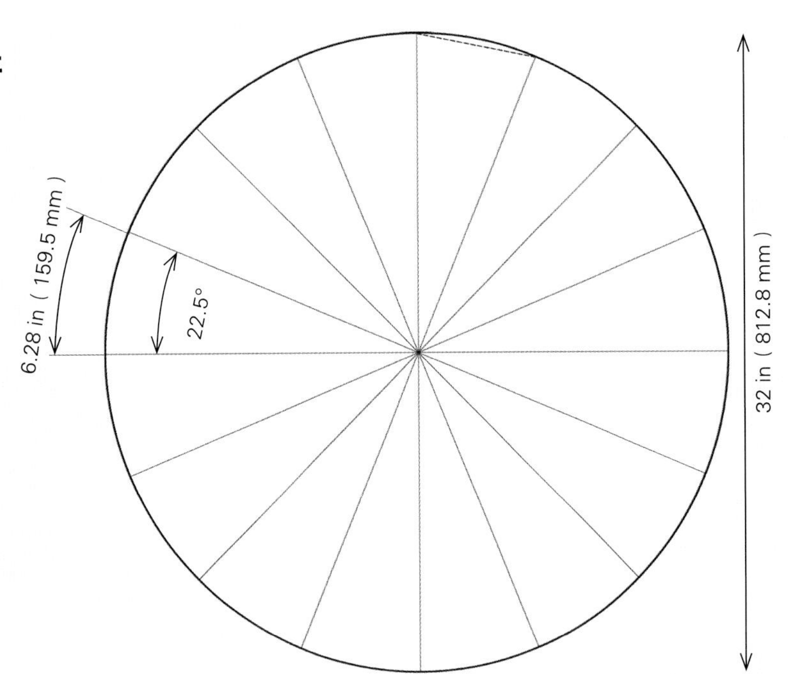

如果没有打印大尺寸图片的设备，你可以使用数字角度尺来绘制扇形。只需在纸上画一条直线，将数字角度尺的角度设置为22.5° ，然后直接用数字角度尺标记角度。

用喷胶将全尺寸的扇形图纸粘贴在一块 ¼ in（6.4 mm）厚中密度纤维板上，先用带锯或线锯沿扇形的轮廓线外侧切割，然后将模板边缘打磨或刨削至轮廓线处。

当制作出全尺寸的扇形纸模板后，使用喷胶将其粘贴到一块 ¼ in（6.4 mm）厚的中密度纤维板上，然后沿着绘图线精确地切割中密度纤维板。先用带锯靠近画线粗切，然后用手工刨或硬质打磨块将木板逐渐修整到画线处。这种方法相当轻松，如有必要，可以使用一块长打磨块来保持线条笔直。这块模板的成品将对应一片辐射拼木皮的精确尺寸，有了它，你就可以借助折叠镜，在不切割任何木皮的情况下，精确预览最终的辐射拼效果。

需要补充的一点是，因为我们要做的是16片辐射拼，很明显，我们需要从同一捆木皮中

格雷·霍克（Gray Hawk）的这款自带固定床头柜的装饰艺术风格的床采用了多种辐射拼和层压弯曲木皮装饰工艺，这需要多种不同的弯曲形式和高度精细、准确的图纸才能正确完成。

依次取出16片纹理相同的木皮。理想情况下，你需要额外留出1~2片木皮，以防有木皮出现损坏或不小心裁切过头。我从同一捆木皮中顺次取出了18片胡桃木木皮，接下来要做的第一件事就是在所有木皮的某一边角写上编号，从1到18，以便于在木皮发生移动时，我依然知道每片木皮的顺序。

在进行任何切割或分选之前，先花一些时间按顺序为木皮编号，如果没有这样做，你一定会后悔的。

模拟辐射拼的效果

在完成所有木皮的编号后，将折叠镜竖直放在一片木皮上，将中密度纤维板模板滑到两面镜子之间，以将两面镜子的夹角设置为扇形木皮所需的精确角度。然后取走模板，查看镜子中所显示的辐射拼纹理图案。这个方法可以让你预览完整的辐射拼效果，也可以在木皮上调整镜子的位置，尝试更多辐射拼的纹理图案样式。不断移动镜子，直至找到最令你满意的辐射拼效果。很多时候，纹理图案最繁复的区域会被设置在桌子的中心，以吸引人们的目光。找到最佳的辐射拼效果后，我会用铅笔沿着折叠镜的底部边缘在木皮上做出标记。我们在前面的章节中已经这样做过几次了——假如镜子

借助中密度纤维板模板和一组折叠镜，你可以用各种木皮模拟辐射拼的效果，看看哪种最令你满意。我会用模板设定镜子之间的精确角度，这样就可以在切割木皮之前精确地预览辐射拼的效果。

精确地对齐所有木皮的纹理对于辐射拼效果的呈现至关重要，因为如果你没有从一开始就对齐纹理，那么以后就很难，甚至是无法完成对拼，而且你的对拼图案会在拼缝处出现较大的偏差。

在制作辐射拼木皮的全程，我都会以中密度纤维板模板为准。在图中这一步，中密度纤维板模板可以用来检查，通过对比之前利用折叠镜在木皮上所做的铅笔标记位置是否准确。

的角度是正确的，这一步会确保你可以准确切割出所需的扇形木皮。

现在将中密度纤维板模板放在木皮顶部，并仔细检查它是否与你之前的铅笔标记对齐。如果对齐了，一切顺利，你可以进行下一步了；如果没有对齐，说明折叠镜在放置和调整时角度存在问题，你需要重复上述步骤，用折叠镜和中密度纤维板模板重新检查辐射拼图案。当中密度纤维板模板确定了折叠镜的准确角度后，再次用铅笔沿着折叠镜的底部边缘做出标记。

你需要对齐全部16片木皮，使每片木皮的纹理尽可能连贯地从一片延伸到另一片。任何错位在最终的桌面上都会相当明显，而且后期很难修正，所以在开始的时候就应该多花一些时间，把木皮纹理准确对齐。这项技能我们同样已在前面的章节中练习了多次。与很多事情一样，熟能生巧。在叠放好的木皮四周选取几个位置粘贴胶带，将木皮牢牢固定，以便在切割时仍能保持木皮对齐。

切割木皮

用平尺和木皮手锯沿着扇形木皮的一条半径画线进行切割（见图1）。可以从任意方向进行切割，但我倾向于顺着纹理方向切割，而非逆向，这样切割的效果会更好。切割完毕后，将木皮滑动到工作台边缘，用搭配120目砂纸的硬质打磨块将切割边缘打磨平滑。确保切割边缘笔直且与打磨面相互垂直（见图2）。沿打磨后的边缘用蓝色美纹纸胶带将整摞木皮粘贴在一起。把中密度纤维板模板放到木皮顶部，将它的一条直边与刚刚切割并打磨完成的木皮边缘对齐，然后标记出扇形木皮的另一条半径。

把平尺放在扇形木皮的另一条半径画线上，

将平尺从扇形木皮标记的最宽处向外移动一点，这样切割出的木皮会比设计尺寸稍宽一些。对于示例中这样尺寸的桌面，只需将平尺外移一点点，大概1/64 in（0.4 mm）（见图3）。切割扇形木皮另一条半径的关键在于不要把扇形的圆心角切小，否则最后很难对齐纹理。16片辐射拼圆形桌面的制作原理是，通过蓝色美纹纸胶带将木皮拼接后的两个半圆粘贴成完整的圆，然后再将圆切割成完美匹配桌面的尺寸，同时始终保持圆心处的精确拼接。像之前一样切割整摞木皮。另一条半径切割完毕后，重复之前的打磨过程，全程保持打磨块直线运动，打磨面与木皮的切割边缘垂直。打磨完毕后，去掉整摞木皮上的胶带。所有木皮上的编号应该还保留着，如果编号没有了，在继续下一步操作之前应对所有木皮从1到16重新编号。

拼接

我是从保罗·舒尔西那里学到我现在使用的辐射拼拼接方法的，这种方法可以确保木皮纹理图案的偏差达到最小。他的方法是只改变

达米恩·福奥泽制作的另一张小桌子再次说明了富有创意的纹理布局可以为辐射拼桌面带来的效果。通过在每块拼接木皮上保留一点边材，他在桌面中央创造了一个美丽的星纹图案。

切开16层木皮需要时间和耐心。此外，在整个切割过程中，始终保持木皮手锯与平尺边缘精确垂直也需要一定的技巧。

我几乎在每次完成切割后都会打磨切割边缘，以确保切口笔直方正，这也有助于消除切割边缘的任何撕裂或碎屑。

使用中密度纤维板模板根据扇形木皮的一条半径来确定另一条半径的位置。将中密度纤维板模板的外缘稍越过其原本的位置，这样就可以切割出比设计尺寸稍大一些的扇形。每片扇形木皮大概增加1/64 in（0.4 mm）的余量就足够了，因为乘以16后，整体余量的增加并不少。

辐射拼编号系统

使用保罗·舒尔西的方法，可以创造出一个木皮间纹理图案偏差程度最小的辐射拼图案。

图中黑色数字正面朝上，红色数字正面朝下。

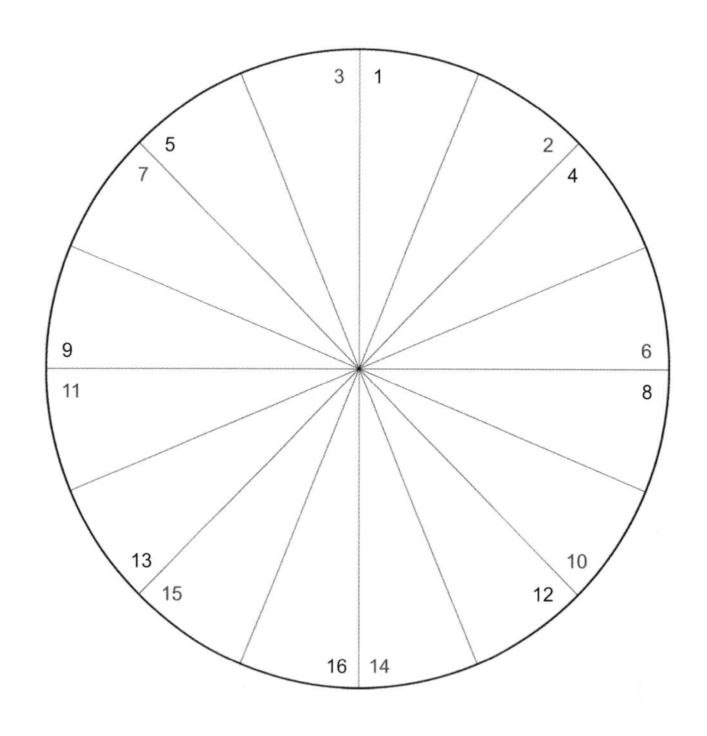

编号木皮的位置，让相邻两块木皮之间的编号差不超过2。具体来说，从1号木皮开始，将2号木皮翻面后放在1号木皮的一侧，然后把3号木皮翻面，然后放在1号木皮的另一侧。重复上述过程，拼接4号和5号木皮、6号和7号木皮，以此类推，直到所有木皮拼成一个圆形。从本页上方的图中可以看到，任何两两相邻的木皮，其编号之差都不会超过2，这意味着，完成辐射拼后的木皮纹理图案偏差最小，相邻木皮的纹理图案会非常相似。传统的拼接方法，即从1号开始，然后把2号、3号、4号，一直到16号的木皮依次排成一圈的方法，16号木皮将紧挨着1号木皮，这样相邻木皮的纹理图案偏差可能会变得非常明显。

> **❖ 小贴士 ❖**
>
> 在切割16层木皮时，保持木皮手锯的锯刃垂直于木皮表面非常关键。切开整摞木皮时不能着急，慢慢来。

粘贴木皮

粘贴过程首先从1号和2号木皮开始。将2号木皮翻面，以创造对拼效果。用蓝色美纹纸胶带将这两块木皮粘贴在一起，记得将两片扇形木皮的圆心完全对齐（这可能有一些难度，因为靠近圆心处没有多少材料可供粘贴）。我会先试着对齐两片木皮的尖端，然后从圆心处向内回退1 in（25.4 mm），在这个位置用蓝色美纹纸胶带将两片木皮粘贴在一起，这样也方便我在粘贴其他木皮时能够看到所有木皮的圆心尖端对齐的情况（见图1）。

继续按照预定的顺序操作，将木皮粘贴在一起，并始终保持所有扇形木皮的圆心对齐。通常情况下，完成多块木皮的粘贴后，你可能需要回头重新粘贴一些木皮，因为有些木皮的圆心并没有真正对齐。所以，开始时横跨木皮拼缝粘贴几条蓝色美纹纸胶带就可以了，以免后续需要移动某块木皮还要大动干戈。当粘贴

首先粘贴1号和2号木皮。注意将木皮的圆心尖端精确地对齐，然后简单地沿着拼缝粘贴几条蓝色美纹纸胶带。

好半数的木皮且圆心都对齐后，可以在木皮的拼缝处增加蓝色美纹纸胶带，并沿每条拼缝粘贴一条长的蓝色美纹纸胶带。这条蓝色美纹纸胶带的圆心端也只到达距离木皮圆心约1 in（25.4 mm）的位置，因为下一步操作仍然需要能够看到所有圆心的对齐情况。

重复上述步骤，粘贴出剩下的半圆，最后你会得到两片粘贴到位的半圆形木皮（见图2和图3）。此时你会注意到，如果把两片半圆形木皮拼在一起，它们的中间并不会完全匹配。理想情况下，两片半圆形木皮之间会有约⅛ in（3.2 mm）的缝隙（见图4）。这就是我们将每片

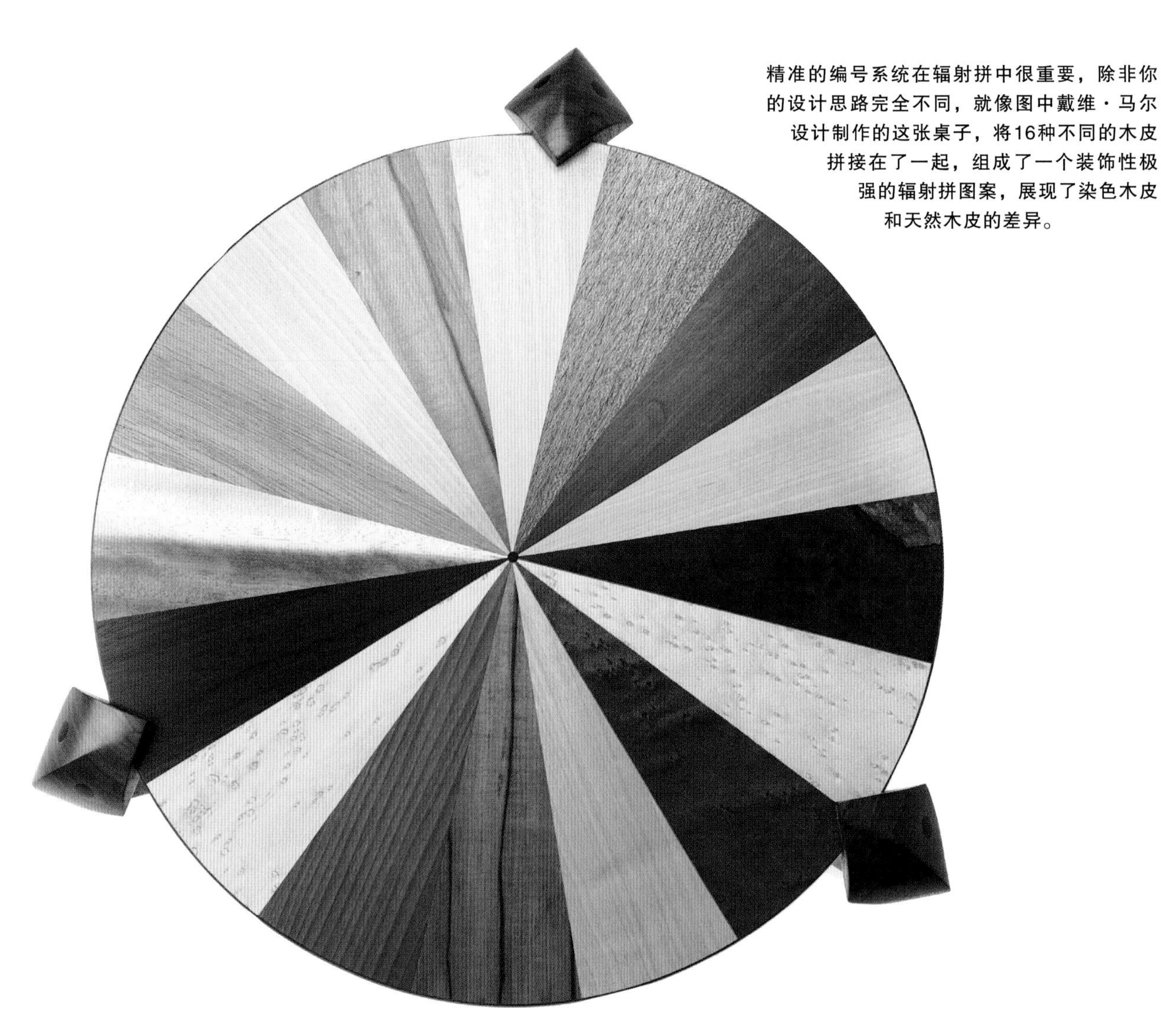

精准的编号系统在辐射拼中很重要，除非你的设计思路完全不同，就像图中戴维·马尔设计制作的这张桌子，将16种不同的木皮拼接在了一起，组成了一个装饰性极强的辐射拼图案，展现了染色木皮和天然木皮的差异。

每次在前两片木皮的基础上增加一块木皮，同样先简单地用几条蓝色美纹纸胶带将木皮粘贴在一起，直到将半数的扇形木皮拼成第一片半圆形木皮。重复这个粘贴过程，制作出第二片半圆形木皮。

扇形木皮切割得尺寸稍大的意义所在。现在，我们可以在保持中心处的圆心全部对齐的同时，将这两片半圆形木皮用蓝色美纹纸胶带粘贴在一起，并修剪出最终的拼缝，以实现完美的拼接。如果缝隙不是出现在两张木皮中间，而是圆心相互重叠而导致缝隙出现在拼缝的外缘，这样的话，为了使两片半圆形木皮完美拼接，就必须修剪掉部分圆心所在的尖端，这绝对会破坏辐射拼的效果，而且在最终的作品中非常显眼。按照我们切割木皮的方式，只需把半圆形木皮的边缘稍微修剪掉一些，即可去除中间的缝隙，并且在贴面后的桌面上基本看不出来。不断练习辐射拼技术，你就可以把必要的修剪缩减到接近于零。

我认为，修剪中心拼缝处最简单的方法就

按照设计顺序粘贴好16片木皮后，你会注意到，每片木皮的相邻木皮是反面朝上的。当然，只要每片木皮放置的位置是正确的，看不到编号也没关系。只要按照正确的顺序将它们粘贴在一起，横跨拼缝以及沿拼缝纵向粘贴好胶带，就可以继续向下推进了。

如果你已经按照之前的说明将每片辐射拼的木皮稍微切大了一点，当你把两片半圆形木皮对在一起时，在中心处应该会出现一条小缝隙。只要快速修剪一下两片半圆形木皮，它们就可以完美地拼合在一起。图中的缝隙故意做得比较夸张，以便你可以看得更加清楚。理想情况下，缝隙应该只有⅛ in（3.2 mm）左右。

是把两片半圆形木皮按照粘贴的方式摆放好，先不进行粘贴，而是将其中一片半圆形木皮翻面放在另一片半圆形木皮之上，并仔细地将两片半圆形木皮未修剪的边缘对齐。沿中心拼缝选取几个位置，用蓝色美纹纸胶带将两片半圆形木皮粘贴在一起。下一步，借助平尺修剪中心拼缝。你需要在中心拼缝两端分配等量的修剪量，这样所有圆心对齐的中心点基本上不需要修剪。完成修剪后，将木皮滑动到工作台边缘，然后用长条打磨块轻轻地把拼缝处打磨得干净平直（见图5）。

现在，去掉用来粘贴两片半圆形木皮的蓝色美纹纸胶带，把上面的那片木皮翻面放回原本的位置，然后，你就可以对齐中心拼缝了。从中心处开始，尽量完美地对齐所有的圆心尖端（现在你就会明白，为什么我们之前没有用蓝色美纹纸胶带盖住圆心的尖端）。横跨拼缝的中心处粘贴一条蓝色美纹纸胶带，将两片半圆形木皮固定到位，然后沿着中心拼缝纵向粘贴一条长的蓝色美纹纸胶带，将两片半圆形木皮粘贴在一起。先横跨拼缝处粘贴蓝色美纹纸胶带，再沿着拼缝纵向粘贴长条蓝色美纹纸胶带（见图6）。完成粘贴后，将整片圆形木皮翻面，仔细检查各个圆心尖端是否对齐。如果之前你仔细地对齐了所有圆心尖端，那应该不会有什么问题。在木皮的展示面沿所有拼缝粘贴湿水胶带。你需要快速操作，因为需要粘贴很多湿水胶带（见图7）。用纸巾按压擦拭粘贴后的湿

将其中一片半圆形木皮翻到另一片半圆形木皮之上，对齐两片半圆形木皮外侧的直线切边。在中心拼缝处粘贴几条蓝色美纹纸胶带，借助平尺在半圆形木皮的两端裁切掉等量的木皮并使用长条打磨块打磨，使有扇形木皮的圆心会在中心对齐。

修剪完成后，横跨中心拼缝以及沿中心拼缝的纵向粘贴蓝色美纹纸胶带，将木皮胶合面的全部拼缝粘贴到位。

把圆形木皮翻面，沿展示面的所有拼缝粘贴湿水胶带。尽量不要在圆形木皮的中心处粘贴太多层胶带，用几条较长的湿水胶带贯穿整张圆形木皮，然后将其他拼缝处的湿水胶带剪短，不要让其延伸到中心处。

把基板裁切得稍大一些，直径多出 ½ in（12.7 mm）即可，然后用它作为模板，将木皮裁切到合适的尺寸，这样在压板时木皮就不会超出基板边缘了。我总是把基板和木皮裁切得略大一些，便于在压板后把它们修整到最终尺寸。

水胶带，然后把整张木皮压在一块中密度纤维板下静置1小时左右。待湿水胶带干燥后，把木皮翻面，去掉胶合面上的所有蓝色美纹纸胶带。现在，你可以着手将木皮修剪至最终尺寸，并将其胶合到桌面面板上了。

修剪到所需尺寸

我喜欢把基板做得稍大一点，以方便在木皮压板后对边缘进行修剪。鉴于我们要制作直径为32 in（812.8 mm）的圆形桌面，我会把基板直径做到32½ in（825.5 mm）。基板的制作相对简单，只需电木铣和一个长条底座，以及一个定位在圆心处作为轴心的螺丝。在制作基板的时候，用 ¼ in（6.4 mm）厚的中密度纤维板再切割一块同样尺寸的圆板，作为压板机的垫板。当你将基板切割到所需尺寸后，把它压在木皮上，并使其相对于木皮图案的中心居中。用

❖ 小贴士 ❖

如果你使用的是传统的真空封袋系统进行压板，而非翻盖式压板机，那基板的两面各需要一块垫板。

手术刀或锋利的美工刀沿基板边缘裁剪掉多余木皮。

再制作一片木皮作为衬料木皮。衬料的材质取决于它是否可见。如果是可见的，就用与设计相匹配的漂亮纹理的木皮制作。你甚至可以为衬料木皮设计一个4片或8片木皮的辐射拼，以保证整体设计的连续性。如果衬料木皮不会被看到，用二级木皮制作就可以了。

胶合木皮

辐射拼木皮的胶合与其他木皮一样，通常是采用真空封袋装置压板，使用的是类似专业胶品牌的UF这样的硬胶。使用胶层较软的胶水会导致木皮随着时间的推移发生移动，与面板分离，毁掉之前用心完成的拼接。

按照第42页“脲醛树脂胶（UF）”的方法调配UF，确保整个过程中穿戴相应的防护装备，并遵循UF容器上的使用说明操作。均匀地在基板上涂抹一层UF，然后将木皮放在上面。将基板翻面，在基板的另一面重复上述操作。环绕基板边缘粘贴几条胶带，将木皮固定住，以防木皮在压板过程中移动。用塑料薄膜和中密度纤维板垫板盖住贴面面板，并将其滑入真空袋

UF的胶层很硬，非常适合粘贴辐射拼这样图案复杂的木皮。按照说明混合UF并均匀涂抹，在将贴面面板从真空封袋装置中取出之前，放置足够时间使胶水固化和干燥。

完成压板后，就可以环绕面板的边缘添加具有对比效果的实木封边条，一个漂亮的桌面就完成了。在图中，我正在为胡桃木木皮辐射拼的面板添加卷纹枫木的封边条，具体操作我们会在第10章中详细说明（见第193页“曲面封边”）。

中。UF需要6~8小时才能固化，所以我倾向于将贴面面板置于真空封袋装置中过夜。待UF凝固后，取出贴面面板，将其放在两面都可以通风的地方继续干燥。

用湿纸巾除去湿水胶带，并在打磨前让贴面面板完全干燥。由于辐射拼木皮的纹理向各个方向延伸，所以辐射拼的贴面面板需要使用不规则轨道砂光机来完成最后的打磨。初步的打磨可以用搭配150目砂纸的硬质打磨块完成，但不要过度打磨，以免磨穿木皮。最后，用不规则轨道砂光机配以150目、180目、220目的砂纸完成打磨，然后可以进行表面处理了。

我喜欢用搭配150目砂纸的硬质打磨块初步打磨面板，因为我觉得这样可以清理木皮表面，使其更加平整，并为后面的打磨操作提供一个平整的参考面。

帕特里克·爱德华兹（Patrick Edwards）在他的一对镜像路易·菲利普（Louis-Phillipe）折叠桌中，将令人惊叹的高度复杂的镶嵌细工结合到了辐射拼的衬料木皮中。

保罗·舒尔西用16片辐射拼的麦当娜树瘤木皮，以及黄缎木镶嵌丝带和宝石嵌饰的蝴蝶制作了这件矮咖啡桌。咖啡桌的下层搁板采用了8片辐射拼木皮装饰和更多的镶嵌丝带。

笔者为他的石竹花镶嵌细工设计了24片辐射拼的黄缎木木皮作为衬底，并使用桑托斯桃花心木直纹木皮和黑檀镶边。

达米恩·福奥泽的这件樱桃木柜以两扇12片木皮辐射拼的门板为特点。达米恩还增加了另一个装饰细节——通过在每片木皮的边缘保留部分边材，为两扇门的面板创造了美丽的星形图案。

彼得·杨（Peter Young）将细木镶花图案与辐射拼的木皮相结合，在他的咖啡桌设计中创造了独特的图案，使每一片辐射拼的拼花图案拥有了颜色的交替变化效果。

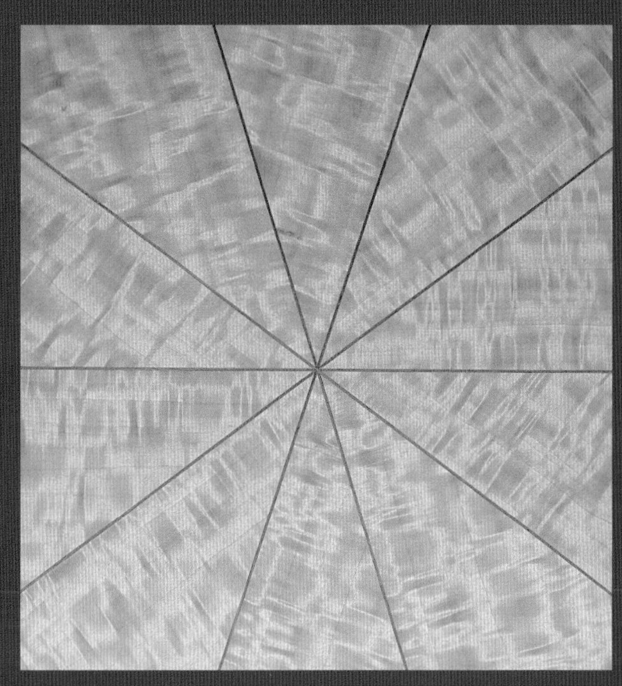

这张桌面以10片顺拼的方块影安利格木皮装饰，每片木皮间嵌入了细长的胡桃木木皮作为分界线。你可以看到，比起对拼的桌面，顺拼桌面的图案重复效果更加明显。

这件胡桃木餐具柜的柜门以12片弦切胡桃木木皮对拼而成的辐射拼进行装饰。在制作这样的作品时，模板应该以辐射拼中最长的一片木皮为准，以便于在粘贴木皮后，将整片木皮修剪到门板的尺寸。

像戴维·马尔这样使用两种不同种类和尺寸的木皮完成的比较复杂的16片木皮的辐射拼，相比传统的、木皮种类和尺寸都相同的辐射拼需要更细致的计划和设计。

第 7 章

镶嵌细工

镶嵌细工是一种直接在木皮作品中融入自然形态的意象和复杂的旋涡形装饰的木皮拼接工艺。在过去，镶嵌细工还会使用珍贵木材、金属、玳瑁、珍珠母贝、象牙和骨头。然而，如今大多数镶嵌细工作品都只能使用木材和金属完成，因为其他几种材料的使用已不合法（尤其是象牙和玳瑁）。多年来，镶嵌细工形成了多种多样的风格，包括17世纪早期和18世纪家具中较为复杂的旋涡形装饰，到目前大多数现代镶嵌细工中

这款来自笔者的被橱。在毛籽恩曼火把木木皮的背景上饰以剑兰花的镶嵌图案。白色冬青木制作的剑兰花镶嵌与深红色的毛籽恩曼火把木木皮背景形成了鲜明的对比。

更为现代、更为含蓄内敛的图案。镶嵌图案可以极为复杂，也可以相对简单（见第135页“精品展览”），这完全取决于工匠的灵感和技能水平。

多年以来，我一直视镶嵌细工为提升我的定制家具作品格调的看家工艺，并在此期间开发了一系列简易可行的操作步骤，使镶嵌细工相较过去学习和执行起来更加简单。

在接下来的文字和照片中，我会带你了解镶嵌细工所有必要的步骤，从绘制最初的草图、胶合切割到木皮烫边处理，应有尽有。与所有使用木皮的装饰工艺一样，在镶嵌细工中木皮的正面也被称为展示面，而底面则被称为胶合面，我们会在所有操作过程中使用这些名称。

创作镶嵌图案

制作镶嵌细工面板的第一步是确定镶嵌图案的大小。在此例中，我们要做的是一小块兰花镶嵌面板，镶嵌图案整体约12 in（304.8 mm）长、9 in（228.6 mm）宽。为了绘制初始的草图，我通常会在互联网上搜索所选主题的清晰照片。有许多网站可以免费下载和打印照片，而家用打印机或复印机可以快速地将照片缩印到适合作品的尺寸。缩放照片至作品所需的大小，打印出几张方便进行描摹，然后粗略绘制一张铅笔草图，为布置镶嵌图案的设计细节提供蓝本。这张草图可以非常粗糙，但它可以就在细木镶嵌面板上如何布置花、叶、枝等细节为你提供

从互联网上的免费图片网站下载和打印照片是一个很好的镶嵌图案来源。这些打印出来的照片可以按照你认为合适的比例调整、旋转和修改，从而创作出一幅独特的原创镶嵌图案。描摹打印出来的图片可以帮助你在纸上绘制出镶嵌图案的草图。你可以随意修改草图来创作你心中的镶嵌图案。当你绘制出镶嵌图案的草图后，继续完善，直到所有的细节都令你满意。

简单的镶嵌细工

如果第135页“精品展览”展示的作品会让你产生镶嵌细工必须是复杂的和震撼的印象，这里的几个例子则向你展示了几种将相对简单的镶嵌花叶融入家具中的方式。这些花和叶很小，几乎可以用任何锯子进行切割，而且不需要太多的贴面设备。

布赖恩·康兰（Brian Condran）的这件镶嵌细工柜子上飘落的枫叶为本就优雅的设计增添了一丝自然气息。

我做过各种各样类似这张嵌有山茱萸花的边桌作品，这类花朵镶嵌产生的附加细节让作品设计更具视觉趣味。

这张书桌上的镶嵌细工为用户准备了一个惊喜，因为只有打开抽屉后才能看到。这个小细节可以在未来多年里都为书桌的主人带来快乐。

有用的参考。

开始描摹选好的花和叶子的轮廓，并尽量按真实的情况定位它们。没有必要全部按照片的内容描摹，大多数情况下，你可以一边描摹图案，一边进行细节的调整来优化草图。这一步可能需要一些时间，而且通常在完成初稿后，我还会重新绘制几次图案，并在此过程中不断进行修订和改进。

无论你的镶嵌图案有多复杂，成功的关键在于镶嵌图案的绘制。所以，你要尽可能地在这一步多投入一些时间，以创作出整体流畅、细节完整的镶嵌图案。因为你需要精确地按照绘制的镶嵌图案进行切割，所以多花些时间完善详细的镶嵌图案以充分表达你的创意是值得的。比起重新切割木皮，擦掉一条铅笔线重新绘制要容易得多。

完成令你满意的最终镶嵌图案后，将其复印三份：一份用于切割，一份用于拼组图案，一份作为后续烫边的模板。取一张镶嵌图案的复印件，用它剪裁出两张与镶嵌图案大小相同的卡纸，我使用的卡纸购于印刷用品商店，约0.04 in（1.0 mm）厚。这些卡纸将作为切割木皮镶嵌图案的顶层和底层衬料。将用于切割的镶嵌图案用喷胶粘贴到其中一张卡纸上。

从三份镶嵌图案复印件中取出一份，依据其尺寸剪裁出两张卡纸，作为切割木皮镶嵌图案的顶层和底层衬料。然后用喷胶将镶嵌图案复印件粘贴到其中一张卡纸上作为顶层衬料。

选择木皮

完成镶嵌图案的绘制后，就可以选择制作镶嵌图案所需的不同木皮了。假设你已经有了一片按照镶嵌图案的尺寸切割好的衬料木皮，在这个示例中，衬料木皮12 in（304.8 mm）长、9 in（228.6 mm）宽，选择木皮的重点应放在选择镶嵌图案中花和叶的颜色上。我的大部分镶

笔者为这两扇门上的镶嵌橡树叶和橡子设计了不同的季节，使其呈现出在整个柜身正面飘动的感觉。这件作品结合了染色木皮和天然木皮，创造出了全系列的季节色彩。

另一个简约但颜色对比强烈的镶嵌装饰的例子——这件山茱萸花装饰的边桌在深胡桃木树瘤木皮的背景中点缀了白色的花朵和鲜绿的叶子。

嵌花朵都是用冬青木皮制作的，因为这种木皮非常白，而且经过烫边后（见第119~122页“木皮烫边”），能够在颜色上与大多数背景木皮产生鲜明的对比。通常，我会选择对比色来制作花心，一般是黄缎木或其他颜色鲜艳的木皮。基本上，除了绿色的叶片，你可以用天然木皮制作所有图案要素。但是没有一种天然木皮能随着时间的推移始终保持绿色，所以我会订购几种不同色调的绿色染色木皮来制作镶嵌图案中的叶片。如果你打算制作五颜六色的花朵，也需要为其订购一些染色木皮，因为与真实花朵的颜色相比，大多数木材的色调相对柔和，无法展现花朵的鲜艳。

可以选择各种颜色的木皮作为镶嵌图案中花、叶和树枝的材料。在图中，我们选用了两种色调的绿色木皮制作叶子，选用白色木皮制作花瓣，选用染成蓝色的杨木和黄缎木木皮制作花心，选择枫木树瘤木皮制作背景。

天然木皮镶嵌

有些工匠在镶嵌细工中只采用天然木皮，不使用任何染色木皮。显而易见，如果你选择了这条路线，你的选择会被限制在更为柔和的奶油色、茶色和棕色等少数色调中。当然，如果你精挑细选镶嵌图案每个部分使用的木皮，制作出的镶嵌图案依然可以非常漂亮，并且具有非常鲜明的对比效果。

布莱恩·康兰只用了来自一种树木的木皮，就创造出了围绕这件小柜子的一棵树这样复杂的镶嵌图案。通过心材和边材的颜色对比，布莱恩只用一块木板就展现了多种颜色和色调。

彼得·怀特（Peter White）创作的这幅栩栩如生的“斯坦，大人物”（Stan the man）只选用了三种颜色的天然木皮。你的大脑会在镶嵌图案的暗示下自动填补画面中缺失的其他部分。

一只坐在树枝上的制作精细的镶嵌细工树蛙，为格雷格·扎尔（Greg Zall）的柜门一角增添了无穷的韵味。无可挑剔的木皮纹理选择和树枝上的阴影极大地增强了这种设计的真实性。

我发现，如果镶嵌图案中的树枝相对于背景更突出一些，看起来会很有趣，所以我的大部分树枝用的都是直纹桃花心木或胡桃木树瘤木皮，具体选择取决于背景木皮的颜色和我想要的视觉效果。例如，胡桃木木皮背景搭配胡桃木树瘤木皮视觉效果非常平淡，而枫木木皮背景搭配胡桃木树瘤木皮会非常漂亮。选择能让树枝看起来更加自然的木皮颜色；树瘤木皮能够很好地模仿自然生长的树木。

镶嵌图案中的纹理方向

木皮的纹理方向在镶嵌图案中非常重要，它可以成就或毁掉一件镶嵌细工作品。将镶嵌图案制作得越细致、越逼真，图案中每一块木皮正确的纹理方向就变得越重要。对于正在制作的镶嵌图案，木皮纹理方向在浅绿色的叶子上体现得最为明显。通常，你会希望绿色木皮的纹理方向顺着每片叶子的长度方向延伸。当你用蓝色美纹纸胶带把每片绿色木皮粘贴好后，仔细检查一下镶嵌图案的图稿，确保木皮纹理方向的走势正确。如果你把一块绿色木皮从中间切开制成两片叶片，则可以将木皮的纹理方向调整为从叶片的中心线以一定的角度向外流动的样式，这样会使叶片看起来更加逼真。

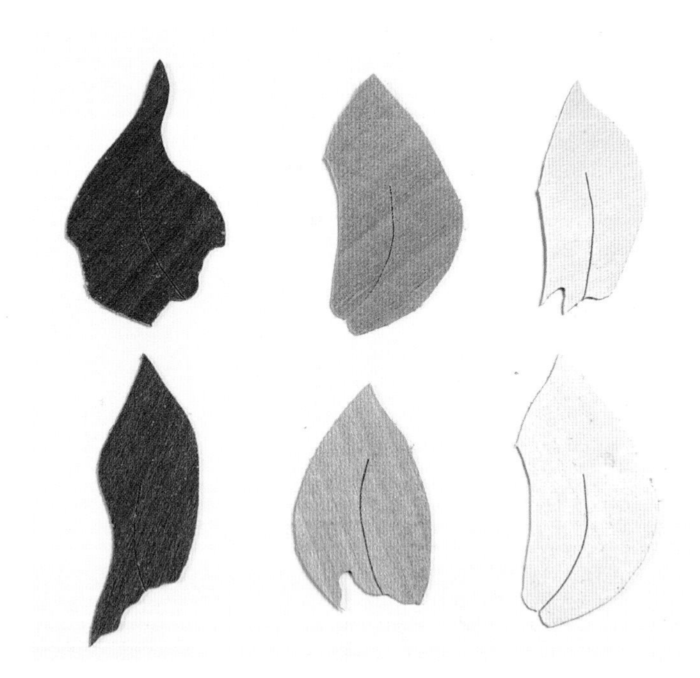

确保镶嵌图案的木皮纹理方向符合其原型的自然走向。这两组叶片和花瓣分别展示了相对自然的纹理方向（图中第二行）和与自然纹理相反的方向（图中第一行）。白色冬青木皮的纹理不明显，很难看到，但经过烫边处理后，它会变得十分显眼，所以正确的纹理方向是重中之重。

花瓣的木皮纹理方向处理起来比较棘手。你可以认为每片花瓣的纹理应该从花的中心向外延伸，或者说它应该围绕花朵以更接近圆形的方式扩展。我通常会把花瓣的纹理设计为从中心向外延伸的模式，当然，你也可以为花瓣设计不同的纹理走向。当你把切割好的图案拼组起来，并将木皮粘贴到位时，就可以很快判断出纹理方向是否正确。有时候，你只需要用一两朵花和几片叶片制作一个小样本，就可以测试出你想采用的纹理方向是否合适。即便存在问题，也比重新切割整个镶嵌图案的部件要快得多。请记住，无论如何，冬青木皮的纹理都不太明显，在最终的镶嵌图案中很难看出来。

切割镶嵌图案

镶嵌细工中切割木皮的工具，从手持式弓锯到老式法式锯，再到价格不等的电动线锯，种类繁多。英国的木匠只要一把手术刀就可以完成大量的与镶嵌细工相关的切割，并创造出惊艳的图案。我的所有与镶嵌细工相关的切割都是用多年前购买的得伟（DeWalt®）线锯和一台老式的爱科斯凯（Excalibur）EX30线锯完成的。它们都能以近乎垂直的路径进行切割，且具有一些便于切割木皮的功能，其中最重要的是良好的速度控制系统，这样你就可以在精确切割时放慢速度，在切割较厚的木皮模块时加快速度。在锯片断裂时，更换锯片的操作也很简单。

“镶嵌驴”（Marquetry Donkey）或“驴机”（Chevalet）是一种历史悠久的镶嵌细工切割工具。使用驴机时，必须保证木皮模块的厚度一致，这一点与线锯不同，线锯可以切割不同厚度的木皮模块。锯切时，驴机上的脚踏板夹需要木皮模块厚度一致才能将其正确的固定。使用驴机可以让你完全掌控切割过程，并创作出拥有令人叹为观止的细节的复杂镶嵌图案。

无论你决定使用哪种工具来切割镶嵌图案，都要花一些时间练习切割直线和平滑的曲线，然后才能开始切割重要的镶嵌图案。与大多数木工技能一样，精准切割所需的手眼协调能力需要通过一些练习进行培养。

镶嵌图案的切割方式有几种类型：整体切割、斜面切割和分类切割。鉴于我几乎所有的镶嵌图案都是用整体切割法完成的，本书大部分信息都会围绕这一方法展开。当然，其他方法也有用武之地，所以我会对它们进行简要的介绍。

整体切割

整体切割是将整个镶嵌图案一次性切割出来。模块中的每一片木皮都代表镶嵌图案的一部分，所有木皮都会用蓝色美纹纸胶带固定到背景中。因为只切割一次，所以只有在切割出所有木皮图案后，你才可以将每一片木皮图案从模块中逐一取出。每片木皮应比实际所需尺寸略大，以便用蓝色美纹纸胶带将其固定在模块中。不过，如果仔细地排列每一片木皮，既可以将木皮的纹理方向按照镶嵌图案的每一部分来设定，也能将粘贴所需的额外木皮缩减到最少。

整体切割会产生很多细小的木皮部件，需

“镶嵌驴”或“驴机”是最初在法国用于切割木皮模块的工具。在过去的10年里，这种工具越来越受欢迎，这主要源于帕特里克·爱德华兹和亚尼克·沙斯坦（Yannick Chastang）等人的努力。这张照片就是亚尼克·沙斯坦提供的，照片中的镶嵌驴也是他的作品。木皮模块是由脚踏板夹固定的，使用时需要一只手转动木皮模块，另一只手操作锯片。驴机是锯切镶嵌木皮的理想工具。

由木皮模块粘贴完成的镶嵌图案相当复杂，但在制作时，只需牢记镶嵌图案的每一部分对应的木皮模块。只要做到这一点就不会出什么问题。

要用蓝色美纹纸胶带以及顶层和底层的卡纸衬料将其固定。在镶嵌图案比较繁复的区域，木皮可能会被贴上很多层蓝色美纹纸胶带，所以切割速度需要随着切割区域的厚度变化而变化。用喷胶将镶嵌图案粘贴到木皮模块顶层的卡纸衬料上，然后用蓝色美纹纸胶带将整个木皮模块牢牢固定。

斜面切割

斜面切割每次只切割顶部的背景木皮和底部的填充木皮。先用透明描图纸将切割部分的图案转印到顶部的木皮上（见图1）。将计划嵌入背景木皮的填充木皮用蓝色美纹纸胶带粘贴到背景木皮的背面（见图2）。穿透两片木皮钻取起始孔（见图3）。将锯台倾斜13°，可使底部的填充木皮无缝滑入顶部或背景木皮上切割好的孔中（见图4）。也可以把上下两层翻过来，保持角度不变，以与切割顶层木皮相对的方向切割。在斜面切割时，需要在每一片填充木皮周围沿同一方向逐一切割，并保持切割角度不变（见图5）。每切割完成一片填充木皮，就将其胶合或粘贴到衬料木皮相应的位置，然后继续切割下一片。因为每次只能切割一片填充木皮，并随后将其固定到背景木皮上，所以可以通过斜面切割切割出整体切割难以完成的、非常精细的镶嵌图案部分（见图6）。可以在胶合前对每片木皮进行烫边处理来添加细节。

分类切割

分类切割顾名思义，每次切割镶嵌图案中的某一类部件。这种方法主要用于需要制作多个（10个或更多）相同图案的场合。镶嵌图案中

先用一些透明描图纸把切割部分的图案转印到顶部的木皮上。

将计划嵌入背景木皮的填充木皮用蓝色美纹纸胶带粘贴到背景木皮的背面。这片木皮应该覆于转印图案的轮廓线之上，且纹理方向正确。

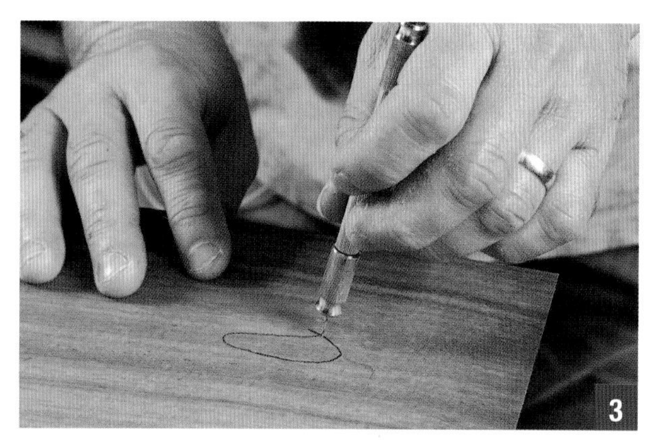

你需要穿透两片木皮钻取一个小的起始孔，以便插入线锯锯片。尽量在最终会被切掉的位置钻孔，这样就不会影响镶嵌图案。

斜面切割需要倾斜锯台并同时切穿两片木皮，使得到的底部木皮可以无缝嵌入顶部木皮的锥度切割孔中。对于约0.025 in（0.6 mm）厚的商业木皮，你要将线锯锯台倾斜13°，这样才能切割出边缘锥度变化的填充木皮，使其完美地嵌入背景木皮的孔中。

注意线锯的切割方向。切割时始终向同一方向转动，这样才能得到一片能够完美嵌合的填充木皮。如果换方向切割，填充木皮就会从背景木皮的孔中滑落，而且二者的嵌合边缘会出现很大的缝隙。

随着嵌入的填充木皮越来越多，你会发现镶嵌图案的细节开始显现出来。斜面切割允许在已切割的部件上叠加新的部件，以创造出轻薄而精致的镶嵌图案。

斜面切割角度

以13° 角切割两层木皮可以创造出完美嵌合的两个部件。

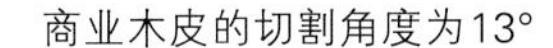

的每类部件都是在一摞相同的木皮上切割出来的。分类切割是所有切割方法中最需要技巧的，因为本质上，你需要根据镶嵌图案的切割线同时切割一侧的背景部分和另一侧的填充部分。两部分之间的任何错误或偏差都会导致镶嵌图案出现缝隙或部件无法拼合在一起。

分类切割的木皮模块由一叠相同的木皮组成，通常是用顶层和底层的衬料卡纸钉住或用胶带粘贴在一起。衬料卡纸有助于减少底层木皮的撕裂，并为在木皮模块的顶部粘贴切割用的图样提供依托。由于每次只能切割一类镶嵌图案，所以，如果镶嵌图案的设计比较复杂，你需要相当多的木皮模块，以及多张镶嵌图案的复印件，以便你能够切割得到镶嵌图案的每一类部件。

用分类切割法制作镶嵌图案，你需要为每一类部件单独准备一摞木皮，同时还要将该部分的草图粘贴到木皮模块上。这种方法非常适合制作多个相同的图案。在这个示例中，我每切割一次花瓣就能得到5个拷贝，而且我能够利用这一个木皮模块切割出三种不同的花瓣。

制作木皮模块

我们来制作将要进行切割的兰花镶嵌图案的木皮模块。制作木皮模块并不复杂，但需要准确地将木皮固定到位，以确保每一个木皮模块的木皮纹理方向正确，并避免木皮在切割时意外移动。

按照我们之前所说，你需要两张裁至镶嵌图案大小的卡纸，并将镶嵌图案的复印件粘贴到木皮模块的顶层卡纸上。把背景木皮置于木皮模块底层卡纸上，并在其四周用蓝色美纹纸胶带固定。然后，将粘贴有图样的顶层卡纸图案朝上放在背景木皮上，并用蓝色美纹纸胶带沿一侧边缘将它们粘贴在一起，以便可以将图样翻起来，准确地将木皮放置在背景木皮上（见图1）。粘贴蓝色美纹纸胶带的边缘最好远离镶嵌图案最复杂的部分。

在把各类部件的木皮放到背景木皮上时，要有条不紊，防止遗漏任何一块。我总是按照特定的顺序放置：先是树枝，然后是叶片，再是花朵，最后是其他细节，比如花心部分。这样操作，我可以仔细检查是否已经粘贴好了某一类部件的全部木皮，然后再继续粘贴下一类部件。此外，我还会在放置每一类部件的木皮时，用彩色铅笔在图样上做标记，这样哪些部件还没有粘贴，哪些已经粘贴到位了一目了然。

正确定位木皮最简单的方法是，在查看背景木皮和图样时，稍微向上弯折图样。你可以相当准确地看到每片木皮需要放置的位置，并在位置不太准确时能够及时发现（见图2）。在摆放木皮时，移动到另一个角度，从不同的视角查看木皮的摆放位置并与图样进行对比，也是非常有帮助的。我倾向于沿着木皮的长边从侧面进行检查，以确保每块木皮完全覆盖图样上的线条。将木皮切割得尺寸稍大一些，4个方向分别多出约1 in（25.4 mm），这样即使在切割时多切了一点，也仍然有足够的木皮来制作匹配背景木皮的部件。

当你把每一片木皮放在背景上时，用蓝色美纹纸胶带在其周围固定，并用彩色铅笔在图样上为放置到位的木皮做标记。继续放置木皮，直到将所有必要部件的木皮粘贴到位。你可能会发现，这个木皮模块的某些区域相当厚，而其他区域则较薄，这将影响线锯的切割速度（见图3）。在把木皮模块整体封贴之前，把整个表面都检查一遍，然后用力按压蓝色美纹纸胶带，最后一次固定所有的部件（见图4）。

把木皮模块拼接到位，用几条蓝色美纹纸

将背景木皮粘贴到木皮模块的底层卡纸上，然后将粘贴好图样的顶层卡纸图案面朝上，沿木皮模块的一侧边缘粘贴到背景木皮上。这可以让你在放置镶嵌图案每类部件的木皮时掀起图样，以确定木皮准确的放置位置。

将图样向上弯折，这样既能看到背景木皮，也能看到图样，以便准确定位每一片木皮的确切位置。将图样上下翻动几次，更容易确定每类木皮部件的边界。

在大约一半的木皮粘贴到背景木皮上之后，木皮模块的某些区域会变得相当厚，而有些区域只有背景木皮。

现在，所有镶嵌图案部件的木皮都已粘贴到位，在合上木皮模块的顶层衬料卡纸之前，仔细检查图样。确保镶嵌图案中的每一类部件都用彩色铅笔做了标记。

合上木皮模块的顶层衬料卡纸，用蓝色美纹纸胶带将其四周粘贴好。在镶嵌图案可能超出图样边缘的位置额外多粘贴几条蓝色美纹纸胶带。

胶带把图样边缘紧紧粘在一起，确保已经将所有的木皮模块粘贴到位。在镶嵌图案可能超出边缘的位置额外多粘贴几条蓝色美纹纸胶带。现在可以准备开始切割镶嵌图案了（见图5）。

切割木皮模块

在开始切割木皮模块之前，将图样的最后一份复印件粘贴在线锯旁边的凳子或桌面上，用来把切割下来的镶嵌图案木皮放置在那里。将线锯周围的地板清理干净也是必要的，以防木皮掉落在地板上难以寻找。我喜欢在线锯旁边设置一张比较大的工作台，方便我把所有切割下的余料丢到同一个地方。这样一来，如果需要更换某个部件，或者不小心从整摞木皮中取出了错误的部件，我就会知道其余的部分在哪里，以及哪里可以找到不见的木皮。将余料放置在同一位置能够加快正确搜索的速度。

我的所有镶嵌细工作品中几乎都是用得伟线锯切割的，通常都是使用2/0号线锯锯片，而且切割速度设置得相当低，只有300~400 rpm（转/分）。线锯锯片切割速度过高会使你很难准确地按照图样进行切割，而且在切割过程中出现误切或切割过头的可能性会增大。如果确实切过头了，减慢线锯的切割速度，看是否可以通过稍微改变该部件的尺寸或形状来挽救过度切割的轮廓。拉紧锯片，直到你用手指轻弹锯片时，它会发出高音C（high-C）的鸣响。鸣响不需要特别精确，但对锯片来说，稍紧好于稍松，稍慢好于稍快。我还在线锯上增加了一个瞬时电动脚踏板，这样就可以在两只手都放在木皮模块上时，用脚控制锯的开关。我发现这样可以加快锯切的速度，同时无须伸手反复开关线锯。如果使用瞬时电动脚踏开关，在切割各个部件，或者想要检查是否按照画线准确地切割时，轻轻抬脚就可以中止锯切。

先从外围部分的其中一片开始向内侧切割，一定要把木皮模块固定在锯片附近，防止切割时模块乱动（如果你不小心碰到锯片，最严重的可能是被碎纸片割伤）。认真地沿着第一片木皮的整个边缘切割，然后关掉线锯，用锥子或其他锋利的工具把部件从木皮模块中推出，这样你就可以从中取出正确的那片木皮部件（见图1）。

切割窍门

切割平滑的曲线花瓣和叶子需要一些练习。我发现，如果你没有在切割曲线的中途停下，而是连续转动木皮模块一次性完成整条曲线的切割，效果是最好的。

遇到尖角时，直接切到尖端处，然后停止切割，但要保持线锯继续运转。接下来，轻轻环绕锯片背面旋转木皮模块，同时利用木皮模块将锯片稍微前拉，以防止其继续切割。待木皮模块旋转到新的切割方向后，继续像之前那样切割。

切割长而平滑的曲面是一大挑战，但如果你能够一气呵成完成整个曲面的切割，操作就会更容易。多次停下并重新起始切割可能会给曲面带来很多尖角。一气呵成完成曲面切割意味着，在切割过程中你需要适时地旋转身体和木皮模块。这需要一些练习，但并不难掌握。

切割尖角时，要先切割到尖端，然后停止切割，但仍应保持线锯继续运转。

接下来，环绕锯片背面旋转木皮模块，并轻轻地将模块拉向身体。继续对锯片背面施加适当的力，防止锯片在你转动木皮模块时进行切割。确保在操作过程中线锯持续运转，否则锯片很可能会断裂。

当你把木皮模块旋转到新的切割方向后，继续按之前的方法切割，并在切割完毕后取出部件。

当你沿着第一片木皮的边缘完成切割后，关闭线锯，轻轻抬起木皮模块，同时用锥子或手术刀将切割出的部件向下推出。

对推出的镶嵌木皮进行分类，取出镶嵌图案特定部分所需的镶嵌木皮，并将其放到图样的复印件上。

随着你继续切割镶嵌图案的部件，并将它们放到图样的相应位置，你会看到，镶嵌图案正在逐渐变得完整。准备一张镶嵌图案的图样复印件，将切割好的木皮部件放在上面，会使镶嵌图案的拼接过程变得更加容易。

如果你小心翼翼地推出这部分部件，它们将保持整齐的一摞，你应该能够找到正确的部件，并将其轻松取出。牢记你正在切割的是哪一区域的木皮，这样才能够从这摞木皮中选出正确的那一片。将部件放在图样复印件上，然后继续切割镶嵌图案的其余部分（见图2）。

你会发现，在切割每一部分时，背景部分也需要被切掉并移走。像处理其他部分一样，把背景部分从零件中取出，并放在图样上的正确位置（见图3和4）。

当你切割出最后的镶嵌木皮，并将其放置在镶嵌图案图样上时，你会第一次看到完整的镶嵌细工花朵，还能看到不同颜色的木皮是如何相互映衬的。

拼接镶嵌图案

当镶嵌图案所需的部件都被切割出来并在图样上放置到位后，开始从木皮模块中取出其余的背景木皮。小心地剪开固定整个木皮模块的蓝色美纹纸胶带，然后撕下背景木皮上用于固定镶嵌木皮的蓝色美纹纸胶带（见图1）。要小心操作，因为切割后的背景木皮上有很多孔，木皮相当脆弱（见图2）。

去除背景木皮上所有镶嵌木皮残余，将背

当镶嵌图案中所有镶嵌木皮被切割出来并放到图样的对应位置上后，你就可以从木皮模块中取出背景木皮了。首先将所有固定在木皮模块边缘的蓝色美纹纸胶带剪开。

小心翼翼地剥掉粘贴在背景木皮上的蓝色美纹纸胶带，拆取木皮模块中其余的部件。这时的背景木皮非常脆弱，所以动作要轻柔一点。

用蓝色美纹纸胶带粘贴并覆盖整个背景木皮的胶合面，使其更加牢固。在拼接镶嵌图案的过程中，蓝色美纹纸胶带也可以暂时将所有镶嵌木皮固定到位。

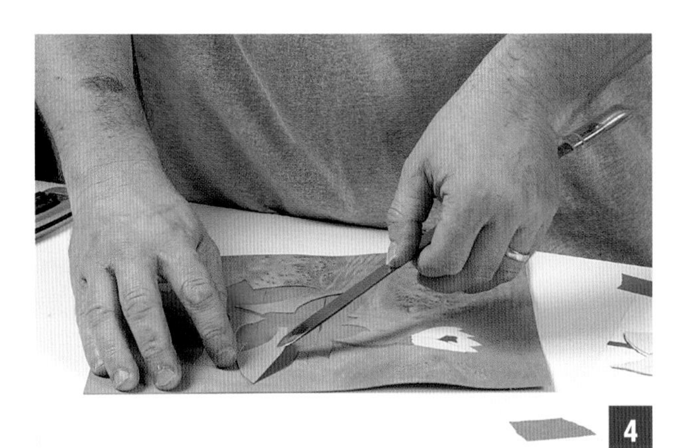

将背景木皮翻面，展示面朝上，开始将镶嵌木皮逐片拼接到背景木皮中。从树枝或其他的外围部件开始拼接，然后向中心推进。

继续将镶嵌木皮拼接到背景木皮中，直到整个镶嵌图案拼接完毕。这可能需要一些时间，但随着越来越多的镶嵌木皮镶嵌到位，剩余镶嵌木皮的位置会变得越来越清晰。

景木皮的展示面朝下放在工作台上。在背景木皮的胶合面粘贴一层蓝色美纹纸胶带，以创建具有黏性的展示面，方便拼接镶嵌木皮，并防止背景木皮在拼接过程中破裂（见图3）。

翻转背景木皮，开始拼接镶嵌图案。用镊子逐片夹起镶嵌木皮小心地放到背景木皮上的对应位置（见图4）。我发现，从长树枝开始拼接通常是最容易的，因为它们可以很好地嵌入背景中，为正确放置其他镶嵌木皮提供参照。继续将镶嵌木皮放入背景木皮中，从外向内放置，直到镶嵌图案拼接完成。别忘了把切掉的背景木皮部分放回原位。

不要把镶嵌木皮用力按压到蓝色美纹纸胶带上，因为下一环节需要再次取下它们进行烫边处理，而且镶嵌木皮很脆弱，易压坏。如果你在切割出镶嵌木皮时就将它们放在图样的正确位置上，那么镶嵌木皮的位置应该相当清晰（这就是在线锯旁放一张图样的原因）。慢慢来，先把位置明显的镶嵌木皮放到蓝色美纹纸胶带上，以便定位剩余镶嵌木皮（见图5）。

木皮烫边

为了让镶嵌图案更加逼真，每片镶嵌木皮要沿特定边缘进行烫边处理，以创造出阴影效果，大大增强镶嵌图案的立体感。为此，你需要准备一些材料，才能对镶嵌木皮进行烫边。一台电炉、一口小号金属平底锅——7~9 in（177.8~228.6 mm）的蛋糕烤盘就很好用、膨润土、各种整平木皮的木块——我用的是1 in（25.4 mm）厚、约6 in（152.4 mm）见方的刨花板，还有镊子和一小碗水。

木皮烫边本质上是将每片木皮浸入盛满热砂的容器中，将木皮轻度灼烧。我用的是一台电炉和一个大约2 in（50.8 mm）深的廉价金属平底锅，锅内装了半锅来自宠物店的膨润土。这种砂土比玩具砂或海滩砂要细得多，能够更细微地控制灼烧效果。用中火加热膨润土，并用一些木皮边角料来测试膨润土的热度和木皮烫边的速度。木皮需要10~15秒获得正确的灼烧度，如果快于这个速度，你很可能会烧坏木皮，而慢于这个速度，则可能需要耗费很长时间才能取得预期的烫边效果。

为了对镶嵌木皮进行烫边处理，你需要一台电炉、一口小号金属平底锅、半锅膨润土、镊子、一些小木块和一小碗水。

现在，拿出你保留的第三份镶嵌图案图样复印件，用作烫边模板。在烫边过程中，你需要时常参考这个模板，因为它能展示需要烫边的部件，以及部件上需要烫边的具体区域。制作烫边模板的方法是用彩色铅笔在你想进行烫边的区域填色。要想对需要烫边的区域正确地填色，可能需要进行试错，但当你开始给木皮烫边时，这份烫边模板会非常有用。通常，需要烫边处理的区域是图案本身有自然阴影的位置，比如花的内部区域或悬垂的叶片下方。

一个在烫边时掌握每片木皮去向的好方法是，将准备进行烫边的木皮移到镶嵌图案图样复印件上以查看需要烫边的区域，比如一朵完整的花或一束紧挨的叶子。然后对所有这些木皮部件进行烫边，并确保将它们放到镶嵌图案图样的对应区域时保持正确的纹理方向。

用一把镊子夹住木皮（膨润土很烫），将约¼ in（6.4 mm）的范围浸入膨润土中。每隔几秒重复插入和取出的操作，直到烫边效果达到预期。理想情况下，木皮会从一种漂亮均匀的深棕色迅速过渡到自然木皮的颜色。有些部件需要在多个区域进行烫边处理，只需将每个区域逐一烫边，直到整个部件都取得预期的效果。

将拼接好的镶嵌图案放在另一张图样旁边。将镶嵌图案图样作为烫边模板，用作后续烫边过程的参照。

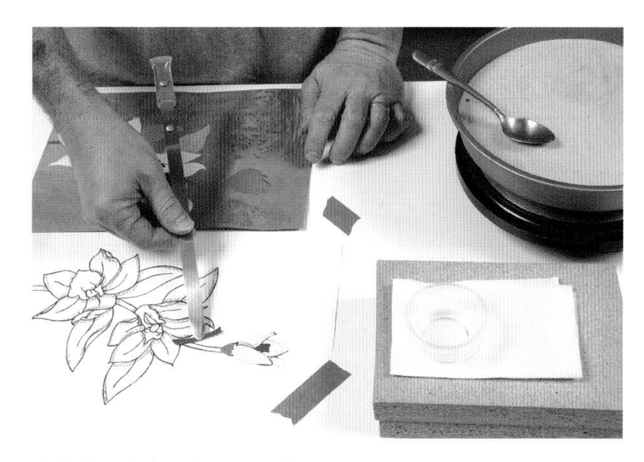

我喜欢将镶嵌图案分成几块小区域进行烫边，而不是一次性对整张镶嵌图案进行烫边。我认为这样更容易掌握各部件在背景木皮上的位置。只需取出一组木皮，并将它们放在用作烫边参照的图样上。

❖ 小贴士 ❖

尽量避免木皮在膨润土中停留太长时间，否则木皮会被烧黑。木皮在烫边过程中冒一点烟是正常的，但如果它开始变黑，就意味着已经烫过头了。此外，不要把木皮完全浸没到热膨润土中，因为那样往往会使整块木皮都变暗，天然的木皮颜色也会消失。只需将你想进行烫边处理的木皮边缘插入热膨润土中即可。

在你把木皮插入热膨润土中时，用镊子夹住木皮，以免烫伤自己。每隔几秒就插入和取出木皮，以确保不会在某个区域烫边过度。

木皮烫边测试

有些木皮，比如冬青木和浅绿色的染色木皮，烫边过程非常快，且会形成漂亮精妙的烫边效果。深绿色木皮的烫边速度较慢，在热锅中需要更长的时间才能达到与浅绿色木皮相同的烫边效果。确定每种木皮的恰当烫边时间的最佳方法是测试几个样品，直至获得最佳的木皮烫边效果。有些木材烫边快，有些木材烫边慢，唯一能够了解各种木材烫边效果的方法就是，在你对最终作品进行烫边处理之前，先用一些样品进行木皮烫边测试。

想要通过热膨润土获得满意的木皮烫边效果，需要对不同的木皮进行不同时长的烫边处理。想要知道每种木皮的烫边时长，最好的方法是用一些样品进行木皮烫边测试。图中冬青木样品显示了三种程度的烫边效果：从左到右依次为烫边时间过长、烫边时间刚好和烫边时间过短。

取一勺热膨润土来为内凹曲面的木皮烫边，将木皮插入勺子上的砂土中慢慢拖拽。

如果你希望某个部件的全部边缘都具有烫边效果，需要将这个部件插入膨润土后小心地旋转它。旋转烫边的动作越流畅，烫边效果就会越自然。

在热锅中给内凹曲面的木皮着色是一个挑战，所以另一种方法是用金属勺子取一些热膨润土，将内凹曲面的木皮插入勺子中的热膨润土中。可能需要多取几次热膨润土以完成内凹曲面木皮的烫边，因为热膨润土出锅之后很快就会失温。

当所有镶嵌木皮都完成烫边后，需要对它们稍微进行补水，以弥补因烫边失水引起的木皮收缩。我的做法是用手指从碗中蘸取一些水分，用湿润的手指逐块按压木皮。不需要蘸取太多的水，因为过多的水分会导致木皮膨胀超出它对应的镶嵌孔位的尺寸。每片木皮一两滴水就足够了。

将每片镶嵌木皮润湿后，将其放回背景木皮对应的位置。当某一区域的所有镶嵌木皮都重新放入背景木皮后，用木块压住该区域使木皮保持平整，直到其干透（通常需要1小时左

烫边完成后，木皮需要补充一点水分。用手指从小碗中蘸水，再弹掉手指上的大部分水，然后将湿手指按在木皮上保持1秒，将其湿润。

在图样的每个部分都完成木皮烫边处理并重新放回背景木皮后，用木块压在拼接后的湿木皮上，在干燥木皮的同时将其整平。

右）。对所有需要烫边的镶嵌木皮重复上述步骤，最后将整张镶嵌图案静置晾干1小时。

粘贴和最后的调整

到了这一步，镶嵌图案可能看起来很不错——所有的木皮烫边已经完成，所有镶嵌木皮也大致拼接到位。现在我们需要用胶带粘贴镶嵌图案的展示面，并在胶合面对镶嵌木皮的位置做最后的调整。首先在镶嵌图案的整个展示面粘贴一层蓝色美纹纸胶带。用手按压蓝色美纹纸胶带即可——不要用刷子磨压蓝色美纹纸胶带，因为后面还要将其去掉（见图1）。

将整片木皮翻面，小心地将其胶合面上原有的蓝色美纹纸胶带取下。小心操作，因为在剥离蓝色美纹纸胶带时，小片的镶嵌木皮往往会粘在胶带上。为了重新固定这些小片镶嵌木皮，只需将蓝色美纹纸胶带粘贴回去，在剥下蓝色美纹纸胶带的同时，用镊子夹住小片镶嵌木皮并将其固定到位（见图2）。

当胶合面上所有蓝色美纹纸胶带被取下后，用镊子或小凿子对镶嵌木皮的位置进行最后的调整。有些镶嵌木皮可能在粘贴胶带的过程中发生了移位，需要将其旋转至正确的方向或稍加移动。尽量将镶嵌木皮向背景木皮的边缘方向推，这样一来，镶嵌木皮之间的任何缝隙都会出现在组成镶嵌图案的镶嵌木皮的相交处，而不是背景木皮和镶嵌图案之间（见图3）。

当所有镶嵌木皮都处于最终的位置，且你对镶嵌图案的外观效果感到满意后，在整个镶嵌图案的胶合面上粘贴一层蓝色美纹纸胶带。

将已完成木皮烫边的镶嵌图案拼接到位。接下来，我们会对镶嵌图案进行最后的调整，使其看起来更漂亮。首先，在整个木皮的展示面粘贴一层蓝色美纹纸胶带。不需要磨压蓝色美纹纸胶带使其与木皮紧密贴合，因为很快就会把蓝色美纹纸胶带取下，用手用力按压即可。

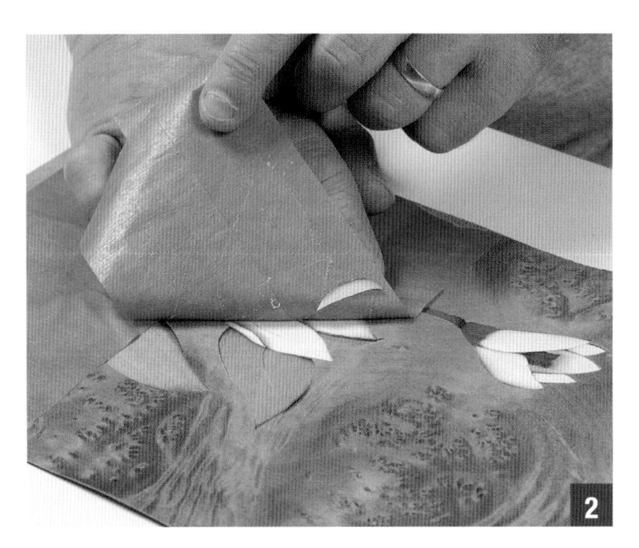

翻转木皮使其胶合面朝上，小心地去掉胶合面原有的蓝色美纹纸胶带。小心操作，因为撕下蓝色美纹纸胶带时可能会粘连镶嵌木皮。如果有镶嵌木皮被蓝色美纹纸胶带拉起，只需把蓝色美纹纸胶带压下去，再次剥离时用镊子压住那块被拉起的镶嵌木皮。

用镊子将组成镶嵌图案的镶嵌木皮移动到最终位置。试着把它们推向背景木皮的边缘，这样镶嵌图案的任何缝隙都会出现在中心区域附近。慢慢来，因为这是你改善镶嵌图案外观的最后机会。

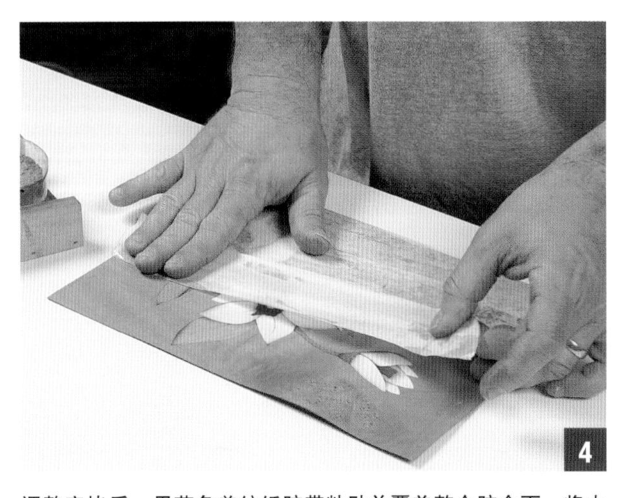

调整完毕后，用蓝色美纹纸胶带粘贴并覆盖整个胶合面。将木皮翻面，去掉展示面的所有蓝色美纹纸胶带。要谨慎操作，以免打乱完成定位的镶嵌图案。然后用2 in（50.8 mm）宽的湿水胶带粘贴并覆盖整个展示面。动作要快，这样木皮就没有机会因水分增加而起皱。用纸巾用力按压湿水胶带。

然后将木皮翻面，小心地将展示面的蓝色美纹纸胶带取下，动作要柔和，确保不会拉起任何镶嵌木皮。

对于这片镶嵌图案，我们要用湿水胶带粘贴其展示面，以确保所有镶嵌木皮在压板时都能准确固定在原位（见图4）。我使用的是2 in（50.8 mm）宽的湿水胶带，但如果你手头上只有1 in（25.4 mm）宽的湿水胶带也没有问题。湿润湿水胶带，然后将其逐条粘贴在木皮上。用纸巾按压湿水胶带，确保其完全就位。你需要快速操作，因为需要粘贴的湿水胶带相当多，如果时间太久，木皮可能会开始起皱。待所有湿水胶带粘贴好后，把镶嵌图案压在一块中密度纤维板下，任由木皮展平并干燥一两个小时。

在湿水胶带干燥后，去除镶嵌图案胶合面上的蓝色美纹纸胶带。注意，在去除蓝色美纹纸胶带时不要把镶嵌木皮从湿水胶带上带起，若有镶嵌木皮脱落，只需在露出的湿水胶带上滴一滴水，再将其压回到湿水胶带上。将该区域覆盖30分钟，等待湿水胶带干透。去除所有蓝色美纹纸胶带后，就可以着手胶合压板了。

胶合镶嵌图案木皮

我的全部镶嵌细工作品都是用专业胶品牌的 UF 完成的。这种胶凝固后很硬，而且能很好地填补木皮之间的缝隙。你也可以将两种颜色的 UF 混合，得到更贴近背景木皮的颜色，在视觉上进一步弱化木皮之间的缝隙。专业胶品牌的 UF 是一种胶粉与水混合而成的胶，需要6~8小时的固化时间。请按照产品说明正确操作。此外，你还需要裁切一片衬料木皮，粘贴在基板的背面。

可以使用夹具压板，但我更喜欢用真空封袋装置压板。只要压力足够大，且能均匀分布在镶嵌面板上，哪种压板方式都可以。在采用这两种方法压板时，都需要在镶嵌面板上压上一块垫板，并在二者之间铺上一层塑料薄膜。如果使用夹具压板，需要用 ¾ in（19.1 mm）厚的中密度纤维板制作垫板；如果使用真空封袋装置压板，可以用 ¼ in（6.4 mm）厚的中密度纤维板制作垫板。因为本示例中我们要用真空封袋装置压板，所以我制作了两块 ¼ in（6.4 mm）厚的中密度纤维板垫板，其尺寸比镶嵌面板稍大一点——每个方向大⅛ in（3.2 mm）左右。在开始混合 UF 之前，确保你已经准备好了胶合镶嵌图案木皮所需的所有用品：两张木皮、两块 ¼ in（6.4 mm）厚的中密度纤维板垫板、两块塑料薄膜、一块塑料平网、一块基板、一个胶辊，以及蓝色美纹纸胶带和 UF。

在开始调制 UF 之前，先把胶合所需的所有材料准备好：塑料平网、胶辊、胶带、衬料木皮、基板、垫板和塑料薄膜。

适量的 UF 会将基板完全润湿，但不会出现堆积或流胶的情况。在面板的边缘粘贴几条蓝色美纹纸胶带，固定基板顶部和底部的木皮，使其不会在真空袋中移位。用塑料薄膜和垫板盖住胶合后的镶嵌面板，然后用塑料平网覆盖整个镶嵌面板组件，将组件放入真空封袋装置压板6~8小时，让胶水完全固化。

我这块面板的基板是一块 ¼ in（6.4 mm）厚的中密度纤维板。根据你的具体设计规划，有很多种材料都可以作为基板使用。最重要的是，你要确保基板的尺寸与镶嵌图案木皮匹配，

用湿纸巾润湿湿水胶带，直到胶带湿透并变得透明。不要把湿水胶带弄得太湿，只需软化湿水胶带上的胶黏剂，使湿水胶带易于撕下。

而且如果使用胶合板，其胶合面的纹理方向要与镶嵌图案的背景木皮的纹理方向相反。

做好胶合前的准备工作后，根据产品说明混合约 ¼ cup（约60 ml）的 UF。将 UF 在基板上倒出一条细线，然后用胶辊滚涂，直到 UF 均匀覆盖基板表面。UF 不应该黏稠到形成局部堆积，也不应该只过了一两分钟就好像干了一样。如果胶层看起来确实很干，可以再滚涂一点 UF。把衬料木皮放到涂胶后的基板上，用手大力按压，然后将基板翻面，对镶嵌图案木皮重复相同的操作。在木皮四周粘贴几条蓝色美纹纸胶带将木皮固定，在面板正反面分别盖上塑料薄膜和 ¼ in（6.4 mm）厚的中密度纤维板垫板，然后用塑料平网覆盖整个组件将其放到真空封袋装置中进行压板。

6~8小时后，UF 固化后，把面板组件从真空封袋装置中取出。将组件放在一边，让 UF 继续过夜固化。待 UF 胶完全固化后，剥离湿水胶带。用湿纸巾润湿湿水胶带使胶黏剂软化后剥下长条的湿水胶带。如果在剥离过程中湿水胶带断裂，说明 UF 很可能已经透过木皮渗入了胶带中，需要用卡片刮刀将湿水胶带刮除。即便需要使用卡片刮刀剥离胶带，先润湿湿水胶带仍然是必要的，这样操作起来更容易。剥离或刮掉所有湿水胶带，注意不要损坏木皮，然后将面板放在一旁干燥几小时，再进行打磨。

胶带湿润后，将其撕掉或刮掉。我发现，用一把小号油灰刀切入湿胶带和木皮之间，可以很容易地剥掉长条的湿水胶带。

打磨镶嵌细工面板与打磨直纹实木板的技术是不同的。由于组成镶嵌图案的木皮纹理方向不一，大部分的打磨工作应该由不规则轨道砂光机来完成。我是用搭配150目砂纸的不规则轨道砂光机进行初始打磨的。

经过初步的清理式打磨后，用覆有180目砂纸的软木打磨块快速整平镶嵌面板，这有助于防止面板表面出现任何凹陷或凸起。然后用不规则轨道砂光机搭配180目、220目和320目的砂纸完成最终的打磨。

打磨镶嵌细工面板

等到镶嵌细工面板完全干燥，且所有湿水胶带都去掉后，就可以打磨了。不规则轨道砂光机很适合打磨镶嵌细工面板，因为木皮的纹理方向并不单一。我通常会先用不规则轨道砂光机搭配150目的砂纸去除镶嵌细工面板上残留的湿水胶带，并将所有木皮打磨平齐。之后，用硬海绵或搭配180目砂纸的软木打磨块手工打磨面板，将整个面板整平。最后用不规则轨道砂光机打磨，从180目的砂纸开始，逐步增加到220目和320目。如果选择手工完成打磨，你很可能会在一些镶嵌图案上看到打磨的划痕。打磨完成后，就可以对面板进行表面处理了。

布莱恩·弗里曼（Brian Freeman）是英国的镶嵌细工工艺大师，布莱恩极其精妙的微型作品将镶嵌细工提升到了一个全新的高度。这幅名为“清晨的牛奶”的镶嵌细工作品直径约3 in（76.2 mm），并使用了这节讨论的几种镶嵌细工技术，包括碎片法和细丝法，产生了令人惊叹的细节效果。

更多镶嵌细工技术

对于那些渴望提升镶嵌细工技术的人，英国工匠是值得学习的，他们广泛使用各种技术

来自约翰·杰戈（John Jeggo）的这幅美国印第安人的镶嵌细工作品使用了多种专业的镶嵌细工技术，使人物的头发和面部细节栩栩如生。

用于创作高度精细的镶嵌图案，相比之下，美国工匠则很少追求这些技术。这主要是因为，英国制作的木皮比美国制作的木皮更薄，因此可以轻松地用手术刀或美工刀裁切木皮。当然，也可以用手术刀或美工刀裁切较厚的木皮，只是要多花点力气。这些用于制作精细镶嵌图案的技术在某种程度上来说很独特，而且所需的工具和空间比前述的整体切割法更少。

开口切割法

我即将介绍的大多数镶嵌细工技术都支持开口切割法。这种方法需要在背景木皮中切割出一个与所需镶嵌图案形状完全一致的开口，

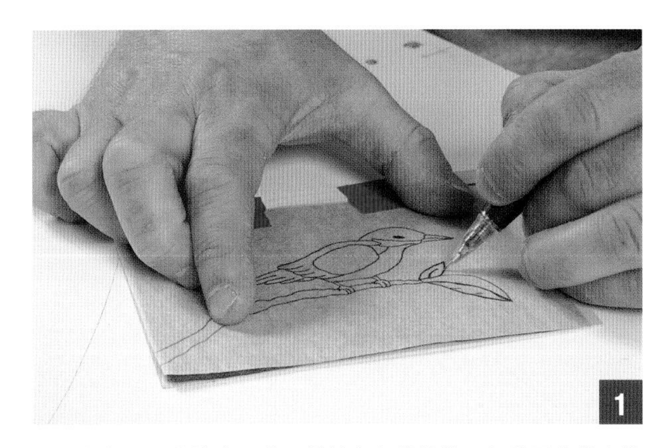

用一张复写纸将镶嵌图案图样的复印件的某一部分图案轮廓转印到背景木皮上。

然后将一片新的木皮滑动到背景木皮的开口之下，调整出理想的纹理匹配效果。之后沿着开口的轮廓裁切新木皮，使新木皮完美嵌入背景木皮的开口中。这种技术只需要一件工具：一把锋利的手术刀（切割垫确实很有帮助，因为它有助于手术刀刀片长时间保持锋利）。

使用开口切割法，需要准备一份镶嵌图案图样的复印件、背景木皮和一张复写纸。将图样复印件放在背景木皮上，并在二者之间夹上一张复写纸。转印需要裁切的部分到背景木皮上（见图1）。取下图样复印件和复写纸，使用手术刀沿背景木皮上的转印线条小心地裁切。沿着轮廓线小心切割几次，将木皮废料全部切掉（见图2）。这项技术需要不断练习才能日臻完善，熟能生巧。当然，想要做到熟练运用手术刀手工裁切开口需要不少时间。不过，你可以在闲暇时，在工房外完成这项操作，因为这项技术不需要电动工具，也没有灰尘产生。

将切出的小片木皮从背景木皮上取下，然后将新木皮滑动到背景木皮之下，直到你可以在背景木皮的开口中看到这片新木皮。确定新木皮的纹理方向，使纹理走向与背景木皮

秸秆镶嵌

有一种有趣的镶嵌细工，采用的是一种意想不到的材料，却能创造出闪耀斑斓的图案。将小麦、黑麦或燕麦的秸秆劈开并压平，形成长而扁平的秸秆条，它们可以被染成各种颜色或保持自然色。然后，这些秸秆条会被逐条粘贴到基板上，并切割成几何形状和自然形状的图案。秸秆镶嵌工艺需要高超的技术，技术难度很大，因为秸秆相当易碎，而且一次一条的拼接方式非常耗时。不过，秸秆的最终镶嵌效果可能非常惊艳。

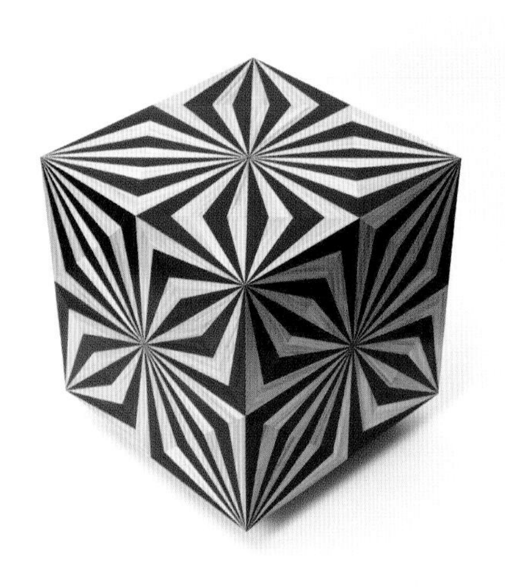

亚瑟·赛尼尔（Arthur Seigneur）的这件秸秆镶嵌作品展示了复杂的几何图案，很有迷惑性，使这件小盒子的形状难以分辨。

秸秆镶嵌可以制作出夸张的装饰效果，就像亚瑟·赛尼尔的这两扇门。从中心把手向外放射的纹路会吸引你的眼球，而当你的视线从中心向外移动时，秸秆颜色从浅到深的微妙变化会大大增强视觉冲击力。想到这些门上的每一条秸秆都必须被切割成细小的锥形部件，并逐条地组合粘贴，就可以感受到秸秆镶嵌工艺所需的时间和耐心了。

用手术刀沿画线小心裁切。多裁切几次，这样就不会损坏木皮，并能全程保持刀刃垂直木皮切割。

将一块新木皮滑动到背景木皮的开口之下，确认并调整新木皮的纹理走向，以获得最佳视觉效果。从背面将新木皮固定在背景木皮上。用手术刀小心地沿着背景木皮上的开口轮廓进行裁切，得到与开口互补的镶嵌木皮。

沿着镶嵌木皮的边缘涂抹一点PVA，确保镶嵌木皮边缘的胶水分布均匀。

将镶嵌木皮压入背景木皮的开口中，用力按压，直到镶嵌木皮与周围的背景木皮齐平。擦掉多余的胶水，将整片木皮放在一边晾干。

能够完美匹配，获得最好的视觉效果。然后用胶带将新木皮粘贴在背景木皮上，防止其滑动。

沿背景木皮的开口轮廓裁切新木皮，确保手术刀的刀刃垂直向下切割（见图3）。裁切时要有耐心，因为需要来回裁切几次才能完全切开木皮。将切下的木皮从背面嵌入背景木皮中，用湿水胶带或PVA加以固定，然后继续裁切下一片木皮（见图4和5）。

碎片法

还有一些更专业的镶嵌细工技术可以与开口切割法一起应用，创建出更为复杂的镶嵌图案。首先介绍的是碎片法，这种方法需要先将选定颜色的木皮（例如用于树枝的棕色木皮）或是几种棕色调的木皮切成细窄的条状，然后用手将这些条状木皮揉搓成碎片，或者在粗锉上来回滑动条状木皮将其磨成碎片（见图1）。

可以使用碎片法为树的特定区域制作树枝，

布莱恩·弗里曼的这幅名为“倒影”（Reflections）的镶嵌细工作品创造出了逼真的树木、树叶和草地，是使用碎片法的典范。

碎片法是将彩色木皮碾碎或锉碎成小块，用来填补在背景木皮上切出的开口中。按照设计的镶嵌图案，你可能需要混合不同颜色的木皮来创造斑斓的效果。

使用开口切割法，在背景木皮对应树枝的位置上切出开口。在开口的背面粘贴蓝色美纹纸胶带，然后翻面在开口处用 PVA 进行填充。

将木皮碎片倒在开口处，并按压到 PVA 上。暂时任由木皮碎片溢出。

当木皮碎片足够覆盖整个开口时，在开口处夹上一块外覆软木的木块，直到 PVA 完全凝固。

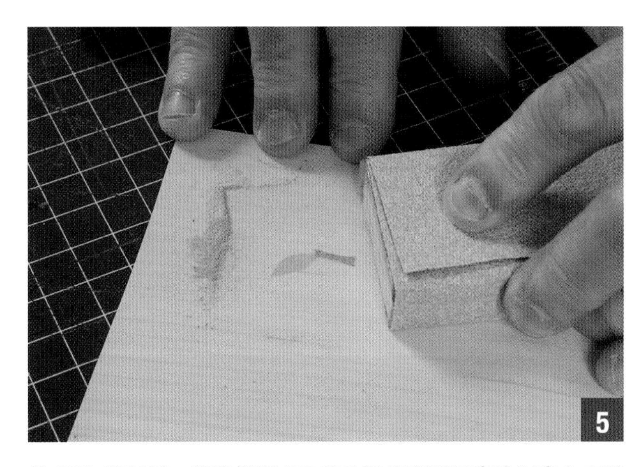

当 PVA 凝固后，使用搭配150目砂纸的硬质打磨块打磨木皮碎片的填充区域，使其与周围的背景木皮平齐。最终得到的是一个相当逼真的斑纹树枝。如果需要添加更多图案细节，只需重复这个过程。

以获得逼真的效果。使用开口切割法在背景木皮对应树枝的位置切出开口，然后在开口背面粘贴一条蓝色美纹纸胶带，并用 PVA 填充开口（见图2），再将一堆棕色木皮碎片倒入开口处，直到木皮碎片溢出开口（见图3）。在填充后的开口处盖上一块塑料薄膜，并轻轻地将一块外覆软木的木块夹于其上，将木皮片段用力压入开口中，待 PVA 完全凝固（见图4）。打磨开口处的棕色木皮，使其与背景木皮平齐（见图5）。你最终会得到一个比只镶嵌单块棕色木皮更为逼真的树枝图案。

彼得·怀特在这幅棕黄色猫头鹰的镶嵌图案中使用了细丝法，丰富了图案的细节。

细丝法

细丝法是另一种要求对手术刀有良好操控能力的镶嵌细工技术。这种技术是从多层木皮上切下极细的木皮丝，然后将其粘在背景木皮的切口处。通过结合不同颜色的木皮丝，细丝法可以逼真地仿造出镶嵌图案中的头发、毛皮和羽毛部分。本质上，细丝法需要先用手术刀和平尺切割出所需颜色的木皮丝（见图1）。再用手术刀在背景木皮上切出一个略有角度的切口，然后再沿着同一条线切出一个角度相反的切口（见图2）。将木皮丝嵌入这两个切口中，从而在镶嵌图案中形成一条有颜色的细线（见图3）。反复嵌入木皮丝，就可以创作出高度逼真的镶嵌图案。

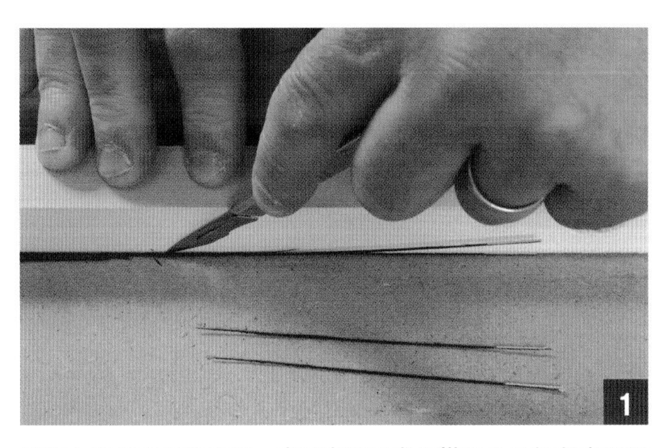

制作木皮丝有多种方法。我通常用手术刀搭配平尺切割出所需颜色的木皮丝。你也可以使用手工刨粗刨出细细的木皮丝。

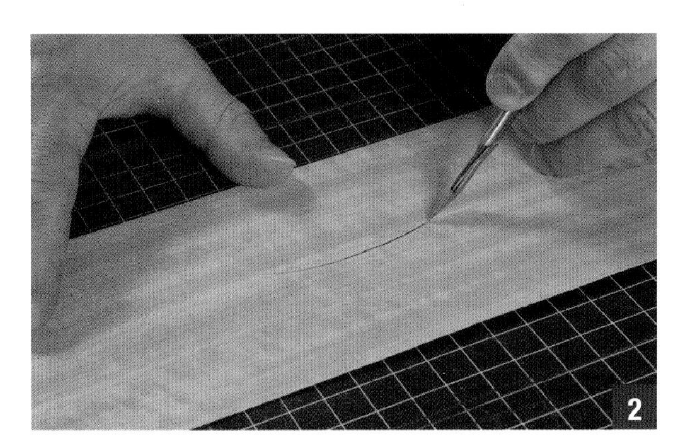

稍微倾斜手术刀，在打算嵌入木皮丝的位置切出一个略有角度的切口，然后在同一位置再切出一个角度相反的切口。得到的切口应该能刚好嵌入木皮丝。

沿着切口的边缘涂抹一点胶水，然后将木皮丝嵌入背景木皮的切口中。可以用手术刀的刀背沿着切口的长边按压，用力将木皮丝压入背景木皮中。待胶水凝固后，打磨切口区域，使木皮丝与背景木皮平齐。

激光切割镶嵌图案

激光切割是我们最后要介绍的镶嵌图案切割技术。随着价格较低的激光切割机的出现，激光切割越来越受欢迎。激光切割过程与手工切割镶嵌细工部件大同小异，所需的准备工作也与其他方法相同。不同之处在于，镶嵌图案必须数字化，并通过几种软件包转化为矢量格式。之后，矢量图可以被分解成构成镶嵌图案的独立模块。每一个独立模块必须在切割前被提取出来，并检查是否精确。同种颜色的所有模块都会被嵌套在一个文件包中，然后文件包会被输送给激光切割机。一旦所有的准备工作就绪，切割过程会相当快。在手工进行整体切割时，精确的画线会使切割操作更简单，同样的道理，制作精准的矢量线也会使所有模块几乎无缝嵌套，从而提高切割精度。激光切割的镶嵌模块边缘总是有轻微的灼烧痕迹，但这其实可以作为最终镶嵌细工作品的一种装饰细节。

克里斯蒂·奥兹（Christy Oates）将大量矢量图形方面的技术性技巧与激光切割相结合，创作出了这件独一无二的镶嵌细工作品。这件名为“电子垃圾计划”（The E-Waste Project）的作品，其灵感来源于回收中心的电子垃圾。电子元件的图像被拍摄下来，并经过多个程序的处理，创作出类似传统木皮镶嵌工艺的辐射拼图案。

“电子垃圾计划”的特写展示了激光切割镶嵌细工的精确度和可重复性。

我曾多次在需要切割同一图案的多个副本时使用激光切割。同时，这种技术在切割小而精致的部件时也很方便，因为激光在切割时不需要顾及纹理方向，也不会对木皮施加压力。美中不足的是，能够达到这种精度的激光切割机都比较昂贵，而且学习软件的使用也需要大量的时间。如果你对在镶嵌细工作品中使用激光切割技术很感兴趣，我建议你找一位激光切割领域的专业人士，和他们一起完成作品的创作。相比自己尝试和摸索，这样做花费的时间和金钱要少得多。

本章所讨论的所有镶嵌细工技术，以及更多你可以自己探索的技术，都可以用来创作高度精细和赏心悦目的镶嵌图案。你所需要的是时间和耐心。你愿意在镶嵌图案上投入的时间和耐心越多，成品的效果就会越好。在下一页，你会看到一些极为复杂的镶嵌细工作品示例。

现代镶嵌艺术大师保罗·舒尔西在这件表面以巴西胡桃木树瘤木皮贴面的衣柜上镶嵌了野生白玫瑰图案作为装饰。衣柜上还有保罗以传统方式装饰的蝴蝶、瓢虫和蜘蛛的彩石镶嵌。

塞拉斯·科普夫（Silas Kopf）以其异想天开的创新性错视画（trompe l' oeil）意象在镶嵌细工界声名鹊起，比如这幅名为“拼凑”（Bricolage）的有趣作品描绘了塞拉斯用砖头和灰浆将自己封在一个盒子里的场景。

来自斯塔福德郡“镶嵌细工团体”（Staffordshire Marquetry Group）的约翰·杰戈（John Jeggo）创作了一些我所见过的最不可思议的镶嵌图案。这幅名为“水坑”的作品就是让我最初决定学习镶嵌细工的动力之一。其细节和逼真程度令人叹为观止。

由帕特里克·爱德华兹（Patrick Edwards）和帕特里斯·勒琼（Patrice Lejeune）共同制作的这件镶嵌细工“宝盒”（Treasure Box）以复杂得惊人的镶嵌花朵和外表面上各色的旋涡形装饰为特点。

这件彼得·怀特创作的精美的镶嵌细工作品将传统的自然主题镶嵌图案与颇具现实主义的油漆桶和刷子的错视画意象结合在一起。这款镶嵌细工作品名为“且看油漆干”，真是名副其实。

这件由笔者设计制作的作品，其特点在于一扇暗门后的镶嵌面板。这块面板上是一个城堡走廊的错视画图案。镶嵌图案中还隐藏着一扇暗门和一个抽屉。

这张来自格雷格·诺瓦萨德（Gregg Novosad）的华美的镶嵌细工面板桌面，其细节图将镶嵌细工的创造力提升到了新的高度。它再次证明了，限制作品的复杂程度和视觉趣味的因素其实是我们自己的想象力。

这是戴维·伦琴在18世纪70年代制作的盥洗台侧面装饰用的镶嵌面板图案。这款盥洗台上装饰了许多镶嵌面板，描绘了音乐家的各种状态，图中的镶嵌面板展示了两位音乐家坐在桌旁讨论问题的场景，其细腻程度相当惊人。

第 8 章

细木镶花

细木镶花工艺已有数百年的历史，而且一直用于在装饰作品中创建复杂图案，从家具饰面到地板拼图，再到墙面装饰，均有细木镶花工艺的身影。在古典家具中，细木镶花常常与镶嵌细工结合，为花朵镶嵌创建视觉效果更为复杂的背景。这两种工艺的相似之处在于，它们都是用小片木皮创作装饰性设计的工艺。不同的是，细木镶花仅使用几何形状打造独特有趣的视觉图案。

最常见的细木镶花形式就是简单的棋盘格。棋盘格由数量一定且大小完全相同的木皮方块按照特定的模式排列而成。如果形式加以改变，将这些方块木皮换成菱形木皮，就会创造出一个全新的几何图案。继续旋转菱形木皮，就可以得到另一个独特的图案，叫作路易立方体

细木镶花工艺中最常见的图案形式是棋盘格。在图中，笔者通过胡桃木、胡桃木树瘤和冬青木三种木皮制作出了一张装饰艺术风格的细木镶花棋盘桌。

要想利用菱形细木镶花图案创作某个特定尺寸和形状的作品，需要精确的排列和切割。笔者的这面装饰艺术风格细木镶花镜子的特点在于，使用镶嵌珍珠母贝点缀由麦当娜树瘤木皮和枫木木皮构成的菱形细木镶花图案。

（Louis Cubes）。你可能在电子游戏“波特Q精灵”（Q*bert®）的背景中看到过。你也可以使用同样的切割技术制作平行四边形木皮，将它们组合成传统的人字形图案，以创建之形状的条纹和其他多种细木镶花图案。

通过简单地改变组成细木镶花图案的木皮元素的形状和排列方式，可以创造出几乎无尽的几何图案。在本章中，我们重点介绍三种基本的细木镶花图案：正方形、菱形和平行四边形。只要你学会了如何切割这些图案，你就能利用这些知识，探索新的细木镶花形状和图案，并为掌握必要技能，切割任何设计形状打下的坚实基础。

工具

说到切割木皮，一把上好的木皮手锯无可替代。我使用的是法国阿诺牌（French Arno）木皮手锯，由于我已经重新研磨过锯齿，所以木皮手锯在两个方向都可以顺利切割（你在书中已经多次看到这把木皮手锯了）。因此，我可以用任意一只手进行锯切，如有必要，也可以从木皮前侧边缘向身体方向反向切割，以防撕裂木皮。市场上最容易购得的木皮手锯是“双樱”（Two Cherries）公司生产的，不过，它主要是为右撇子设计的。如果你是左撇子，法国阿诺牌木皮手锯是最好的选择。

你可以用美工刀或手术刀来切割制作细木镶花的小木皮，但我更喜欢使用木皮手锯，因为它不像美工刀那么容易顺着木皮的纹理切入，最终偏离切割线。如果你决定使用更精致的木皮制作细木镶花图案，比如树瘤木皮或其他纹理精美的木皮，也许有必要在木皮表面粘贴一层湿水胶带，以防止裁切后的木皮边缘出现木屑和裂口。先试切一两片木皮，检查其边缘是否出现木屑和裂口，如有必要就粘贴上湿水胶带，待湿水胶带干透后再进行切割。

❖ 小贴士 ❖

使用木皮手锯切割时，确保锯片与切割板保持垂直，这样你才能得到边缘切割方正的细木镶花小木皮。

我们会使用两种胶带将木皮固定在一起：家居建材中心常见的蓝色美纹纸胶带和湿水胶带，最好是2 in（50.8 mm）宽的湿水胶带。湿水胶带的一面有水活性胶黏剂，干燥后会稍微收缩，从而帮助拉紧拼缝处的木皮。使用湿水胶带时需要准备一块湿海绵，在展开湿水胶带时将其压在海绵上。不能让湿水胶带完全湿透，使其稍微湿润才能正常发挥作用。如果湿水胶带的水有点多，在将其粘贴到木皮上后用纸巾擦掉多余水分即可。

在我们准备切割构成细木镶嵌图案的菱形木皮和形状更复杂的木皮时，你会发现，拥有一套塑料绘图三角尺便于你得到准确的切割角度。塑料绘图三角尺极为精确，所以你可以毫无顾虑地利用它们完成细节操作。

你需要几卷不同宽度的蓝色美纹纸胶带和2 in（50.8 mm）宽的湿水胶带粘贴细木镶花图案。如果找不到2 in（50.8 mm）宽的湿水胶带，可以用1 in（25.4 mm）宽的湿水胶带代替，只是需要在木皮表面多粘贴几条湿水胶带。你还需要一把锋利的木皮手锯，用于切割各种不同的细木镶花图案。图中的法国阿诺牌木皮手锯既适合左撇子，也适合右撇子。

笔者的这张装饰艺术风格的细木镶花棋盘桌，其细节特点在于棋盘格是由胡桃木树瘤木皮和冬青木木皮切割而成的方块组成的，棋桌的框架则使用了黑檀木、胡桃木和冬青木制作。

棋盘格不过是一组由相同尺寸的木皮方块排列成的颜色交替的细木镶花图案。如何利用这种设计才是让它变得与众不同的关键。

制作棋盘格

在你的木工生涯中，你可能会在某个阶段制作一块棋盘格面板。这种经典的细木镶花图案可以为普通的桌子增加趣味性和功能性。如果你不经常使用木皮，很可能会冒险使用厚厚的实木方块制作棋盘格。不要这样做。使用实木方块，你将不得不同时面对木材形变和脆弱的端面连接问题。木皮则不同，它更易于准确切割，也适合应用在中密度纤维板或胶合板基板上，这两种板材安装到实木框架内不存在形变的问题。唯一需要注意的是，你要选择几种

你需要两片颜色不同的木皮，每片约10½ in（266.7 mm）宽、18½ in（469.9 mm）长。如果没有这么大的木皮，可以从多片窄木皮上切割出所需的方块，或者用胶带把多片窄木皮粘贴在一起拼接成较大的木皮。你还需要在棋盘格的背面粘贴一片衬料木皮，帮助棋盘格保持平整。

精度夹具

你需要的主要夹具是一块木皮切割板，利用它将所有制作细木镶花的木皮切割到精确的尺寸。选取 ½ in（12.7 mm）或 ¾ in（19.1 mm）厚的胶合板，将其切割到约24 in（609.6 mm）长、约12 in（304.8 mm）宽。在这块胶合板的一条长边上，胶合一块¼ in（6.4 mm）厚、1 in（25.4 mm）宽的木板作为止挡条，以固定待切割木皮和提供平直参考面。相对于切割板的操作面，止挡条应该高出 ½~¾ in（12.7~19.1 mm）。因为在切割时，你会将木皮条抵靠在止挡条上，所以止挡条需要牢牢地固定在切割板上。

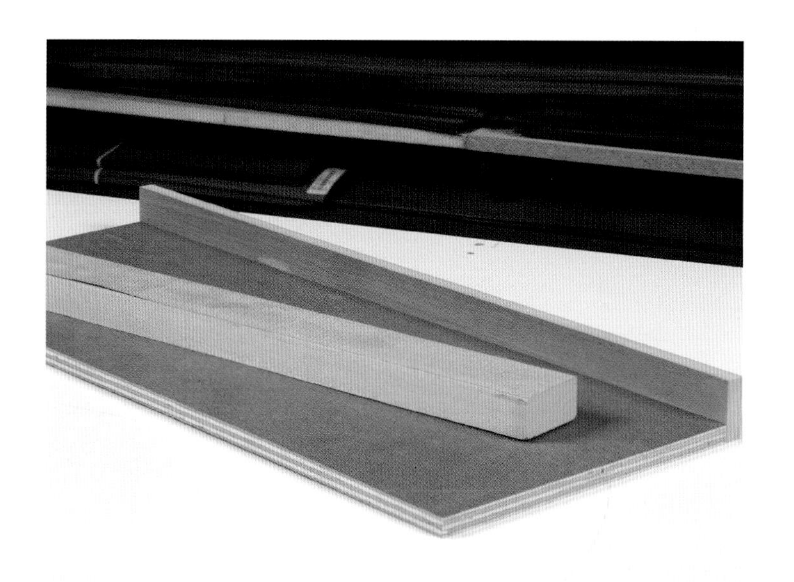

切割制作细木镶花的木皮时，你需要定制一块约12 in（304.8 mm）宽、约24 in（609.6 mm）长的切割板，并在其上安装一个硬木止挡条以固定木皮。切割板上面的平尺2 in（50.8 mm）宽、约24 in（609.6 mm）长，底面粘有砂纸，以确保在切割时木皮不会滑动。

你还需要一把平尺，可以使用 ¾ in（19.1 mm）厚的平直硬木块制作，长度约为24 in（609.6 mm）。因为我们要制作的棋盘方格是2 in（50.8 mm）见方，所以要把平尺精确地锯切到2 in（50.8 mm）宽。你将借助这把平尺把木皮切割成尺寸相同的方块，所以要确保它是完全平直和方正的。你也可以选择使用2 in（50.8 mm）宽的金属平尺或2 in（50.8 mm）宽、至少20 in（508.0 mm）长的木工直角尺来代替，但前提是，你需要改用美工刀或手术刀切割，因为金属平尺和木工直角尺没有侧面的支撑，无法使木皮手锯与切割台面保持垂直。无论使用哪种靠山，都要在其底部粘贴一些有背胶的100目砂纸防止打滑。

颜色对比鲜明的木皮，以便容易看到不同的方格。

标准棋盘方格为2~2½ in（50.8~63.5 mm）见方，你也可以参照手头的棋子大小来制作相应大小的方格。我们会用2 in（50.8 mm）见方的方块来制作这块棋盘，在为棋盘四周添加镶嵌和实木框架之前，这块棋盘的大小会达到16 in（406.4 mm）见方。你需要准备两片木皮，即每种颜色的木皮各一片，每片木皮约为10½ in（266.7 mm）宽、18½ in（469.9 mm）长。也可以用胶带把两片窄木皮粘贴在一起，拼凑出10½ in（266.7 mm）的宽度，或者从同一摞窄木皮中依次取出木皮切割出所需的木皮条。

切割木皮条

借助平尺和木皮手锯在每片木皮的一边切割出直边。在你日常使用的木皮切割垫上进行切割。开始时，先轻轻地裁切一次，以确定切割路径，然后在接下来几次用力切割，直到废料侧的木皮完全被切除。

在每片木皮的一边裁切出直边，为后续的切割提供参考。

将刚裁切出的木皮直边抵靠在切割板的止挡条上，然后将平尺紧贴止挡条压在木皮上。裁切木皮，得到第一条2 in（50.8 mm）宽的木皮条。重复操作，直到切出全部两种颜色的木皮条。

接下来，将刚刚切出的直边抵靠到切割板的止挡条上。将平尺压在木皮之上，并用力紧贴止挡条。裁切出第一条2 in（50.8 mm）宽的木皮条。然后重复这个操作，由切割板上的平尺提供尺寸参考，裁切出4条深色和5条浅色的木皮条，或者5条深色和4条浅色的木皮条（哪一种组合都可以）。

拼接与切割木皮

使用蓝色美纹纸胶带粘贴出一片由两种颜色的木皮条交替组成的木皮，它的第一条和最后一条木皮条都来自5条的木皮条。你需要得到的是一片由5条同一颜色的木皮条和4条对比色的木皮条拼接成的木皮。你要着手切割的表面是木皮的胶合面，拼接时蓝色美纹纸胶带也是粘贴在胶合面的。蓝色美纹纸胶带有一定的延展性，所以在拼接木皮条时要拉紧蓝色美纹纸胶带。首先，粘贴两条颜色不同的木皮条，然后逐次交替颜色添加木皮条，直到拼接并粘贴完成整片木皮。横跨木皮条的拼缝处每隔约2 in（50.8 mm）粘贴一条蓝色美纹纸胶带（见图1）

开始拼接颜色交替的木皮条，横跨木皮条的拼缝处每隔2 in（50.8 mm）粘贴一条蓝色美纹纸胶带。

横向粘贴完成后，你会得到一片贴满了蓝色美纹纸胶带的木皮，然后沿木皮的所有拼缝处纵向粘贴长条蓝色美纹纸胶带。

用黄铜刷用力磨压蓝色美纹纸胶带，使其牢牢固定在木皮上。

你需要用精确的直角尺在木皮的端部画线，以便于把木皮的一端裁切成与两侧边缘垂直的直边，为后续的切割做好准备。用铅笔画出这条线，然后用平尺和木皮手锯沿画线切割。

将方格木皮的一端抵靠在切割板的止挡条上，然后像之前一样，用2 in（50.8 mm）宽的平尺紧贴止挡条将木皮紧紧压在切割板上，切出第一条方格条。重复此过程，直到切出8条方格条。切割时要保持它们的顺序不变。

在横跨所有木皮条的拼缝完成粘贴后，我会沿着拼缝纵向粘贴长条蓝色美纹纸胶带（见图2），并用黄铜刷磨压所有的胶带以确保粘牢（见图3）。

将整张木皮的一端裁切方正。这一步很关键，所以要用精确的直角尺在木皮切割处画出铅笔线。用平尺和木皮手锯按照铅笔线裁切出一条整齐的直边（见图4）。将刚切割出的直边抵靠在切割板的止挡条上，重复切割木皮条的步骤，借助平尺从木皮上继续横切2 in（50.8 mm）宽的木皮条，直到得到8条相同的、方块颜色交替的木皮条（见图5）。在切割时要保持这些木皮条顺序不变，每次切割的收尾阶段要特别小心，不要撕裂木皮。有时，我会在切割最开始的1 in（25.4 mm）左右时，将木皮手锯稍微偏离铅笔线，再正常地继续切割余下的部分。

拼接棋盘格

现在需要将所有木皮条翻面，以便你看清木皮方块并在拼接时将它们对齐。只需将整摞木皮条头尾对调翻转，它们就能保持顺序不变且纹理对齐。翻面时不是左右翻转木皮条而是将木皮条两端对调，否则纹理无法保持一致。按照切割顺序将木皮条摊开，然后就可以开始拼接棋盘格了。

拼接时，每隔一条木皮条向下滑动一个方

格，形成明暗交替的棋盘格图案。使用更多的蓝色美纹纸胶带，依次粘贴木皮条，注意小心对齐木皮方格间的交汇点，即相邻正方形的角（见图1）。因为已将木皮翻面，所以可以看清方块，也容易对齐。用足够的蓝色美纹纸胶带将木皮的拼缝处粘贴在一起，但此时先不要沿着拼缝纵向粘贴长条蓝色美纹纸胶带。

切除棋盘之外的悬空方块木皮。现在将整片木皮翻面，像之前一样重新粘贴新的拼缝，先横跨拼缝粘贴蓝色美纹纸胶带，然后把长条蓝色美纹纸胶带沿拼缝纵向粘贴好，最后使用黄铜刷用力磨压胶带将其固定（见图2）。

拼接好整片细木镶花图案后，将木皮再次翻面，去掉展示面的少量蓝色美纹纸胶带，以便粘贴湿水胶带。检查棋盘上的所有方块是否排列正确，现在修复错位的方块比粘贴湿水胶带后更容易。依次将润湿的长条湿水胶带粘贴在展示面，确保湿水胶带间稍微重叠，并覆盖整个棋盘（见图3）。如果你有2 in（50.8 mm）宽的湿水胶带，用在此处非常适合。待所有湿水胶带粘贴好后，用纸巾把它们擦干，在去掉多余水分的同时，把湿水胶带紧压到棋盘上。把木皮压在一块中密度纤维板或胶合板下静置几个小时，让湿水胶带干透，否则，湿水胶带会使木皮发生扭曲，并在去除时拉起木皮。使用湿水胶带时应尽快操作，因为木皮一旦接触水分，就会开始起皱和发生形变，越早把它压在重物下，后面的操作就会越容易。

湿水胶带干透后，用剃刀修剪掉超出木皮部分的湿水胶带，使其与木皮边缘平齐，然后将木皮胶合面的蓝色美纹纸胶带全部去除。现在你已经能够把棋盘格木皮粘贴到基板上了（见图4），但在开始胶合之前，我们来了解一些其他的细木镶花图案，并学习如何制作它们。

将切割出的木皮条翻面，按照切割的顺序摆放。每隔一条向上滑动一格，形成棋盘图案的雏形。用蓝色美纹纸胶带将交替的方块木皮条粘贴在一起，令其排列整齐，并确保所有方块的对角都准确对齐。

切除超出棋盘范围的方块木皮，然后将木皮翻面，用蓝色美纹纸胶带横跨所有新的拼缝粘贴，并沿所有拼缝纵向粘贴。确保将拼缝处的胶带拉紧，使相邻的方格木皮紧紧拼接在一起。

再次将木皮翻面，将木皮展示面的蓝色美纹纸胶带全部去掉，然后在整个展示面上粘贴湿水胶带。

我们刚刚学到的制作方块细木镶花棋盘格的技术还有很多其他的应用方法。左侧和下方的两件作品的核心是正方形或长方形的细木镶花图案。左侧这件名为“白柜”的复式曲面细木镶花工艺柜是布莱恩·纽威尔（Brian Newell）制作的，采用的装饰方块是再切割的卷纹欧亚槭木皮。

布莱恩·里德（Brian Reid）创作的这张独特的胡桃木贴面桌面的设计采用了正方形和长方形混合的细木镶花图案，这表明细木镶花作品中的几何图案不一定需要尺寸或形状完全相同。

待到湿水胶带干透，将木皮再次翻面，去掉木皮胶合面的所有蓝色美纹纸胶带。现在你可以把你的第一片细木镶花木皮胶合到面板上了。

一旦你熟练掌握了菱形木皮的切割技术，就可以使用任意数量和颜色的菱形木皮创作各种有趣的细木镶花图案。再进一步，你还可以将菱形木皮组合出类似于路易立方体的趣味图案。

这件由笔者制作的电视柜，其正面和侧面采用了枫木木皮和麦当娜树瘤木皮制作的菱形细木镶花装饰。想要制作出尺寸准确的面板，需要精确地设计并切割菱形木皮。

菱形木皮

在接受委托制作一件以数百片菱形木皮构成的细木镶花电视柜时，我需要一种快速、准确的方法将所有菱形木皮切割成相同的尺寸和形状。为此，我开发了一些简单的技术，会在下文中详细介绍。切割菱形木皮的方法很多，所以不要拘泥于我所教授的方法。如果你开发出了更快速、更高效的方法，完全可以使用它。这些技术需要的工具很少，几乎可以用于任何木皮，也不需要在设备上投入大量预算，并且容易学会。

在我的委托项目中，为了形成更有趣的视觉效果，我交替使用了两种颜色的菱形木皮。在那件委托作品中，我选用了麦当娜树瘤木皮和枫木木皮。你可以通过组合不同的颜色或改变相邻菱形木皮的纹理走向来增强对比效果和视觉感受。使用三种颜色的菱形木皮可以创建路易立方体图案（见第151页），形成三维积木堆叠的错觉。

设计菱形

为了切割菱形木皮，需要准备定制尺寸的切割平尺。根据菱形木皮的大小来设置切割平尺的宽度，这需要一些数学计算，准备好了吗？菱形本质上是由四个直角三角形无缝拼接形成的。听起来可能令人困惑，但实际上这种

计算切割平尺的宽度

a = 直角三角形的斜边
b = 直角三角形的底边（菱形短对角线的一半）
A = 菱形的面积
P = 菱形的长对角线
x = 直角三角形的高（菱形长对角线的一半）
L = 菱形的高

$a^2=x^2+b^2$
$A=\arccos（1-P^2/2a^2）$
$L=a\sin（A）$
L=1.50
P=3.00

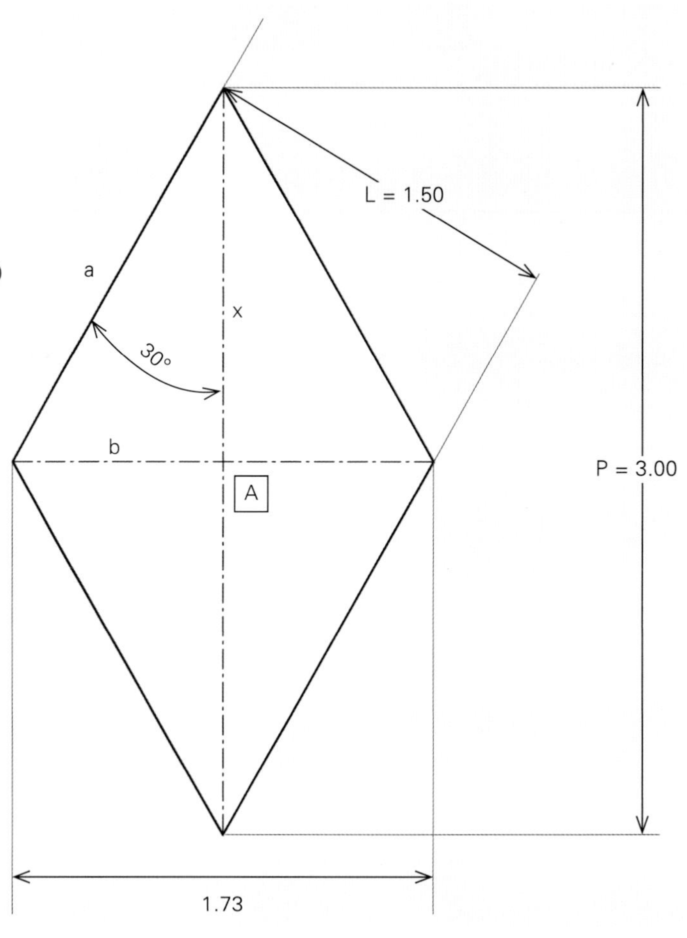

解释会使计算菱形的高和宽变得更加简单明了。比如，你需要3 in（76.2 mm）高的菱形，那么这个菱形就是由4个1½ in（38.1 mm）高的直角三角形组成的。要确定菱形的一条边的长度（即直角三角形的斜边），你只需应用勾股定理进行计算：直角三角形的斜边（上图中标为 a）的平方等于高（上图中标为 x）的平方加上底（上图中标为 b）的平方，或者 $a^2=x^2+b^2$。现在，只要把这些数字输入到便携式计算器中，就可以计算出直角三角形斜边的长度。

上述信息对于计算定制尺寸的切割平尺的宽度，即菱形木皮的高度是必需的。这涉及更多几何学知识，尽管我在上图中列出了计算公式，但使用在线菱形计算器计算菱形木皮（即平面几何中的菱形）的确切尺寸可能更容易。只需在网页上搜索“菱形计算器”，并输入已有的数据，它就会计算出其余的数据。在这组公式中，L 是菱形的高度（这是我们需要计算出的数字，因为它是切割平尺的宽度）。这组公式适用于你要切割的任何菱形，所以要将其放在触手可及的地方。

你还需要计算，以你的面板长度和宽度，需要多少片菱形木皮才能制作出所需的贴面木皮。用面板的长和宽除以菱形的宽和高就能得出。我倾向于额外多制作一些菱形木皮，以便可以随时替换任何出现撕裂或其他瑕疵的菱形木皮，同时还要满足面板周边对菱形木皮的额外需求。

你还需要准备在制作棋盘时用到的切割板和一把30° -60° -90° 的塑料绘图三角尺。由于在切割和拼接的过程中，菱形几何图案可能会因为切割多片菱形木皮时累积的小误差而超出或小于目标尺寸，因此，在使用菱形细木镶花技术时，最好先制作菱形细木镶花面板，无论是门板、侧板、顶板还是其他面板。然后根据这些面板的尺寸来调整家具的尺寸。否则，根据已经制作好的面板来确定细木镶花中菱形木皮的尺寸，可能需要反复的尝试和试错。

修整整摞木皮

选择两种颜色的直纹木皮来制作初步的菱形木皮。这个设计需要相当多的木皮，而且初始木皮切割得越宽，后续需要的切割和粘贴操作就越少。如果没有足够宽的木皮，可以用湿水胶带将同一种木皮的窄条沿长边粘贴在一起，制作出10 in（254.0 mm）宽、20 in（508.0 mm）长的拼接木皮（见图1）。

将三四片同一颜色的木皮叠放在一起，在每摞木皮的四周粘贴蓝色美纹纸胶带。现在用切割平尺和木皮手锯沿着每摞木皮的一条长边修整出干净整齐的直边（见图2）。裁切时，先轻轻地裁切出切割路径，再沿切割路径反复裁切，同时逐渐增加锯切的力度，直至裁切完成。注意保持木皮手锯的锯齿始终垂直于台面。这条边将为后续裁切提供参考。

选择两种颜色的木皮用于制作菱形细木镶花面板（示例中选用的是胡桃木木皮和安利格木皮）。每片木皮约10 in（254.0 mm）宽、20 in（508.0 mm）长，而且为了制作较大尺寸的细木镶花图案，每种颜色的木皮需要多准备几片。

角度切割

下一步的切割是第一次角度切割。理想的标记工具是一把30° -60° -90° 的塑料绘图三角尺，其尺寸越大越好。将塑料绘图三角尺的斜边与这摞木皮刚刚切出的直边对齐，并沿着塑料绘图三角尺的30° 角画线，这将使菱形木皮的纹理直接穿过菱形的中心。将切割平尺放在画线处并牢牢按住，同时沿平尺慢慢切割木皮（见图3）。将平尺放在木皮需要保留的一侧，这

用木皮手锯和切割平尺将每摞木皮的一条长边切出干净整齐的直边。

> ❖ 小贴士 ❖
>
> 通过改变第一次角度切割的角度，可以轻松改变菱形的形状和大小。切割角度越大，菱形就越短越扁；切割角度越小，菱形就越尖越细。

样可以直接将废料木皮切掉。

用一把30°-60°-90°塑料绘图三角尺在每摞木皮的一端沿三角尺的30°角画线。按照画线切割木皮，这将是接下来抵靠在切割板止挡条上的新的参考边缘。

下一步，将整摞木皮移到切割板上。将木皮30°角的边缘紧紧抵靠在切割板的止挡条上，把切割平尺压在木皮上面并紧贴止挡条，然后沿着平尺边缘切割木皮（见图4）。以这种角度切割木皮条，可以确保在最终的图案中，两种颜色的菱形中的纹理都是彼此垂直的（见图5）。把切割后的木皮条整摞放到一边，重复对齐和切割的过程，直到每种颜色的木皮条都切割出4~6摞。一定要按照木皮条的切割顺序放置木皮条，并保持其正确的一面朝上。

将切割出的角度边缘紧紧抵靠在切割板的止挡条上，并用切割平尺紧贴止挡条压住整摞木皮。切开整摞木皮，得到第一摞有角度的木皮条。重复这个过程，直到所有木皮都被切成条状。

以这种角度切割木皮条，可以确保在最终的图案中，两种颜色的菱形中的纹理都是彼此垂直的。

拼接木皮条

用蓝色美纹纸胶带将不同颜色的木皮条交替粘贴在一起，需要6~8条木皮条拼接成一片更大的木皮，同样要注意保持木皮条对齐且纹理方向一致。将木皮条逐条拼在一起，横跨拼缝粘贴蓝色美纹纸胶带。把胶带拉紧，然后沿着每条拼缝纵向粘贴一条长条蓝色美纹纸胶带，并用黄铜刷磨压使其粘牢（见图6）。继续将6~8条木皮条拼接在一起，直到用完所有的木皮条。

开始用蓝色美纹纸胶带把颜色交替的木皮条粘贴在一起。用蓝色美纹纸胶带横跨木皮条的拼缝粘贴并拉紧木皮。紧接着，沿着拼缝纵向粘贴长条蓝色美纹纸胶带，并用黄铜刷磨压使蓝色美纹纸胶带粘牢。

切割菱形木皮条

现在到了制作过程中最需要精确操作的步骤。为了继续切割，我们再次使用塑料绘图三角尺，将其横向于颜色交替的木皮条放置，使其短直角边与木皮的一条直边对齐，沿着三角尺的60° 角画线，并使用切割平尺和木皮手锯沿画线切割每片木皮（见图7）。

取第一片木皮，将刚切割出的边缘紧靠切割板的止挡条。将切割平尺紧贴止挡条压在木皮上。用力按住切割平尺，然后切割木皮，得到第一条完整的菱形木皮条。重复对齐和切割，直到所有木皮都被切割成条状。在整个过程中，一定要保持木皮条按正确的方向摆放（见图8）。

参照那条长直边，在每条木皮的一端沿三角尺的60° 角画线。确保角度是正确的，否则，菱形的尖角可能无法对齐。为每条木皮切割出这条新的参考边，并且在切割时保持木皮的顺序不变。

将刚切割出的60° 角边缘抵靠在切割板的止挡条上。使用切割平尺和木皮手锯切割出菱形木皮条。用切割平尺紧贴止挡条，使用木皮手锯将所有木皮切割成菱形木皮条，准备进行拼接。

拼组图案

为了将菱形木皮条拼接成一片木皮，需要先将整摞菱形木皮条翻面，使粘贴胶带的一面，即胶合面朝下。这样你可以在拼接木皮时清楚地看到每一个菱形的尖角，以确保将菱形木皮条对齐。先拼接两条木皮条，保持同色的菱形交错，形成颜色交替的效果，确保菱形的尖角精确对齐。横跨每一组菱形的拼缝粘贴蓝色美纹纸胶带，但此时不需要沿着拼缝纵向粘贴长条蓝色美纹纸胶带。继续对齐木皮条并用蓝色美纹纸胶带将其粘贴在一起，制作出细木镶花面板所需的整片菱形木皮（见图9）。接下来，将超出基板的菱形木皮重新定位，粘贴到图案上缺少菱形木皮的位置。

当整片木皮完全粘贴好后，将其翻面，并在拼缝处横向和纵向都粘贴好蓝色美纹纸胶带（见图10）。再次将木皮翻面，将展示面上的所有蓝色美纹纸胶带去除（见图11）。检查菱形是

将菱形木皮条翻面，并通过交替排列不同颜色的菱形木皮条，把它们拼接成一张更大的木皮。横跨拼缝粘贴蓝色美纹纸胶带，将整张木皮粘贴在一起。

完成菱形的拼接和粘贴后，将整片木皮翻面，在所有拼缝处粘贴蓝色美纹纸胶带。

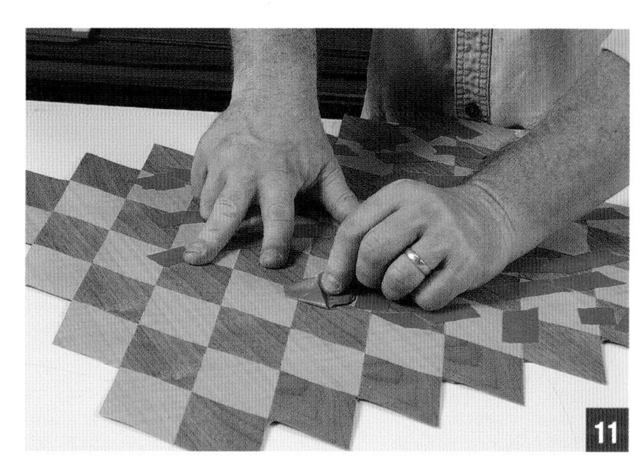

再次将木皮翻面，使其展示面朝上，去掉展示面的所有蓝色美纹纸胶带。

使用切割平尺和木皮手锯切掉任何超出尺寸的菱形尖角，用精确的直角尺进行检查，确保修剪过程中木皮仍能保持方正。

用2 in（50.8 mm）宽的湿水胶带粘贴并覆盖木皮的展示面。用纸巾擦拭并按压湿水胶带使其粘牢，然后将木皮组件压在一块中密度纤维板下，等待湿水胶带干透（需要约1小时）。

否对齐，并根据需要进行相应的调整。为了把菱形细木镶花木皮粘贴到基板上，需切除木皮超出面板边缘的部分，并确保整片木皮是方正的。依次在木皮的每条边缘放置切割平尺，切除超出基板的木皮，菱形图案的制作就完成了。在修剪第一条边时使用直角尺进行检查，确保你在修剪其他边缘时，木皮可以保持方正（见图12）。

在木皮的整个展示面粘贴湿水胶带，用2 in（50.8 mm）宽的湿水胶带可以节省时间。用海绵润湿胶带，重点按压略有重叠的胶带区域，直到湿水胶带表面都被润湿。用纸巾按压粘贴好的湿水胶带，去除湿水胶带上多余的水分，然后将完成粘贴的木皮组件压在一块中密度纤维板下，使其保持平整。等待湿水胶带干透，这通常需要大约1小时（见图13）。湿水胶带干透后，修整超出木皮边缘的湿水胶带，使其与木皮边缘平齐，然后将胶合面的蓝色美纹纸胶带除去，就可以准备将你的菱形细木镶花木皮胶合到基板上了（见图14）。

湿水胶带干透后，去掉木皮胶合面的蓝色美纹纸胶带，然后就可以准备将整张木皮胶合到面板上了。

路易立方体

路易立方体是一种由旋转后的菱形木皮拼接而成的特定细木镶花图案，能够创造出三维立方体的视觉错觉。这种视觉错觉可以通过选择恰当的木皮得到增强。理想情况下，需要使用三种不同颜色的木皮。要想制作路易立方体，需要特定尺寸的菱形木皮。好在我们在之前讲解菱形木皮的切割时已经制作了一堆菱形木皮。制作路易立方体需要的是60°角的菱形；菱形木皮的尺寸并不重要，只要所有的菱形木皮大小相同即可。只要是这种特定角度的菱形就可以正常组合出路易立方体图案。

为了制作路易立方体图案，要使用三种不同颜色的木皮切割菱形，即浅色、中间色和深色的木皮搭配。按照之前讲解的菱形木皮的切割方法进行切割（见图1）。当三种颜色的菱形木皮都达到一定数量时，就可以开始拼接了。先将一片浅色菱形木皮放在一块中间色菱形木皮和一片深色菱形木皮之间，将3片木皮粘贴在一起，拼接成一个六边形。这就是第一个路易立方体（见图2）。继续拼接立方体，并将它们加入第一个立方体中，直到拼接后的整张木皮上出现重复的立方体图案（见图3）。然后按照我修剪菱形木皮的方法，将拼接后的路易立方体木皮边缘修剪方正。

选择三种不同颜色的木皮切割菱形，然后就可以开始拼接路易立方体细木镶花图案了。

先把三种不同颜色的3片菱形木皮粘贴在一起组成一个六边形，制作出第一个路易立方体。

继续拼接其他的立方体，然后用胶带将它们粘贴到第一个路易立方体上，形成一个更大的路易立方体图案。在菱形木皮用完之前，这个图案可以按照你的意愿持续扩大。

这个圆形旋转拼图机关的顶板装饰了路易立方体细木镶花图案。拼图机关旋转后，构成路易立方体的菱形木皮排布将会被打乱，形成一个略具挑战性的拼图。这个圆形旋转拼图机关的5个圆环都可以单独旋转。

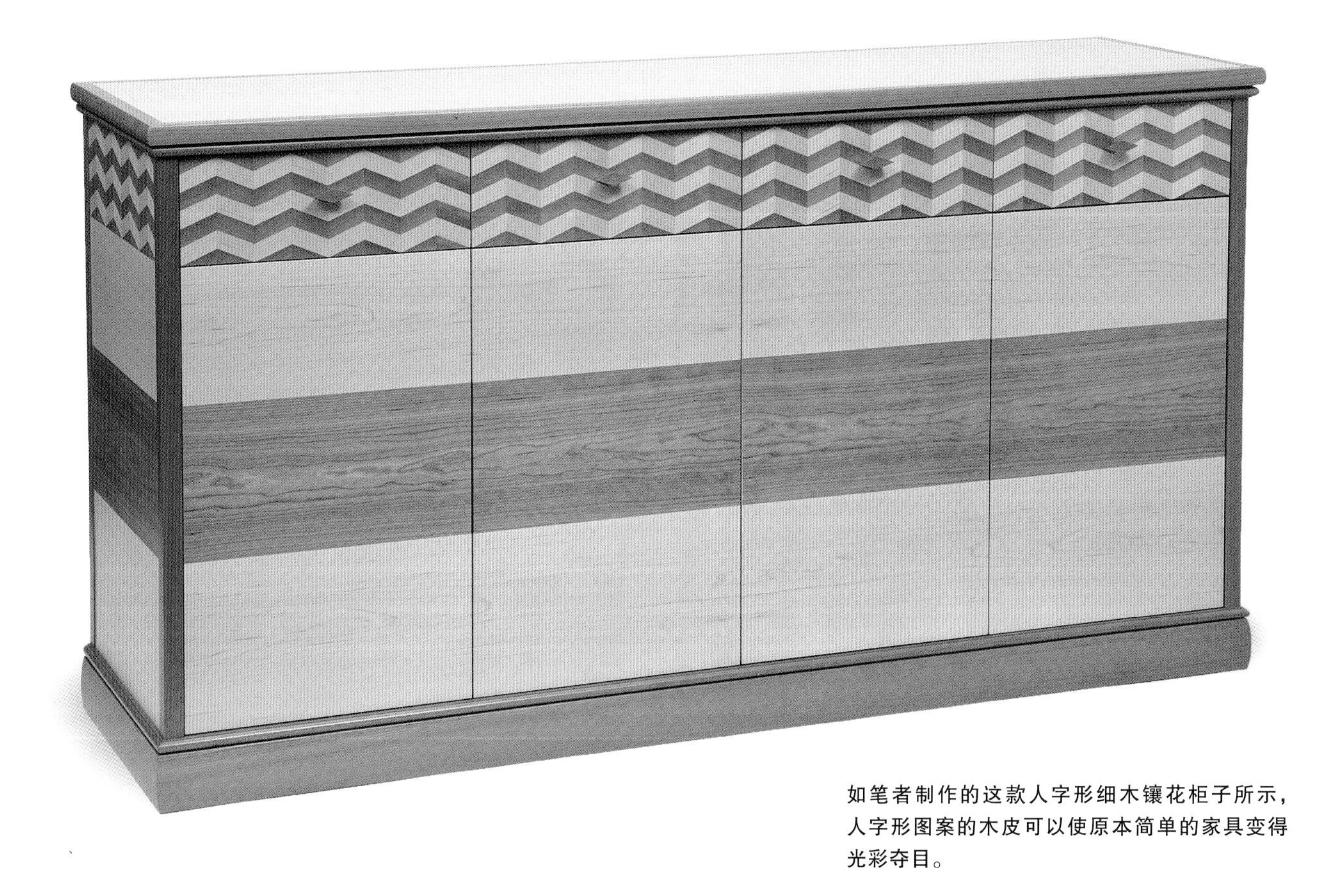

如笔者制作的这款人字形细木镶花柜子所示，人字形图案的木皮可以使原本简单的家具变得光彩夺目。

人字形图案

另一种可以用相同工具和方法制作的细木镶花图案是人字形或之字形图案。人字形图案的制作方法与菱形图案基本相同，主要区别在于人字形需要两把宽度不同的切割平尺，因为人字形图案是由平行四边形构成的，平行四边形有长短两组边。所以，需要用窄切割平尺顺着木皮的纹理方向完成第一次切割，制作出初始的细木皮条；再用宽切割平尺对细木条进行角度切割，制作出平行四边形木皮。

先从两摞不同颜色的木皮开始。颜色对比有助于突出人字形图案的转折效果，直纹木皮就非常适合制作这种图案。每种颜色的木皮分别需要准备4~6片，每片木皮约6 in（152.4 mm）宽、20 in（508.0 mm）长。将两种颜色的木皮分别按顺序成摞叠放，并以其中一条长边作为参考边对齐，用蓝色美纹纸胶带将两摞木皮粘贴在一起。对于本节中的示例，我们会用1 in（25.4 mm）宽的窄平尺制作初始细木皮条，再用2 in（50.8 mm）宽的宽平尺将细木皮条的角度切割为67.5°。按上述宽度制作两把约24 in（609.6 mm）长的切割平尺，并在每把切割平尺的底部粘上砂纸，以便压紧木皮。你还会用到我们之前制作的木皮切割板（见第140页“精度夹具”），用来在切割过程中固定木皮（见图1）。

先准备两摞不同颜色的木皮，木皮约6 in（152.4 mm）宽、约20 in（508.0 mm）长。沿木皮的一条边切割出直边作为参考边。你还需要准备两把切割平尺，一把1 in（25.4 mm）宽，一把2 in（50.8 mm）宽，以及我们之前使用的切割板。

将木皮的参考边抵靠在切割板止挡条上，用1 in（25.4 mm）宽的窄切割平尺提供引导，将木皮切割成均匀的细木皮条。

以交替排列的方式将6条两种颜色的细木皮条粘贴在一起拼接，制成一片木皮。以6条细木皮条为单位，将你切割出的全部细木皮条粘贴成大张木皮。然后将这些木皮平分成两摞，保持所有木皮都有相同的参考边。

切割木皮条

像之前切割菱形木皮条那样，先将每摞木皮沿其纹理方向切割出一条直边作为参考边。接下来，将第一摞木皮的参考边紧紧抵靠在木皮切割板的止挡条上。将1 in（25.4 mm）宽的窄切割平尺紧靠止挡条并压在木皮之上。切割整摞木皮，得到初始的细木皮条（见图2）。重复对齐和切割操作，直到两摞木皮都被切成细木皮条。一定要确保细木皮条按正确的方向放置，因为任何一块木皮条被翻转都可能会破坏最终的效果。如果切割整摞木皮对你来说有困难，可以逐一切割每块木皮，只要确保在整个切割过程中木皮按照正确的方向放置即可。

拼接木皮条

开始将不同颜色的细木皮条交替拼接，每6条细木皮条粘贴成一张，同样，要注意保持细木皮条准确对齐且方向一致。将木皮条逐条拉到一起，然后横跨细木皮条的拼缝粘贴蓝色美纹纸胶带。一定要把蓝色美纹纸胶带拉紧，然后沿着每条拼缝纵向粘贴一条长条蓝色美纹纸胶带，并用黄铜刷磨压使其粘牢。

继续以6条细木皮条为一组拼接和粘贴木皮，直至用完所有细木皮条。将拼接并粘贴好的木皮均分成两摞（见图3），并从此开始将它们分开。如果想要制作尺寸更大的人字形细木

用数字角度尺逐一在一摞木皮的每张木皮末端画出67.5°的切割线。借助宽切割平尺和木皮手锯沿切割线切割。对第二摞木皮重复此过程，但要将数字角度尺调转方向，在第二摞木皮的另一端画出67.5°的切割线，这样就可以用第二摞木皮切割出角度相对的木皮条。

将每摞木皮条分开，且之后一直保持分开的状态。取一张木皮，将其67.5°的斜边抵靠在切割板的止挡条上。接下来，利用宽切割平尺将木皮切成2 in（50.8 mm）宽的木皮条。重复操作，直到所有木皮都被切成木皮条，同时确保将两批木皮条分开放置。

镶花装饰面板，每组图案所需的细木皮条多于6条，只需增加用于拼接的细木皮条的数量。

切割人字形木皮

我们再一次来到了制作过程中最需要精确操作的步骤。接下来的切割会产出最终的人字形木皮，所有木皮条上都需要精确地标记切割线。标记切割线最简单的方法是使用数字角度尺。将数字角度尺的一条腿与第一摞木皮的参考边对齐，然后将数字角度尺设置到67.5°，在每张木皮的末端附近沿数字角度尺的另一条腿画出切割线。将宽切割平尺沿切割线放置，每次一片依次切开所有木皮。将数字角度尺放在第二摞木皮的另一端沿同样的角度画出切割线。这样我们就得到了制作人字形木皮所需的另一角度的木皮条。按照切割第一摞木皮的方式，沿切割线切割第二摞木皮（见图4）。现在，你就得到了两种成角度的木皮，可以制作最终的人字形木皮了。

在制作最终的人字形木皮时，将每片拼接木皮单独切割成人字形木皮条。使用木皮切割板和宽切割平尺完成以下所有切割。先将一张拼接木皮的67.5°的斜边紧紧抵靠在止挡条上，然后将宽切割平尺紧贴止挡条并压在木皮上。慢慢切割木皮，得到第一条人字形木皮。重复操作，直到第一摞木皮都被切成人字形木皮条；一定要确保木皮条的放置顺序和方向是正确的。将第一批人字形木皮条放到一边，开始切割第二摞木皮。注意，你现在切割的木皮条的角度与第一摞木皮的角度是相对的。切割完成后，将这批木皮条同样放到一边（见图5）。

拼接图案

将两批木皮条保持顺序不变翻面，使粘贴胶带的一面（即胶合面）朝下，这样我们就可以看清两种用来拼接人字形图案的木皮部件。分别从两批木皮中各取出一条木皮，对齐图案，使颜色衔接起来，并横跨两条木皮的拼缝粘贴

从每一批木皮条中各取一条，将两块木皮条的直边对齐，拼出人字形。用蓝色美纹纸胶带把木皮条粘贴在一起，确保木皮条的尖角精确对齐。重复此过程，直至得到一片由8条木皮条拼成的木皮。

蓝色美纹纸胶带。交替取出两种木皮条，继续对齐和粘贴的操作，直至得到一张完整的人字形图案木皮（见图6）。

为第一片木皮粘贴好蓝色美纹纸胶带后，将其翻面，在胶合面的所有拼缝处粘贴蓝色美纹纸胶带，然后再次翻面，将展示面的蓝色美纹纸胶带全部撕掉。用平尺与拼接木皮的两条长边对齐，修剪掉多余的人字形木皮，这样人字形细木镶花图案就拼接完成了。按照我们处理其他细木镶花图案的方式，用2 in（50.8 mm）宽的湿水胶带粘贴并覆盖木皮的展示面，然后将木皮压到一张中密度纤维板下干燥。待木皮干燥后，去除胶合面的蓝色美纹纸胶带（见图7）。重复这个过程，直至制作出作品所需数量的人字形木皮。

仔细修剪掉每片木皮的多余部分，然后在其展示面粘贴湿水胶带。待湿水胶带干透后，去掉胶合面的蓝色美纹纸胶带，准备进行胶合和压板。

胶合人字形细木镶花木皮

我们已经在前面的章节中详细介绍过木皮的胶合和压板，所以此处只进行快速回顾。准备好贴面基板，将其切割到一定尺寸，最好比细木镶花木皮稍大一些。再用 ¼ in（6.4 mm）厚的中密度纤维板切割出两块比基板每边尺寸大⅛ in（3.2 mm）的垫板。为基板背面准备一片与正面木皮尺寸相同的衬料木皮。衬料木皮可以具有装饰性，也可以没有，这取决于在最终作品中它是否看得到。准备一些剪裁成相应大小的塑料薄膜，用于放在垫板和木皮之间，并准备好胶水和胶辊。对于细木镶花这样的木皮装饰工艺，我更喜欢使用 UF，因为它的胶层比较硬。如果你手边没有 UF，也可以使用高质量的 PVA，比如太棒1代胶。

在基板的背面均匀涂抹一层胶水，然后将衬料木皮覆于其上。按压木皮，使木皮平整，然后翻转基板，在基板的正面涂抹胶水。小心地将细木镶花木皮（粘贴湿水胶带的面朝上）放到基板上，充分按压以固定木皮。用几条蓝色美纹纸胶带快速将衬料木皮与正面的细木镶花木皮粘贴在一起。沿面板的每条边粘贴一两条蓝色美纹纸胶带足以在压板时将木皮固定到位。在面板两面各覆一层塑料薄膜和一块中密度纤维板垫板，确保垫板均匀地盖在面板两面。在顶部垫板上加上一层塑料平网，然后将组件滑入真空袋中。太棒1代胶只需在70 °F（21.1 °C）的真空封袋装置中放置1~2小时就能牢牢固定木皮；UF 则需要在真空封袋装置中静置6~8小时。无论使用哪种胶水，从真空封袋装置中取出面板后，应将其倚靠在长凳上静置过夜，使面板两面都能充分干燥。

如果使用夹具进行面板的胶合压板，需要将中密度纤维板垫板的厚度增加至 ¾ in（19.1 mm），然后按照之前示例中的步骤操作即可。待面板完全干燥后，用湿海绵润湿湿水胶带，等待几分钟，将湿水胶带撕下。无法撕下的湿水胶带可以用锋利的卡片刮刀刮掉。

> ❖ 小贴士 ❖
>
> 中密度纤维板非常适合作为拼花细木镶花面板的基板，因为它光滑、平整，不存在木材形变问题。

打磨细木镶花面板

打磨细木镶花面板的操作与打磨镶嵌细工面板类似（见第126页“打磨镶嵌细工面板”），不过细木镶花面板的打磨更容易一些，因为制作细木镶花图案的木皮在整块面板上纹理走向大致相同。我仍然偏好使用搭配150目砂纸的不规则轨道砂光机进行初步打磨，然后用搭配180目的砂纸的软木打磨块进行手工打磨，整平面板。最后依次用180目和220目砂纸配合不规则轨道砂光机继续进行打磨，细木镶花面板的打磨操作至此完成，可以进行表面处理了。

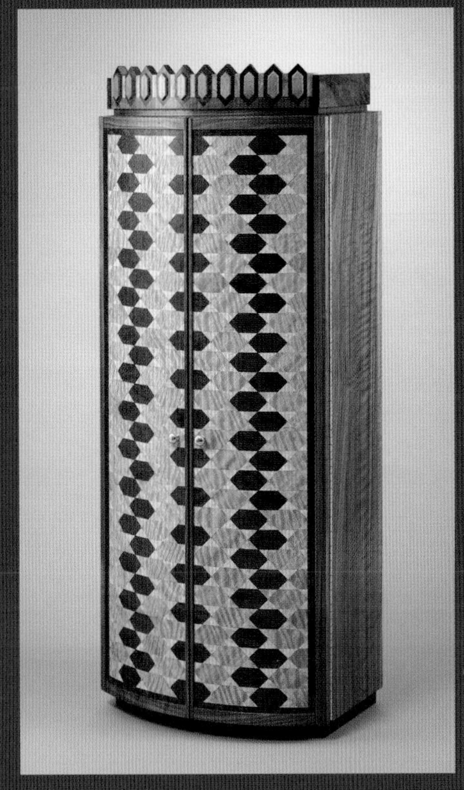

这件来自保罗·舒尔西的黄缎木配胡桃木的细木镶花小柜上装饰了几种形状的细木镶花木皮，其用途是存放圣卷。

安德鲁·瓦拉（Andrew Varah）数年里一直在创作具有创新性和趣味性的家具。这件小边桌的特点是采用了两种颜色对比鲜明的生皮切割出的细木镶花图案，且尺寸的渐变营造出一种微妙的棋盘效果。

布莱恩·里德这件名为“立方体研究”（Cuboid Study）的边桌采用了经过漂白的白橡木木皮和桤木木皮，通过将二维的细木镶花图案木皮挤压成不同高度的柱体，他用细木镶花工艺创作出了三维效果。这是里德探索其作品立体性的系列作品之一。

塞拉斯·科普夫的这件柜子融入了“裂冰”的设计图案，并以其作为主要的装饰形式，可谓是利用出人意料的细木镶花图案创造出有趣设计的典范。

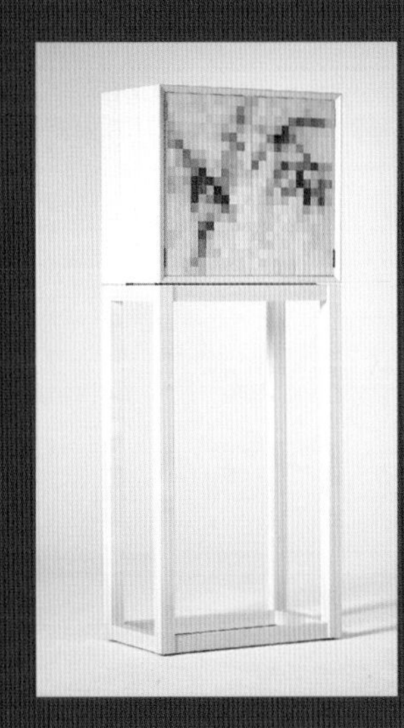

凯文·斯坦珀根据他所画的一幅李子树的水彩画草图，创作了一个由彩色方块组成的细木镶花图案，最终得到轻盈细腻的图像与高大的柜身相得益彰的效果。

第 9 章

曲面和弯曲层压板

在我刚开始制作家具时，我找到的所有文章几乎都是介绍如何在制作门板和桌面时对平面或略带弧度的面板进行木皮装饰的，却没有几篇介绍如何对严格意义上的曲面进行木皮装饰的文章。于是，我潜心钻研，把从各处收集到的曲面木皮装饰技术糅合在一起，形成了属于我自己的技术。在本章中，我会向你介绍如何为内凹曲面和四分圆线脚进行木皮贴面，使你可以直接跳过我最初经历的试错阶段。掌握了这些形状的木皮贴面技术之后，我们将继续制作弯曲层压板，并学习制作各种弧形面板的技术。

内凹曲面和外凸曲面的贴面

我的贴面方法适合半径最小为⅜ in（9.5 mm）的外凸曲面或半圆。由于大部分操作是在真空封袋装置内完成的，所以外凸曲面压板所需的装备比内凹曲面更简单。你所需要的工具只有塑料薄膜、⅛ in（3.2 mm）厚的橡胶泡沫板（可从网上购买）和透气布（与塑料平网不同，但可以相互替代，效果相差无几）。

兴趣浓厚的业余爱好者完全可以掌握对内凹曲面和半圆进行木皮贴面所需的工具和技术，而专业的工匠也能从中获益。你需要一个真空封

笔者的这件装饰艺术风格棋盘桌将经过贴面的横纹凹圆线脚作为整体设计的一部分。瀑布纹苏拉威西乌木木皮似乎从桌顶流淌而下，顺着桌边流到地面。这种纹路需要在贴面设计和木皮排布上多费很多工夫。

这张意大利装饰艺术风格书桌，其四分圆桌边采用了多层木皮贴面的工艺。木皮是在粘贴的湿水胶带还微微湿润时，被软化弯曲成型的。最终得到的是没有任何裂缝或开裂的弧形饰面。

戴维·伦琴的作坊用曲面贴面技术创作了各种复杂的木制品，包括这件制作于大约1750年的茶叶箱。

袋装置、一些木皮（轻薄的商业木皮，而非再切割木皮）、1½ in（38.1 mm）厚的舒泰龙牌（Styrofoam®）白色保温板、塑料薄膜和⅛ in（3.2 mm）厚的橡胶泡沫板。我使用白色泡沫板作为压板时的垫板，并制作了柔性的打磨块，用于磨平基板和打磨最终的木皮饰面。在工房里准备一些泡沫板会相当方便，出乎你的预料。

很多时候，这些曲面部件会成为大型组件的边框或装饰物。考虑到这一点，我喜欢先对长部件进行贴面，然后再根据所需的纹理和形状将其切割成相同的小部件。如果你在把这些部件切割成目标大小时使用的是裁断锯，我建议先进行粗切，然后去掉木屑，再进行精确切割。有时我会在切口的下方粘贴一些蓝色美纹纸胶带，以防止撕裂木皮。然后在这些部件上用热胶粘贴一些小木块，以创建平行的夹持面，方便夹具夹持。

这张装饰艺术风格的长凳由香桃木树瘤木皮贴面的半圆部件支撑底座，而经过贴面的四分圆支脚和弯曲层压的立柱将负重转移到了地板上。这些部件最初的尺寸都比设计尺寸更长，最终在贴面后切割到所需的尺寸。

基板和曲面塑形

我喜欢使用中密度纤维板作为弯曲部件的贴面基板，因为它容易成型，且呈现出均匀光滑的表面，非常适合木皮贴面。你也可以用各种实木作为基板，比如软枫木、桃花心木、桤木或胡桃木，具体情况取决于你所选择的木皮。如果使用实木作为基板，我会选择与木皮颜色相近的实木，这样即使磨穿木皮也不容易看出来。无论如何，基板上都需要留有一些毛刺，所以在塑形时不要用超过100目的砂纸进行打磨。这样才能让胶水更容易附着在基板上。

在使用中密度纤维板作为基板时，为了制作更厚的部件，我会使用多块中密度纤维板制作层压板。先用太棒1代胶将各层中密度纤维板胶合在一起，然后用夹具夹紧静置过夜，确保在曲面成形之前，胶层已完全干燥。很多方法都可以制作出用于贴面的曲面，但我认为把台锯和电木铣倒装台结合起来使用效果最为理想。

我是按照《精细木工》杂志中所描述的方法设计、切割所有凹圆线脚的。这些凹圆线脚往往需要在后续步骤中进行打磨，以消除台锯切割的痕迹。如果你能慢慢地切割，并且每次只增加一点切割深度，那么得到的部件表面会非常光滑，且质地均匀（见第162页照片）。

要想制作凸圆边缘，只需为电木铣安装适当大小的圆角铣头。如果你的凸圆半径大于铣头可铣削的范围，可以先用台锯粗略斜切去掉大部分废木料，然后结合手工刨和打磨块精修弧面，直到其表面光滑，尺寸达到预期。

用于曲面粘贴木皮的胶水

曾经有一段时间，我会使用太棒1代胶在曲率较大的曲面粘贴木皮，但在最近的几年里，我开始对聚氨酯胶和 UF 的黏合强度有了更深入的认识，特别是其在为凹圆曲面粘贴木皮中的表现。应用在精确匹配的部件上时，这两种胶水都可以形成坚硬的胶层，同时具有很强的耐热性和防潮性，溢出的胶水也都很容易打磨掉。基于这些原因，我现在在为内凹曲面粘贴木皮时，首选的是聚氨酯胶或 UF。对于四分圆和半圆线脚这样的凸圆部件，我仍然使用太棒1代胶，因为对这种类型曲面的贴面来说，太棒1代胶形成的胶层已经足够牢固了。

此外，你也可以使用双组分环氧树脂胶获得类似的效果。双组分环氧树脂胶的开放时间很长，通常在24小时左右，并可以形成非常坚硬的胶层。在混合和打磨双组分环氧树脂胶时，你需要戴上合适的防毒面具，而不是防尘口罩，以免吸入烟雾。

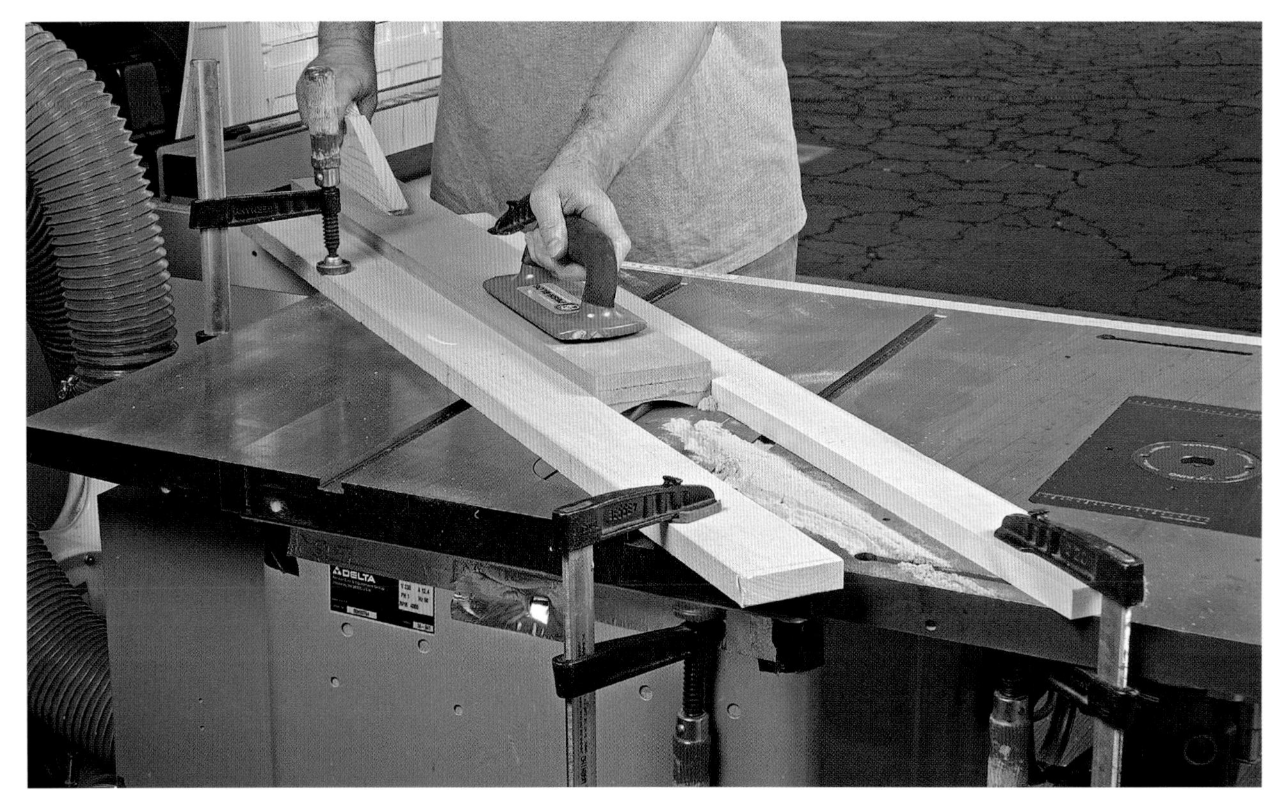

在台锯上切割内凹曲面时，需要将两块木板以正确的角度夹在台锯工作台上。一般来说，你需要在切割后将内凹曲面的切口打磨光滑，但如果你慢慢切割，并且每次只增加一点切割深度，例如1/16 in（1.6 mm），那么得到的部件表面就是光滑且质地均匀的。

曲面木皮

用于曲面贴面的木皮需要先粘贴湿水胶带，以防木皮开裂。我喜欢使用2 in（50.8 mm）宽的湿水胶带，因为它能快速覆盖整张木皮。我还会使用湿水胶带粘贴木皮拼缝，并加固外凸曲面上的木皮。湿水胶带有助于保持木皮的弹性，并防止木皮在沿基板弯曲时开裂。与其他贴面操作中使用湿水胶带的方法一样，用纸巾把湿水胶带磨压到木皮上，让湿水胶带上的胶黏剂发挥作用。

在选择曲面所需的木皮时，将以下几点牢记于心，可以省去很多麻烦。首先，因为树瘤木皮的纹理方向比较随机，所以很容易被弯曲（当然，弯曲前需要先软化），而且同时适用于内凹曲面和外凸曲面，在树瘤木皮上粘贴湿水胶带后，树瘤木皮就不容易开裂。直纹木皮在曲面上顺纹理使用时，有沿纹理方向开裂的趋势。用湿水胶带粘贴直纹木皮可以有效抑制直纹木皮裂缝的产生，但如果你选择的是黑檀木或紫檀木这样的脆性木皮，那么木皮在最后的胶合过程中出现一些小裂缝是在所难免的。同理，将直纹木皮横向粘贴在曲面上时，无论是内凹曲面还是外凸曲面，也会如此。如果曲面的曲率过大，当你把木皮压到弯曲后的基板上时，木皮会在横向于纹理的方向出现裂缝。这种情况可以通过先在木皮上粘贴湿水胶带得到缓解，但如果曲面的曲率过大，脆性木皮还是会开裂。为此，我会多准备一些与设计曲面相同的材料用作测试件。

内凹曲面的贴面

粘贴木皮后的内凹曲面可以凹面向上使用，就像我的装饰艺术风格棋盘桌那样；也可以像天花装饰线那样凹面向下。我之前提到过，我们将使用夹具和泡沫垫板对内凹曲面部件进行胶合压板。如果用台锯切割出内凹曲面部件，我会用100目的砂纸打磨部件除去锯痕。

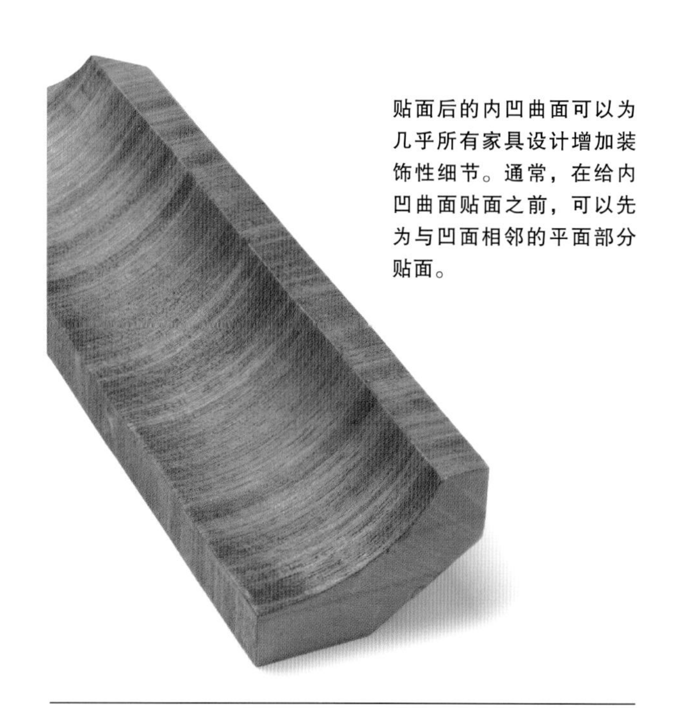

贴面后的内凹曲面可以为几乎所有家具设计增加装饰性细节。通常，在给内凹曲面贴面之前，可以先为与凹面相邻的平面部分贴面。

❖ 小贴士 ❖

我发现，用手将一块 ¾ in（19.1 mm）厚的白色泡沫弯成弧形后非常适合作为打磨垫使用，且不用费什么力就可以贴合内凹曲面的凹面弧度。为了增强其功能，在将泡沫弯曲成弧形之前，可以先用喷胶将砂纸粘贴到泡沫的外表面。这样有助于在打磨时保持泡沫的形状，同时不需要你一直握着砂纸。

当内凹曲面切割完成，可以粘贴木皮时，有时我会额外增加一个步骤，即在粘贴木皮前，先为与内凹曲面相邻的平面边缘贴面（右图中的内凹曲面就是这样处理的）。这一步不是必需的，如果刚好使用瀑布纹木皮对内凹曲面进行贴面处理，且需要木皮延伸到平边时，那么我会等到内凹曲面的木皮粘贴完成后，再为平边粘贴木皮。这样一来，就可以在平面区域对木皮之间的纹理对齐情况进行微调，而不是在更加复杂的凹面区域进行调整。两种方法同样有效，所以具体选择时要看你的设计以及内凹曲面部件在家具作品中的作用和安装方式。

在切割内凹曲面所用的木皮时，要记得在每个方向上多留出 ½ in（12.7 mm）的余量，这样可以减少使用夹具压板时的烦恼，因为夹具夹紧时，木皮很容易移动。在本节的示例作品中，我使用了直纹非洲相思木木皮，使其纹理方向横贯凹面的宽度，从而为最终的部件营造出垂直纹理的外观。因为这种效果是由许多小片的横纹木皮拼接形成的，所以需要先用湿水胶带将这些木皮粘贴在一起，然后再沿着拼接木皮的长度方向将其粘贴在整个内凹曲面上。我们已经介绍了如何切割、拼接和粘贴木皮条

使用夹具为内凹曲面压板

我总结了两种方法，可以有效地对弯曲木皮进行压板：使用真空封袋装置，或者使用夹具和泡沫垫板。我认为真空封袋装置更适合外凸曲面的压板，比如半圆和四分圆，而夹具和厚泡沫垫板则适合内凹曲面的压板，比如凹圆。出现这种差别的部分原因在于真空封袋装置的工作原理：真空袋可以很好地对物体的外部施加压力，但却很难在较浅的凹面区域起到相同的作用。如果操作者没有付出大量努力，真空袋根本无法轻易拉伸到可以完全压住内侧曲面的程度。鉴于此，对于内凹曲面，我会使用夹具进行压板，而且我开发了一种非常简便的方法，不需要耗费多少力气和材料。

使用夹具对内凹曲面压板所需的材料

在使用夹具对内凹曲面压板时，应在上胶之前就把所需的材料切割出来并准备好。首先，你需要一块比内凹曲面基板尺寸稍大的、1½ in（38.1 mm）厚的白色泡沫板，其宽度需满足当泡沫板在凹面内弯曲时，仍然能超出内凹曲面基板的凹面边缘 ½ in（12.7 mm）左右。你还需要一块⅛ in（3.2mm）厚的橡胶泡沫板，用于均匀分散白色泡沫板和木皮之间的力；一张放在橡胶泡沫板和木皮之间的塑料薄膜；一块 ¾ in（19.1 mm）厚的硬木块，其长度与内凹曲面基板的长度相同，其宽度为内凹曲面基板宽度的三分之一。硬木块会被置于白色泡沫之上，用来分散夹具施加的压力。在对内凹曲面基板上胶时，如果用一些支架将内凹曲面部件垫高，使其相对于工作台悬空几英寸，有助于将夹具更容易地安装到位。

使用夹具对内凹曲面基板压板所需的基本材料包括：一块大小合适的木板、保温泡沫、薄橡胶泡沫板、塑料薄膜和夹具。使用几个支架将部件与工作台隔开一定距离也有助于操作。

的方法，所以这里不再重复。只要按照之前的说明进行操作，就不会有问题。

内凹曲面的木皮胶合

首先在不涂抹胶水的情况下预演一下上夹具的过程，以确保木皮和夹层的所有部分尺寸正确，操作顺利。然后准备好胶合木皮所需的用品，混合小批量需要涂抹在内凹曲面基板凹面上的专业胶牌 UF。用专门为 UF 设计的胶辊将其均匀涂抹到基板上。待一些 UF 被内凹曲面基板吸收后，再薄薄地涂抹一层 UF（见图1）。

将木皮居中放在内凹曲面基板凹面上，然后将塑料薄膜、橡胶泡沫板、白色泡沫垫块和硬木块依次放到木皮上（见图2）。确保在开始上夹具时，所有部件都保持居中的位置。从压板组件的中心起始固定夹具，逐渐向两端扩展。慢慢向硬木块施力，沿着硬木块的长度方向一点一点均匀地夹紧，直到木皮完全被压入内凹曲面基板的凹面中。将组件翻面，检查压板的情况（见图3），确保木皮与内凹曲面基板的边缘全部贴合。白色泡沫会持续挤压木皮，所以需要10分钟后再重新拧紧夹具。

修整木皮

待 UF 凝固后，先去除木皮表面的湿水胶带。用湿纸巾润湿湿水胶带，待湿水胶带变得半透明后，就可以将其从木皮上剥下或刮掉（见图4）。如果 UF 过多并已经浸透木皮，那么它同样会浸入湿水胶带中，这时除了刮掉或打磨掉湿水胶带，你别无他法。

有几种方法可以将超出内凹曲面边缘的木皮修整到与边缘平齐的程度。如果超出的木皮部分是平直的，还没有被泡沫板的压力压碎并粘连在一起，那么修平铣头非常适合将这部分

UF 的胶层很硬，能够确保贴面后的凹面木皮长期定型。根据产品说明书混合 UF 并为内凹曲面基板的凹面上胶。

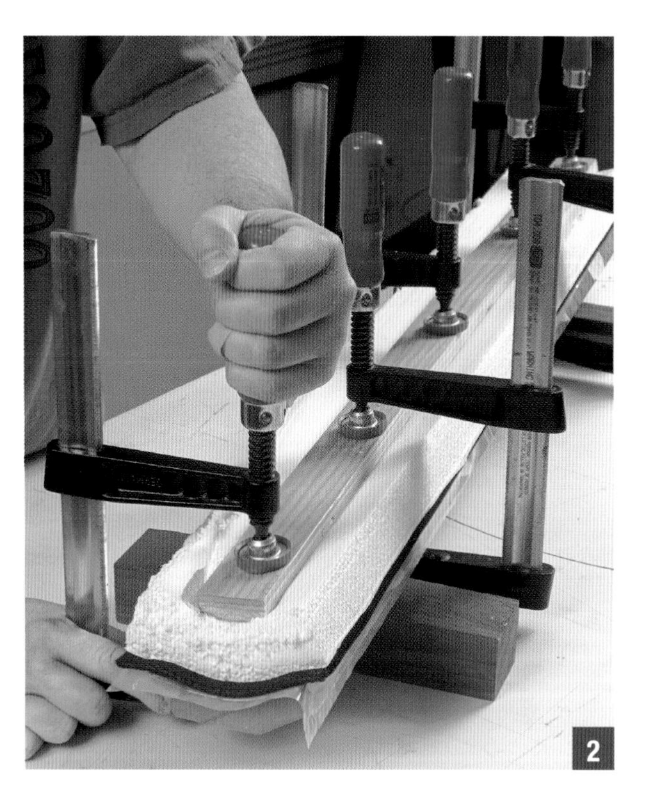

将木皮相对于基板凹面居中放置，然后依次用以下材料将木皮准确地压在基板的凹面上：塑料薄膜、橡胶泡沫板、白色泡沫垫块和硬木块。如果可以用手把部分白色泡沫挤压贴紧凹面，就能节省一些安装夹具的时间。

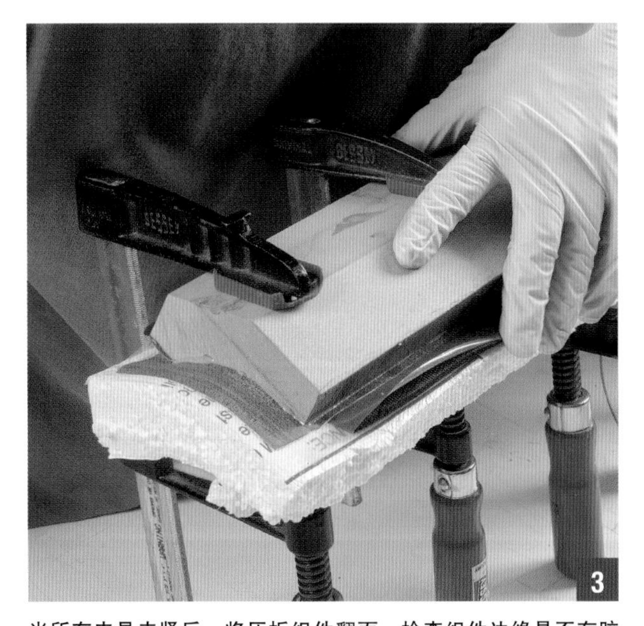

当所有夹具夹紧后，将压板组件翻面，检查组件边缘是否有胶水溢出。

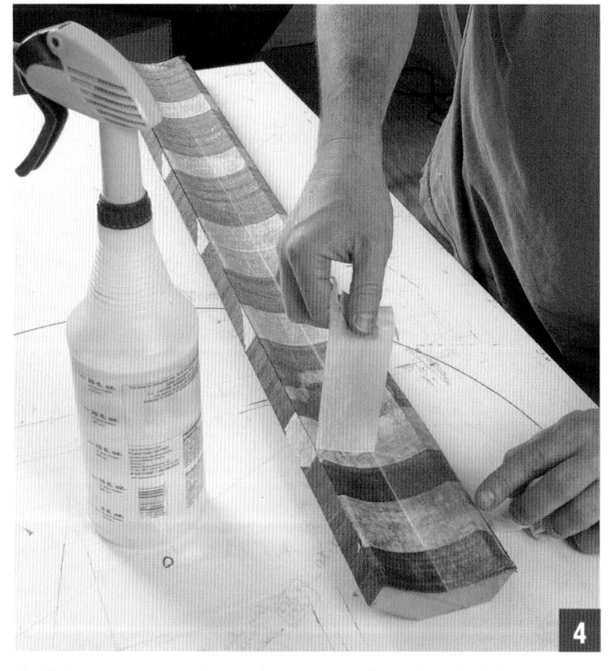

待胶水凝固后，用水和油灰刀把木皮表面的湿水胶带去除。如果湿水胶带已经被渗透的胶水浸湿，你就需要把湿水胶带刮掉或打磨掉。

可以先用锉刨将超出部件边缘的木皮锉掉，然后磨平木皮。如果木皮已经粘在了内凹曲面部件的边缘，这是最简单的方法。或者用电木铣倒装台和修平铣头将木皮修至与部件边缘平齐。

木皮修整至与相邻表面平齐（见图5）。但如果木皮已被压在了相邻的表面，则需要使用超形式牌（Surform®）锉刨或机械锉刀将多余的木皮锉掉，然后再用搭配120目砂纸的硬木打磨块顺着木皮的纹理方向将切割边缘打磨光滑。

外凸曲面的贴面

在其他因素都相同的情况下，内凹曲面和外凸曲面贴面操作的主要区别在于压板的方法。对外凸曲面压板时，我们通常使用真空封袋装置压板，而不是手动上夹具；真空封袋装置更容易在整个木皮表面均匀分配压力。因为真空袋承载了大部分的压板工作，所以放入真空袋中的压板组件的层次比较简单。我会使用大多数复合材料供应商都能提供的透气布，将部件周围的空气导入软管。此外，还需要内凹曲面压板时用到的一层橡胶泡沫板和一层塑料薄膜。橡胶泡沫板和塑料薄膜需要精确裁剪到与外凸曲面基板相同的尺寸，方便稍后用蓝色美纹纸胶带加以固定。

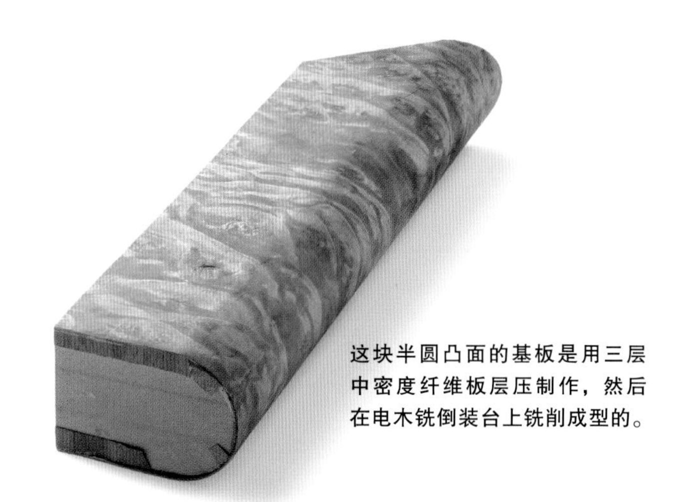

这块半圆凸面的基板是用三层中密度纤维板层压制作，然后在电木铣倒装台上铣削成型的。

半圆凸面贴面

首先准备木皮，用软尺或纸条测量所需的宽度（见图1）。将软尺或纸条缠绕在需要贴面的半圆凸面部件上，直接在部件上标记曲面的宽度，再测量出半圆曲面的长度。将这两个尺寸落实到木皮上，并在按尺寸切割时，将木皮

> **❖ 小贴士 ❖**
>
> 我在为半圆凸面贴面时，会把基板做得略宽一些，原因有二：一是这样可以在电木铣倒装台上铣削曲面时提供额外的支撑，二是为真空袋留出空间，可以拉伸木皮平贴在基板的曲面上。粘贴好木皮后，用台锯修整掉多余的基板即可。

用一张纸条或一把软尺来测量包裹外凸曲面所需的木皮宽度。考虑到木皮被胶水浸湿后会膨胀，我在底部留出了一点空间。

在将要覆盖曲面的木皮区域上粘贴湿水胶带，并使木皮相对于曲面区域每个方向多出1 in（25.4 mm）左右。

的宽度和长度各减去½ in（12.7 mm）。这能给木皮留出上胶后膨胀的空间，避免木皮在半圆基板的底部或两端褶皱挤压。在给所有曲面贴面时，把曲面基板制作的比目标尺寸略长几英寸总是没错的，这样方便你后续进行修整。木皮超出部件边缘的部分常常在真空封袋装置压板过程中破裂，这些裂痕有可能会延伸到木皮

用湿润的湿水胶带粘贴木皮

与我们之前使用湿水胶带粘贴木皮展示面相比，粘贴曲面木皮的操作有一点不同：在把木皮粘贴到外凸曲面基板上之前，我们不会让湿水胶带完全干透，相反，在用一块中密度纤维板压平粘贴后的木皮这一步骤中，需要在湿水胶带干燥之前将木皮取出。为此，我会将木皮压在中密度纤维板下大约10分钟，然后将其取出，胶合到基板表面压板。湿水胶带中的水分可以增加木皮的柔韧性，避免木皮在弯曲时开裂。掌握取出木皮的时机可能需要一些练习，因为如果湿水胶带太湿，在弯曲塑形过程中就会脱落；湿水胶带太干，木皮可能会开裂。这也是为什么我每次只粘贴一个部件。

内部，导致精美的曲面贴面作品出现裂缝。

当你得到了正确的木皮尺寸后，开始在木皮的展示面粘贴湿水胶带，从中心向外粘贴，覆盖所有用于贴面的木皮，木皮则会相对于曲面在每个方向上多出1 in（25.4 mm）左右（见图2）。这样可以防止木皮在弯曲塑形时开裂。可以用湿水胶带覆盖整个木皮表面，但我发现，在外凸曲面平直的部分没有必要粘贴湿水胶带（不仅没必要，粘贴后反而增加了去除的麻烦）。记得用黄铜刷磨压湿水胶带，使其牢牢粘贴在木皮表面。然后在木皮的两端标记外凸曲面曲线的中心顶点，以便将木皮与外凸曲面基板居中对齐。

我们使用太棒1代胶来粘贴这块木皮，因为胶水中的额外水分有助于在操作时保持木皮的柔韧性。准备好所有材料，在基板上涂抹一层太棒1代胶，确保涂满整个胶合面。将木皮的中心对齐曲面的中心顶点，然后沿着基板的曲面逐渐弯曲两侧的木皮。用几条蓝色美纹纸胶带

将太棒1代胶均匀地涂抹在外凸曲面基板的凸面上，然后将木皮中心与外凸曲面的中心顶点对齐，并用长条蓝色美纹纸胶带将木皮固定。

先在木皮上覆盖塑料薄膜，然后覆盖一层橡胶泡沫板，用蓝色美纹纸胶带把它们粘贴到位。粘贴蓝色美纹纸胶带时尽量将所有材料拉紧，以帮助固定木皮。

用透气布包裹压板组件，然后将组件滑入真空袋中。确保在压力增加的同时，真空袋被拉紧，并均匀铺展包裹在外凸曲面上，这样得到的木皮表面不会出现任何皱褶。

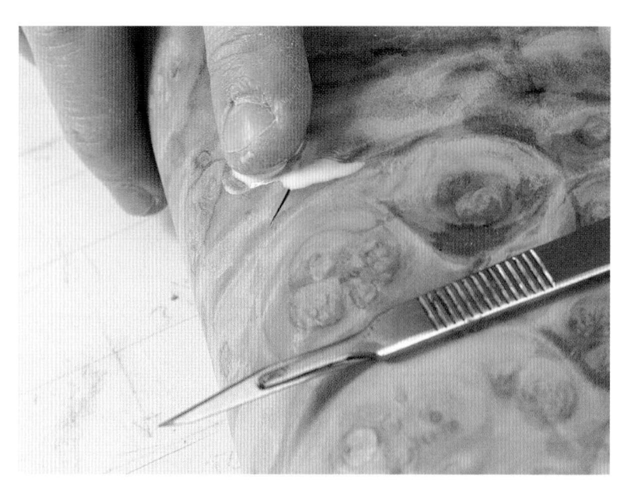

有时，尽管尽了最大努力，还是会在贴面后的木皮上发现小气泡。不要绝望，用手术刀将气泡切开，然后在切口处注入胶水，就可以轻松搞定。用橡胶泡沫和塑料薄膜包裹外凸曲面部件，将其放回真空封袋装置中重新压板。

将木皮固定在外凸曲面基板上，检查各个部件是否居中对齐，然后再添加几块蓝色美纹纸胶带缠绕整个外凸曲面基板，以加固粘贴的木皮（见图3）。当蓝色美纹纸胶带绕贴到外凸曲面基板的底部时，将其拉紧，以帮助拉伸木皮，使木皮覆盖整个外凸曲面。

用塑料薄膜和橡胶泡沫板完全覆盖木皮。用蓝色美纹纸胶带分别将两者固定到位（见图4）。在整个组件外面包裹一层透气布，并将组件滑入真空袋中；注意，透气布要一直延伸到真空袋的入口处。随着真空袋中的空气被排出，真空袋会收紧并覆盖在压板组件的外凸曲面上。尽量让真空袋紧紧包裹住压板组件的底角，使外凸曲面区域的真空袋可以平整地铺展，与曲面完全贴合（见图5）。继续此过程，直到真空袋完全处于真空状态。将压板组件置于真空封袋装置中3~4个小时。

从真空封袋装置中取出压板组件后，取下透气布、橡胶泡沫和塑料薄膜，将外凸曲面部件放在一旁继续过夜干燥。之后，轻轻润湿粘贴在木皮展示面的湿水胶带并将其全部去除，

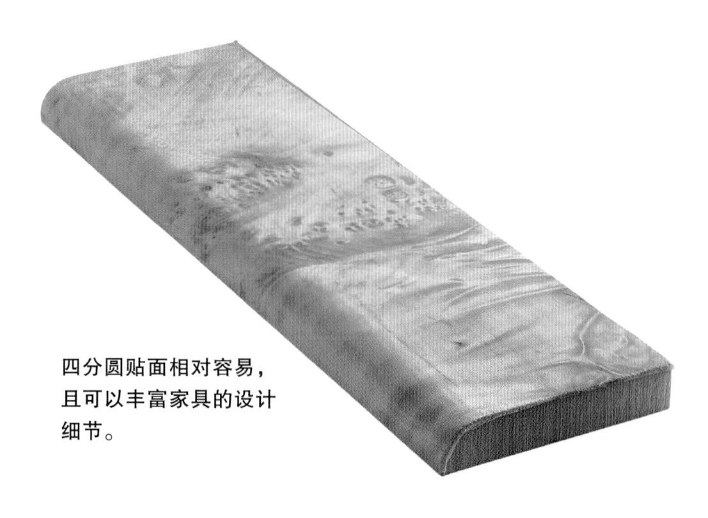

四分圆贴面相对容易，且可以丰富家具的设计细节。

需要为四分圆增加一块包裹了透明胶带的废木板，以便木皮有空间从四分圆部件的边缘延伸出来。我喜欢将废木板与四分圆基板边缘对齐，这样可以让两块板两侧的木皮保持平直。

四分圆的胶合压板过程与半圆基本相同。首先，涂抹太棒1代胶粘贴木皮，然后用蓝色美纹纸胶带把木皮固定到位，接下来裹上塑料薄膜和橡胶泡沫板，同样用蓝色美纹纸胶带将它们固定到位。

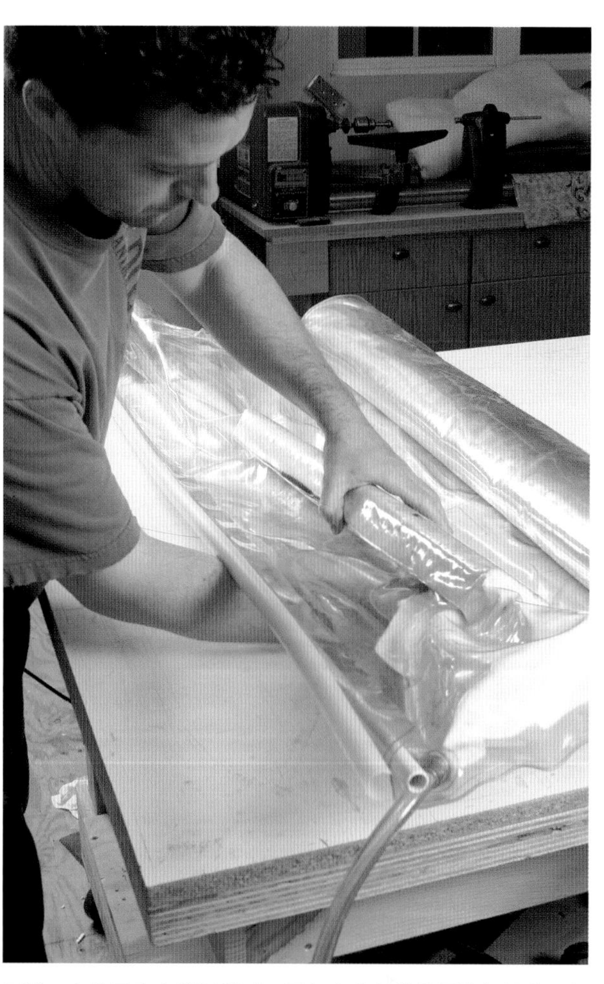

同样，在使用真空袋压板时，要把真空封袋装置拉紧使其均匀铺展紧贴四分圆的曲面，以防压板过程中木皮出现气泡或褶皱。

然后检查外凸曲面上的木皮是否存在气泡或裂缝。如果发现有气泡或细小的褶皱，用手术刀将其切开，将太棒1代胶注入切口中，然后重新夹好组件，放入真空封袋装置中继续处理几小时。

四分圆贴面

四分圆贴面与半圆贴面相似，使用真空封袋装置压板的所有材料和步骤也都相同。唯一不同的是增加了一些额外的基板材料，用来使曲面末端延伸出去的木皮保持平整。我的做法

修剪超出四分圆基板的木皮有几种方法；锋利的木皮手锯往往最好用。

是，用螺丝在基板上拧入一块缠了透明胶带且与曲面末端平齐的废木板，这样超出曲面部分的木皮就不会粘到废木板上。这块废木板在胶合后会被拆掉，木皮也会被修剪平齐。因为要在基板的底部钻取螺丝孔，所以需要在填平螺丝孔后再对该表面进行贴面。

塑料薄膜和橡胶泡沫板的使用方法也与半圆贴面的胶合压板步骤一样。湿水胶带的使用方式也相同，且在使用过程中同样需要保持微微湿润，使木皮在弯曲的同时不会断裂。

与半圆一样，四分圆贴面时使用的也是太棒1代胶。在粘贴好木皮的四分圆部件的边缘粘贴蓝色美纹纸胶带以固定木皮，然后在木皮外面覆盖塑料薄膜、橡胶泡沫板和透气布，并用蓝色美纹纸胶带固定。当你把压板组件放入真空袋中时，要把袋子紧紧拉向曲面边缘，并一直拉到废木板表面，像之前一样，使真空袋均匀铺展紧贴四分圆压板组件的凸面，以确保木皮不会出现褶皱。

胶水凝固后，拆下废木板，用木皮手锯将超出四分圆基板的木皮修整到与基板底部相平齐。基板本身就是非常好的切割靠山。

弯曲层压

如果你打算为家具或盒子设计弯曲部件，终究还是需要学习如何制作弯曲层压板。层压板有助于制作坚固稳定的弯曲部件，也可以根据实际需求，用于制作装饰性或结构性部件。弯曲层压板是将多层薄板沿大面相互胶合制成的。在层压弯曲部件的外表面可以添加装饰性的木皮、镶嵌细工、细木镶花图案或者普通的直纹木皮。

要想使用弯曲层压板制作弯曲部件，首先需要制作一个模具。你会发现，模具的使用方式也是多种多样的。我的大多数大型模具都是配合真空封袋装置压板时使用的，用来将层压板弯曲成模具的形状。你也可以制作一些用于夹具手工压板的模具，只需在这种模具的某些部位增加一些V形凹槽和厚度，以便于夹具施加足够的夹紧力。其他的模具就先不介绍了，因为都是一些大型的成对模具，在小型木工房里并不常用。这类模具主要配合液压机使用，

有时候，你会很幸运地在设计家具时将弯曲部件设计得完全相同，所以可以使用相同的模板制作一件家具所需的多个弯曲部件，就像图中这张五脚桌，5个弯曲的层压部件都出自同一个模具。

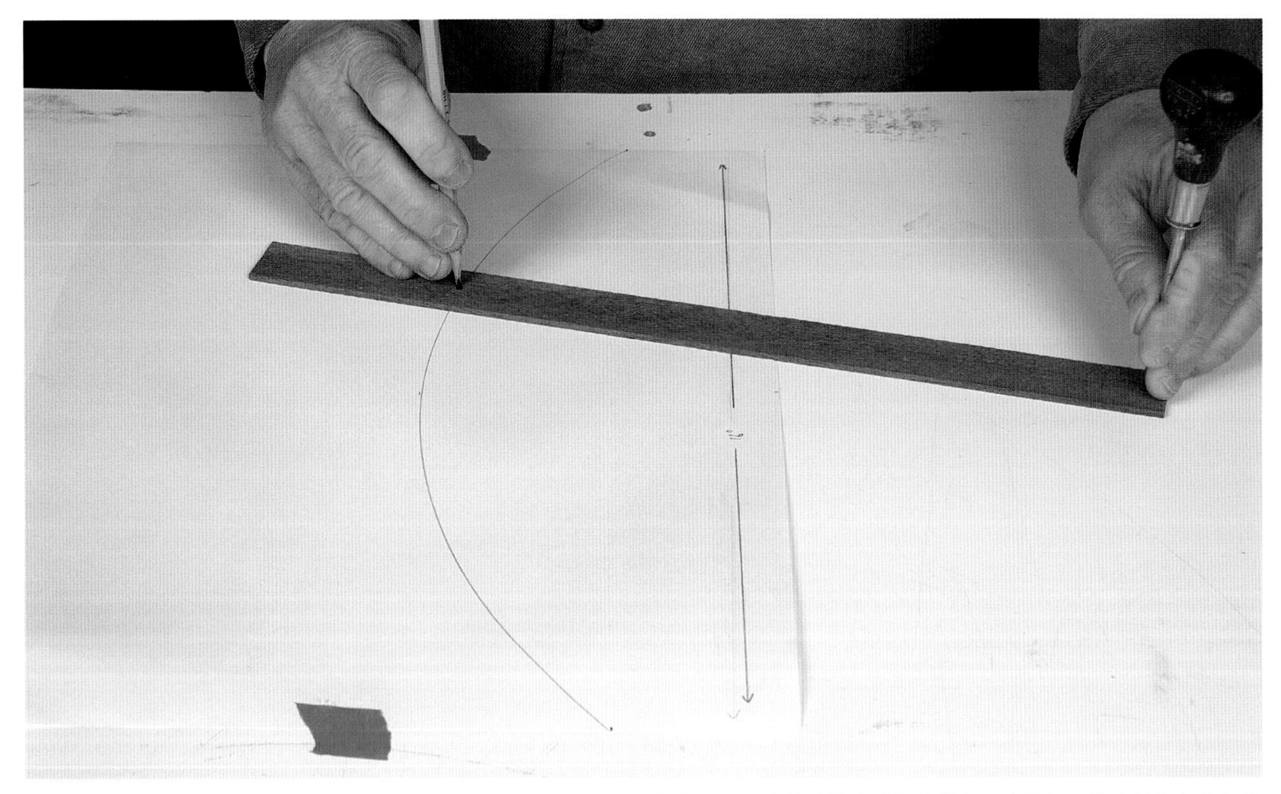

无论是选择 CAD 作图，还是使用简易的木制椭圆规和铅笔作图，你都需要一张精确的弯曲部件的全尺寸图纸，作为制作弯曲部件模具的模板。

用来制作大型弯曲层压部件，比如伊姆斯躺椅（Eames lounge chair）的弯曲层压椅背，就是用大型模具层压制作的。

模具设计及制作

设计弯曲层压部件的模具，首先要从弯曲部件本身的设计开始。如果你打算为一件家具制作一个弯曲部件（例如一扇弧形的门），需要一张从柜子顶部俯视曲面部件的全尺寸图纸。这样可以为你提供模具所需的准确形状和尺寸。你可以用圆规手工绘制全尺寸图纸（见第171页上图），也可以像我一样，用计算机辅助设计（CAD）软件在电脑上进行设计。无论哪种方式，都需要从绘制弯曲部件的全尺寸图纸开始。有了全尺寸图纸，沿着弯曲部件的轮廓线的末端

图中这款由布莱恩·纽威尔设计制作的柜子非常复杂，制作这样的作品需要精确的图纸和模具，尤其是在所有的弯曲层压部件都是复合曲线的时候。

笔者制作的这件大型蛇形镶嵌柜需要5种不同的弯曲部件模具，因为这件柜子的每扇门的形状都不一样，而且柜子左端部分的侧面也都是曲面。

将画线向外延伸，使模具的长度比最终的弯曲部件多出几英寸。这很有必要，因为弯曲层压部件的末端最终需要修剪掉，不会出现在最终的弯曲部件中。

你需要一个弯曲模板来制作模具。将弯曲模具的图纸用喷胶粘贴到一块中密度纤维板上。这块中密度纤维板要比你的弯曲模具图纸高出几英寸（这样你的模具在真空袋中会保持一定的高度）。将模具的长度切割到与绘制的弯曲部件相同。在带锯上切割模板，并用砂光机或曲面刨将切割面打磨至与切割线平齐，确保曲面垂直于中密度纤维板模板的大面（见图1）。这就是接下来用来制作所有模具部件的主弯曲模板。

先将全尺寸图纸的复印件用喷胶粘贴在一块 ¾ in（19.1 mm）厚的中密度纤维板上，然后根据图纸轮廓线进行切割和塑形，就得到了所有模具部件的主模板。之后，用主模板在所有模具部件上转印轮廓线，用带锯将它们粗切到大致形状。

你还需要知道弯曲部件的高度。在本节的示例中，我正在制作一扇15 in（381.0 mm）高的弧形门，它将作为上图中的蛇形柜最右侧的柜门使用。我希望我的模具至少比弯曲部件高出1 in（25.4 mm），以便后续可以进行修剪。为此，我的模具大概是16 in（406.4 mm）高，而且，如果使用 ¾ in（19.1 mm）厚的中密度纤维板作为制作模具的材料，我需要22块切割成弧形的中密度纤维板，然后将其胶合在一起，制

2

将主模板用螺丝固定到每个模具部件上，然后用轴承导向铣头将所有模具部件铣削到相同的形状和大小。为了制作我们设计的弧形门，需要制作22块相同的模具部件。

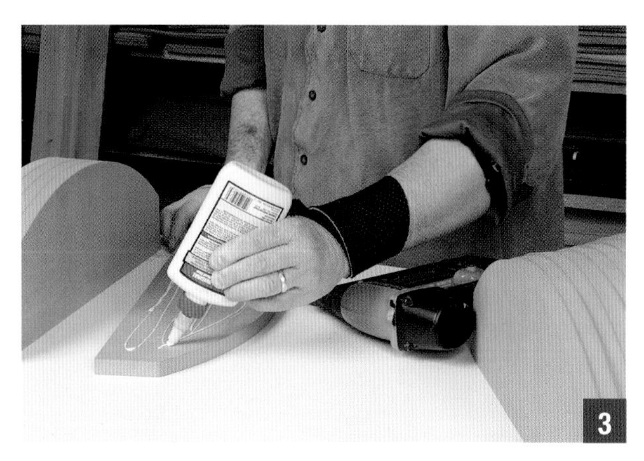

3

将每层模具部件依次胶合在一起，一定要保证弧形边缘整体垂直于正面，且正面平整。

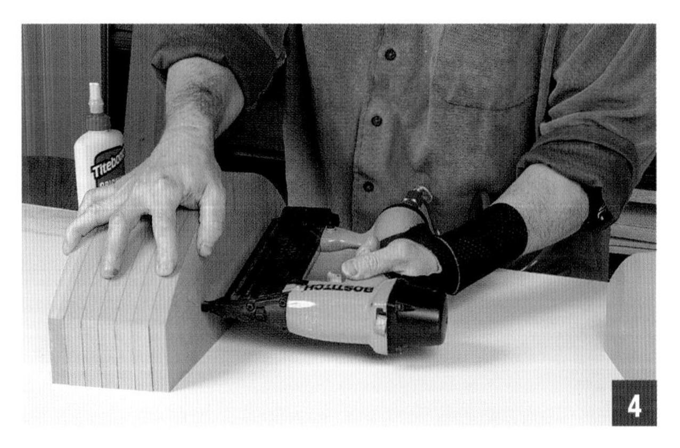

4

在你把每层模具部件胶合到位的同时，在每一层模具部件上钉入几根无头钉，以便其在添加下一层模具部件时保持对齐。

5

即使是使用数控机床切割的模具部件也需要打磨，这样才能获得表面平整光滑中密度纤维板模具部件。用一块配有120目砂纸的长打磨块可以快速将模具打磨光滑。

成一个16 in（406.4 mm）宽的曲面，用于层压弯曲部件（见图2）。

使用带锯（或线锯）和电木铣倒装台来切割22块相同的模具部件，再使用主模板作为铣削模板，将它们铣削成形。这项操作并不是很复杂，因为只涉及重复切割和铣削。切割后，确保持成形的模具部件方向相同，以防翻乱。开始组装模具。先取出2块模具部件，仔细沿曲面边缘将其对齐。在其中一块模具部件的胶合面涂抹一些胶水，然后把2块模具部件压合在一起（见图3）。我经常会钉一些无头钉子穿过胶合后的模具部件，将它们固定在一起（见图4）。所有22块模具部件重复此过程。胶合时注意将模具平放于工作台上，使其两端准确对齐。

无论铣削和组装过程多么精确，最终仍然需要将模具的曲面打磨光滑。我会使用一块配有120目砂纸的长打磨块完成该操作（见图5）。先沿模具的横向来回打磨，再沿模具的纵向来回打磨，最终得到一个光滑的层压表面。这种打磨需要花费一定的力气，你在第一次打磨的时候就会意识到，精确的模具设计和制作是多么重要。

制作模具的材料

中密度纤维板和刨花板是两种最常见的模具材料。我倾向于选择中密度纤维板，因为其光滑的表面很适合作为贴面的基板，而刨花板往往有许多孔洞，需要在贴面之前进行填充或覆盖。如果你打算使用较厚的再切割木皮来制作弯曲层压板，那么刨花板模具就很适用，因为它的成本更低，重量更轻。

夹具压板用模具

为了制作适合夹具压板使用的层压模具，模具的尺寸会受到夹具尺寸的限制。实际上，用于夹具压板的最大模具的宽度大约是夹具能夹持的最大深度尺寸的两倍，因为夹具需要伸到模具的中心才能将其充分夹紧。考虑到这种限制，我只会在制作弯曲的横挡或支撑腿这样只有几英寸宽的部件时才使用夹具压板。

笔者这件采用镶嵌细工装饰的枫叶图案柜，其贴面弧形柜门的基板材料是⅛ in（3.2 mm）厚的波罗的海桦木胶合板层压板，其层压过程是在真空封袋装置中配合模具完成的。

夹具压板所需模具的制作过程仍然与真空封袋装置压板所需的模具相似，但对于夹具压板用的模具，我会额外制作一个顶部模具，它的曲线是按照底部曲线减去部件的最终厚度得出的。如果你为了便于夹持而将模具的顶部与底部设计为平行关系，那么夹紧夹具是相当容易的。如果你制作的弯曲部件弧度太大，无法获得顶面和底面平行的模具，那么你就需要在模具两面的中间分别设计一些夹具切口，以便你可以准确地夹紧整个模具。如果没有这些切口，在你想拧紧夹具时，夹具会很容易滑动。

⅛ in（3.2 mm）厚的中密度纤维板和波罗的海桦木胶合板都是理想的层压材料。它们在经过多层胶合后依然能保持形状，也很适合贴面。如果你需要弯曲层压部件（比如横挡或支撑腿）具备类似实木的外观，也可以使用再切割的实木作为层压材料。

基板材料

在制作弯曲层压板时，我只使用3种材料作为基板，即中密度纤维板、波罗的海桦木胶合板和再切割木皮。当然，作为基板的材料都比

如果经过再切割的木皮能够形成像上图这样光滑的切割面，就可以在切割后直接上胶。但是，如果木皮的切割面看起来更接近右侧的示例，你就需要在上胶前对再切割木皮进行打磨或刨平。

格雷格·扎尔主要使用再切割木皮制作精致的镶嵌细工作品，例如图中这款装饰了镶嵌花朵的骨灰盒。

较薄。中密度纤维板和波罗的海桦木胶合板的厚度都是⅛ in（3.2 mm），而再切割木皮的厚度为1/16~⅛ in（1.6~3.2 mm），具体厚度取决于所需弯曲部件的曲面曲率。曲率越大，制作弯曲层压板的基板选用的材料就要越薄。

在开始胶合之前，确保已经准备好了所有胶合所需的用品，并将其放在了手边。这些用品包括胶水、塑料薄膜、模具、基板、垫板、胶辊和真空袋。

❖ 小贴士 ❖

无论你决定使用哪种胶水，都要在胶水固化之前快速将其涂抹在每一块尺寸合适的弯曲层压板上。确保你已经准备好了这个过程所需的一切材料，并将其放在了手边。找一个帮手也能帮上很大的忙，可以加快涂胶过程。

根据再切割木皮的质量，你或许能够直接将再切割木皮粘贴到模具上，无须打磨或刨平。如果再切割木皮不够平滑，则需要先将它们打磨平滑或刨平，以获得更好的胶合效果，并使层压板各层之间的胶合痕迹不那么明显。

弯曲层压板用胶

弯曲层压所用的胶水需要具备几种特质：第一，坚硬的胶层；第二，胶层不会出现长期的蠕变；第三，具有足够的开放时间，来得及为弯曲层压板的每一层涂抹胶水。满足所有这些要求的胶水有3种，分别是双组分环氧树脂胶、UF 和聚氨酯胶。这其中的任意一种胶水都能出色地制作出牢固的弯曲层压板。我最常用的胶水是聚氨酯胶，因为它不需要双组分环氧树脂胶和UF那样的安全防护装备，而且聚氨酯胶固化速度较快，只需3~4小时即可将弯曲层压板从压板设备中取出，而不需要等待8~10小时。

制作一块基础的弯曲层压板

让我们来看看前面讨论的弯曲层压板的制作过程。你已经完成了模具的组装并将其打磨光滑了，现在要用一层塑料薄膜将其盖住。我喜欢在模具外面包裹一层塑料薄膜，然后在下面粘贴上蓝色美纹纸胶带，防止塑料薄膜在真空袋中脱落（见图1）。一定要将塑料薄膜拉平，以免出现任何可能导致木皮起皱的因素。模具组装完成后，将基板材料切割到相应大小（最好让基板与模具尺寸完全相同，任何方向都不会超出模具），同时把顶层的塑料薄膜和一块作为层压垫板的额外的基板也切割到相应尺寸。在这个示例中，我将使用1/8 in（3.2 mm）厚的中密度纤维板来制作弯曲层压板。我还会在模具的底部粘贴一些长条透明胶带，一旦基板被放到模具上，我就可以将透明胶带粘贴到基板上。最好在开始涂抹胶水之前粘贴好透明胶带。

将一摞1/8 in（3.2 mm）厚的中密度纤维板放在模具旁边，开始在第一层中密度纤维板上涂抹聚氨酯胶。在下一层中密度纤维板的背面喷一些水雾，然后将其放在第一层中密度纤维板的胶面上（见图2）。重复此操作，直到把最后一层中密度纤维板胶合到位。我不会在多层中密度纤维板胶合后即刻粘贴木皮（关于原因，见第177页“贴面的时机”）。

将胶合的基板居中放在弯曲部件模具上，横贯模具中心粘贴好两条透明胶带。然后将层

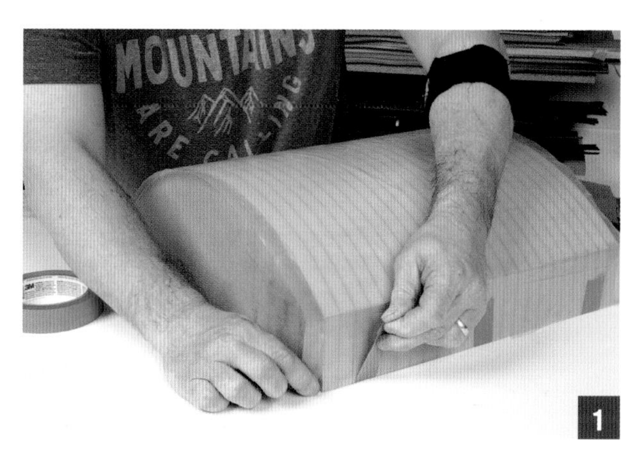

在层压模具的曲面区域覆盖一层塑料薄膜，防止胶水在压板过程中粘到模具上。我在模具底部粘贴了几条蓝色美纹纸胶带以固定塑料薄膜。

开始在每块基板的其中一面涂抹胶水制作层压基板。由于我们使用的是聚氨酯胶，所以在把新一层基板放到胶层上之前，应先在新一层基板的背面喷一层水雾。

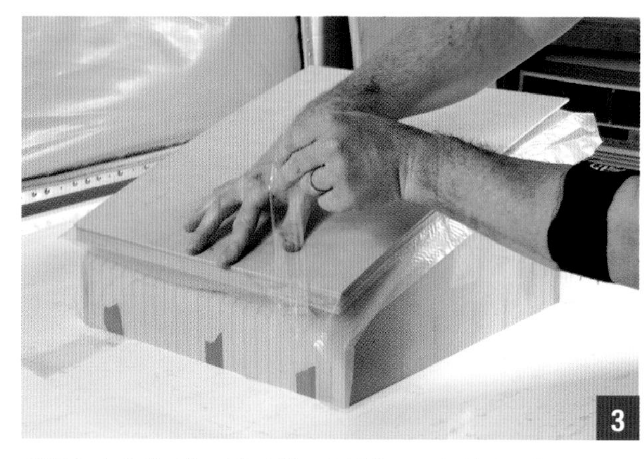

利用你之前粘贴的透明胶带，尽量将层压部件贴近模具。这可以防止塑料平网和真空袋被夹到层压部件和弯曲部件模具之间的间隙中。

贴面的时机

为弯曲层压部件贴面的时机取决于两个因素：该部件用于何处和你的操作速度。我发现，想要在层压部件胶合后马上贴面，并在压板时保持基板上粘贴的木皮平整且位置固定，实在是非常困难，所以我将操作拆分成了两步。第一步先完成层压部件基板的胶合压板，第二步再把木皮粘到基板上。你可以在基板干透脱模后马上进行贴面，也可以在对基板完成必要的拆装和微调后再进行贴面。我在制作弯曲层压的门板时经常这样做，因为两扇门之间往往无法完全对齐，需要进行一些表面塑形才能完美匹配。

相对于为门板贴面后再修复微小的错位，我会先层压基板并为其封边，再将层压板部件调整到与柜子开口匹配的尺寸。然后，我会对门板表面进行必要的打磨或调整，最后再完成贴面。要打磨掉波罗的海桦木胶合板或中密度纤维板的一两个角是相当容易的，但如果是在贴面面板的表面做同样的打磨，却是一个相当大的挑战。

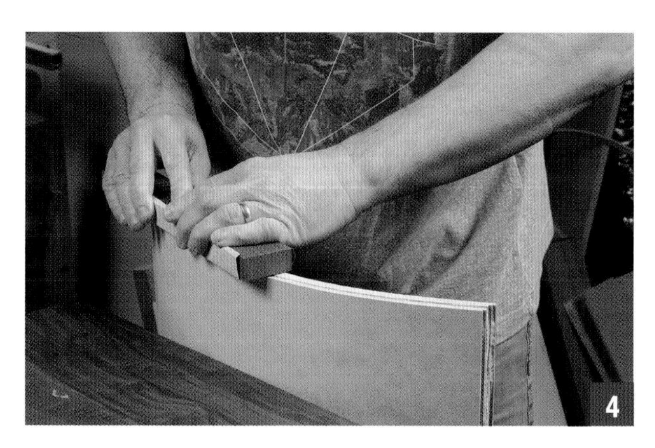

在进行其他操作之前，先把弯曲层压基板其中一条边缘溢出的胶水清理掉，以便在后续的切割操作中有一条平直的参考边。

在清理完弯曲层压基板的一条边后，将这条边紧靠台锯上的纵切靠山，将对边修整平直，使其与第一条边平行。

压基板的一侧向下弯曲并压到模具的弧面上，并通过模具末端的透明胶带将层压基板拉紧（见图3）。对另一侧重复上述操作。透明胶带能够将层压基板固定足够长的时间，让你能够顺利将组件放入真空封袋装置中进行压板处理。

在层压基板上覆盖塑料薄膜和垫板，然后将组件滑入真空袋中。在真空封袋装置准确地将层压基板压到弯曲部件模具上时，确保垫板在层压基板上保持正确的放置方向。将压板组件在真空封袋装置中至少放置3~4小时，不过，时间越长越好。将层压基板从真空封袋装置中取出，如果你不打算先粘贴木皮，就将其放在一旁过夜干燥。如果你打算先粘贴木皮，那么将层压基板从真空袋中取出后，就可以直接进行贴面了。

无论你决定使用什么方法将弯曲层压部件修剪到目标尺寸，都要首先用手工刨或硬质打磨块将弯曲层压部件的一条长边处理平直（见图4），用于抵靠在台锯的靠山上，并借此将层压部件的另一条边快速修整平直，这样就获得了两条平行边，便于安装你制作的固定装置来固定部件，同时也有利于在弯曲层压部件两端进行角度切割。为了修整我的弯曲层压部件，我

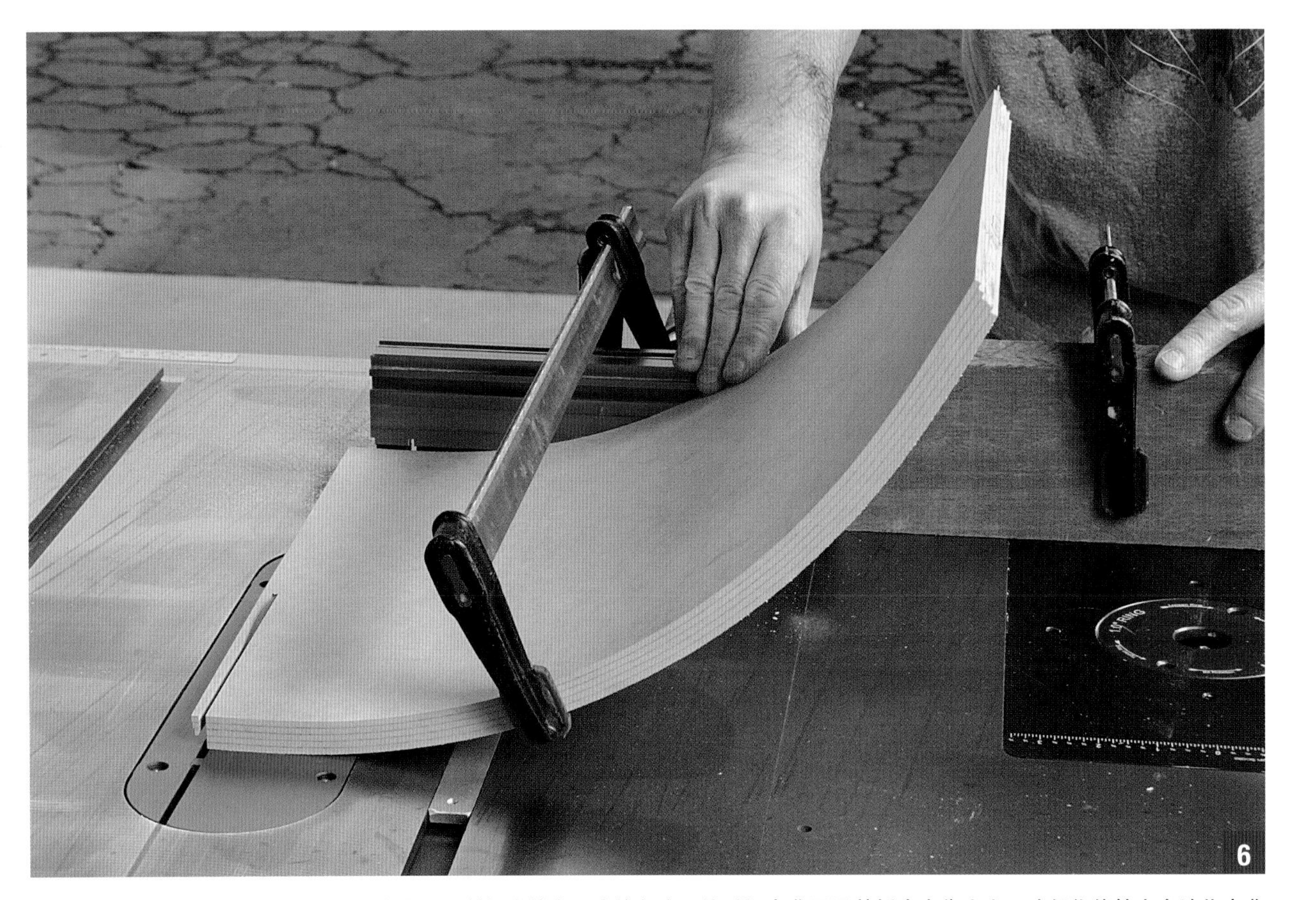

把一块木块夹到你的斜切靠山上，将弯曲层压基板支撑在正确的角度，然后把弯曲层压基板夹在靠山上，确保你能够安全地将弯曲层压基板推过台锯锯片。通过利用这种方法和数字角度尺，你可以在台锯上对复杂的曲面部件进行各种角度切割。

在台锯上组合使用了纵切靠山和斜切靠山，你也可以使用带锯和手刨慢慢完成操作（见图5）。

接下来，将弯曲层压部件修整后的第一条光滑平直的边缘贴靠在台锯的纵切靠山上，将对侧边缘修整平滑且与第一条边缘平行。你可能会重新切割处理过的第一条边缘，以获得更完美的直边。

通过使用斜切靠山和一些废木块来支撑弯曲层压部件，可以使用台锯将弯曲部件的末端切割到几乎任何角度（见图6）。这是我调整弯曲部件尺寸的首选方法。只要多花些时间固定好弯曲部件，使其无法移动，我就可以利用角度规设置好用作支撑的废木块的尺寸，以便在弯曲部件上进行精确的角度切割。

我们将在下一章讨论为弯曲层压部件封边的技术。在贴面之前，我会先用实木条为弯曲层压部件进行封边处理，弯曲层压部件的贴面方法与制作弯曲层压板本身完全相同。在弯曲层压部件上涂抹胶水，将木皮粘贴到位，再对弯曲层压部件的另一面重复该操作（见图7和8）。然后在粘贴木皮的部件上放置⅛ in（3.2 mm）厚的垫板、塑料薄膜和塑料平网，并将组件滑入真空封袋装置中。唯一需要注意的是垫板的大小。鉴于你已经完成了弯曲层压部件的尺寸修整和封边处理，所以贴面用的垫板需要具有不同的尺寸，每个方向最多可以超出木皮⅛ in（3.2 mm）。一旦弯曲层压部件制作完成并封边，后面的贴面操作就非常轻松了。

打磨曲面和弯曲层压部件

所有对弯曲层压部件的打磨都应顺着木皮的纹理进行。为了完全打磨部件，有时需要通过很多短程的打磨动作进行操作。比起打磨平面，打磨较大的曲面需要更多技巧和力气，因为大部分的打磨无法使用电动工具完成，几乎所有的打磨操作都要使用某种形状的打磨块手动完成。我发现，¾ in（19.1 mm）厚的白色保温泡沫板是极好的曲面打磨垫。我把泡沫板切割到4 in（101.6 mm）宽、8 in（203.2 mm）长，这样我就能用两只手握住它，从而将打磨时施加的压力分散到更大的区域。只需用喷胶将砂纸粘贴到泡沫的一面，然后轻轻地将泡沫弯曲紧贴需要打磨的曲面。尽量保持顺纹理打磨，因为去除横向于纹理的磨痕会很费力。

无论使用哪种工具打磨弯曲的木皮，都要确保均匀打磨整个表面。不要在某个区域过多打磨，否则很容易将其磨穿。我会使用150目的砂纸作为最初的砂纸进行初磨，然后依次使用180目的砂纸和220目的砂纸进行后续打磨，直到获得可以进行表面处理的表面。

用喷胶在白色保温泡沫垫上粘贴120目的砂纸，然后弯曲泡沫垫使其贴合弯曲层压部件的弧面，可以将弯曲的木皮或封边条打磨至与层压基板平齐的程度，且打磨效果非常好，只要确保不将面板的边缘磨圆就可以了。这种方法适用于粗磨层压基板，以及将封边条与层压基板打磨平齐，也适用于打磨贴面后弯曲层压部件的木皮表面。

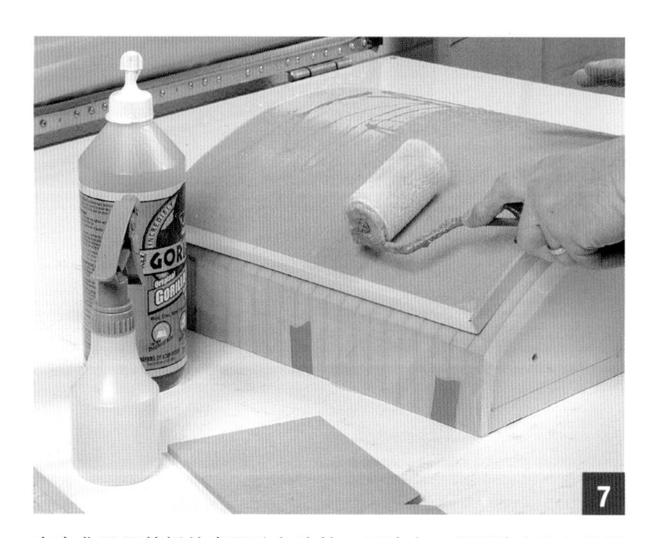

在弯曲层压基板的表面均匀涂抹一层胶水，确保胶水均匀地覆盖整个曲面，包括曲面边缘。

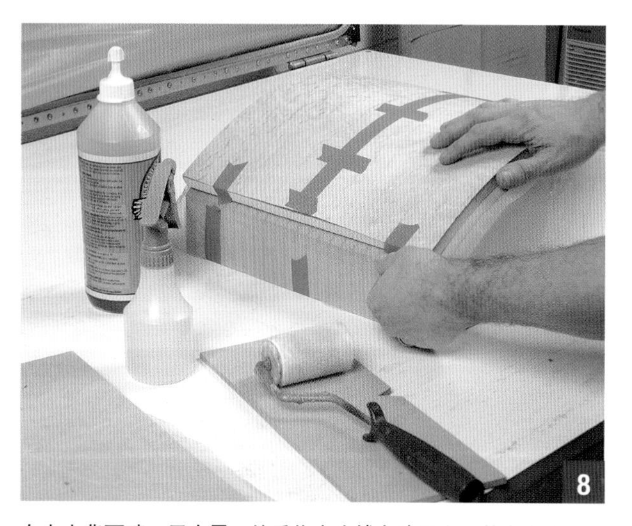

在木皮背面喷一层水雾，然后将木皮铺在胶层上，并在木皮四周粘贴一些蓝色美纹纸胶带，以便在真空封袋装置中保持木皮固定不动。

杰弗逊·沙伦伯格（Jefferson Shallenberger）在他的曲线书桌上运用了多种层压技术。其底座使用了再切割实木制作的层压板，而桌面则是用贴面的胶合板层压板制作而成。在同一件作品上运用多种层压技术，可以让工匠摆脱技术限制，根据自己的设想微调设计。

有时候，制作一件家具需要用到多种模具，就像笔者的这套边桌，每一面的曲线都不相同。这套边桌使用了4种不同的模具，它们均由计算机数控机床切割的中密度纤维板层压制作而成，这种设备使每个部件都拥有连贯流畅的曲线。

笔者为这张椭圆形餐桌制作了一组由弯曲层压板制作的底座。这些部件都是先胶合到大型中密度纤维板模具上，再由真空封袋装置压制而成的。

这张大型半月形餐具柜需要两种不同的模具，并经过三次层压弯曲，才能制作出两端镜像排列的弧形门和中央弧形部件。中央弧形部件是通过整体层压，再切割成单独两部分安装到柜子上的。之后，最终的部件又使用镶嵌细工制作了栀子花装饰图案，并进行了封边和贴面处理。

第10章

封边和横纹镶边

我们已经学习了各种制作贴面面板的技术，现在，是时候介绍一些完善贴面面板边缘的方法了。封边的方式有很多种，你使用的封边类型在很大程度上取决于特定作品的要求。我们先从一些简单的示例开始，例如用木皮封边，其胶合快速，而且如果使用与贴面面板相同的木皮进行封边，那么面板边缘几乎可以与贴面面板的纹理完美地衔接。封边条也可以使用实木，就像你平时见到的贴面桌子或橱柜顶板那样。这样做的好处是可以用实木封边条保护脆弱的贴面面板边缘，如果选择使用颜色对比强烈的实木作为封边材料，还有可能增加一些装饰性的细节。

除了这些类型的封边，我们还会学习如何为贴面面板制作横纹镶边。横纹镶边由木皮或再切割的实木制作，其纹理走向为从面板的中心区域向外辐射。根据最终设计方案的需

笔者的这张小边桌的贴面镶嵌细工桌面采用了桃花心木实木封边，有助于保护精致的木皮，同时也为整体设计增加了装饰性细节。这样的封边可以成为设计的一部分，而不仅仅是完善贴面面板的一种方式。

此图展示的是贴面面板的部分封边方法，从左至右分别是：木皮封边、横纹木皮镶边、再切割木皮横纹镶边、瀑布纹木皮封边和实木封边。最下面是弯曲实木封边的示例。

求，横纹镶边可以在贴面过程中或之后进行。我们也会介绍到瀑布纹木皮的贴面技术：面板表面的贴面木皮一直延伸到面板边缘和与之相邻的垂直面，使作品整体看起来宛如用一块实木制作而成，其所有表面都流动着精美的对称纹理。这种图案让我们不需要在面板边缘使用长条直纹木皮封边，而是用由较短的横向纹理木皮拼接而成的长条木皮进行封边，封边木皮条纹理垂直于其长边。

我们还会讨论用木皮和实木对曲面面板进行封边的方法。它们采用的基本技术是相同的，只是实木封边需要更多的切割和塑形操作，以使实木封边条符合面板的形状。

如果需要封边，你要做一个重要的决定，那就是何时进行封边，也就是在贴面之前还是贴面之后的问题。这两种情况的区别看似不明显，但在很多时候，你更希望在贴面之前对部件进行封边处理，以便将边缘隐藏在木皮之下，同时使木皮的胶合更轻松。我会在本章介绍这几种情况。

基础的木皮封边

使用与面板表面相匹配的木皮对贴面面板进行封边可以形成无缝的面板外观，还可以为贴面面板木皮的边缘提供足够的保护，比如柜门这样的部件。我不建议在餐桌等家具上使用

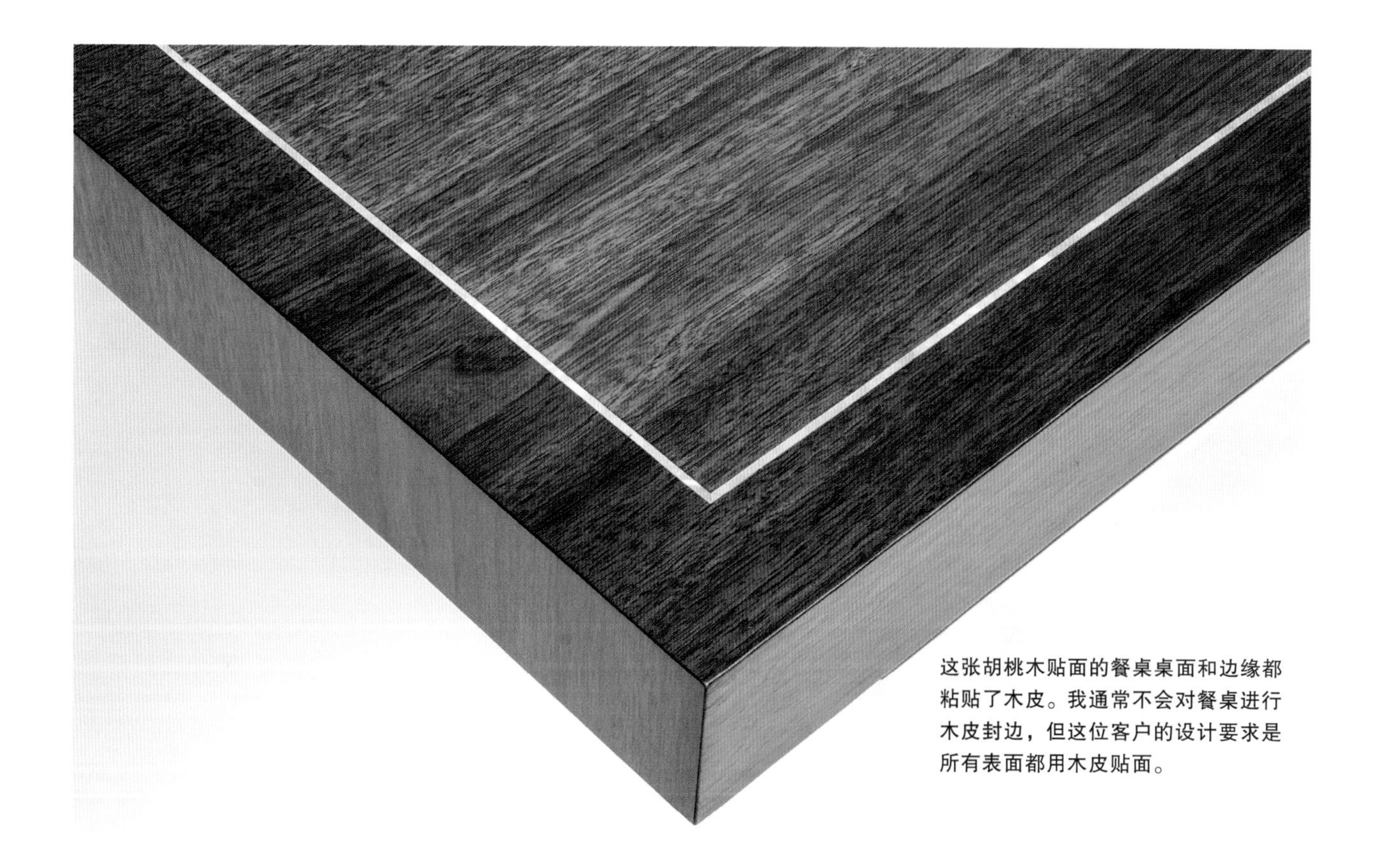

这张胡桃木贴面的餐桌桌面和边缘都粘贴了木皮。我通常不会对餐桌进行木皮封边，但这位客户的设计要求是所有表面都用木皮贴面。

木皮进行封边，除非家具的设计只能如此，因为桌面和侧面木皮相接处的锋利边缘很容易损坏。

在粘贴好面板的木皮并且胶水完全凝固后，将面板修整到最终尺寸，准备进行封边。通常，我会只修整两条边，上下边缘或左右边缘，然后进行封边，这样在我修整剩下的两条边时，能够形成与最初的两条封边条的末端完美平齐的切口。假设你以这种方式切割封边条，就不需要修整面板的第一批封边条的两端，因为当你将面板修整至最终尺寸时，封边条的两端会被切割得与面板末端齐平。

我经常用这种技术进行实木封边，这样就不需要手动将封边的两端与面板两端修齐。这可以为你省去很多烦琐的封边调整操作，无论最终封边条的末端是靠近柜子腿还是侧面横挡。如果最初的封边条可以留长一些，然后在切割面板时再将其修整至最终尺寸，你会给自己省去很多麻烦，节省很多时间。

胶合木皮封边条

用木皮给贴面面板封边其实很简单，先切割几条贴面面板所用的木皮，并确保这些木皮条至少比面板的厚度宽 ¼ in（6.4 mm）。这可以在你使用木皮封边时预留余量，以防在使用夹具压板时木皮发生移动。横跨封边条粘贴几条蓝色美纹纸胶带也有助于在上夹具前固定木皮。

我通常用太棒1代胶来粘贴木皮封边条。它的黏合强度足以将木皮封边条固定到位，而且干燥得很快，能够让你在一天内完成多块面板的封边处理。在面板的第一条侧边上均匀地涂抹太棒1代胶，并用铁管毛刷或手指将其在面

在面板侧边均匀地涂抹一层太棒1代胶，然后将木皮封边条放置到位压好，并横跨侧边粘贴几条蓝色美纹纸胶带固定木皮。

板的侧边均匀涂开。然后，将木皮条铺放上去。将木皮条放置到位后，横跨面板侧边粘贴几条蓝色美纹纸胶带固定木皮封边条。

端对端上下翻转面板，在第一条侧边对侧的侧边重复涂抹胶水和粘贴木皮封边条的操作。然后在每条侧边上垫放一块覆有软木的垫板，并每隔几英寸夹上一个夹具。拧紧夹具，并仔细检查木皮封边条是否发生移动。如果封边条移动了，松开夹具，把木皮封边条移回原位，然后再次夹紧夹具。所有夹具全部拧紧后，将面板放到一边静置干燥几个小时。

清理木皮封边

有几种方法可以将木皮封边条修剪至与面板侧边平齐，包括使用装有修平铣头的电木铣、覆有砂纸的硬木打磨块以及锋利的刀具。通过多年的摸索，我找到了一种几乎适用于所有类型的木皮和所有面板的方法。我会先用超形式牌锉刨的细齿面轻柔地将木皮封边条锉削到几

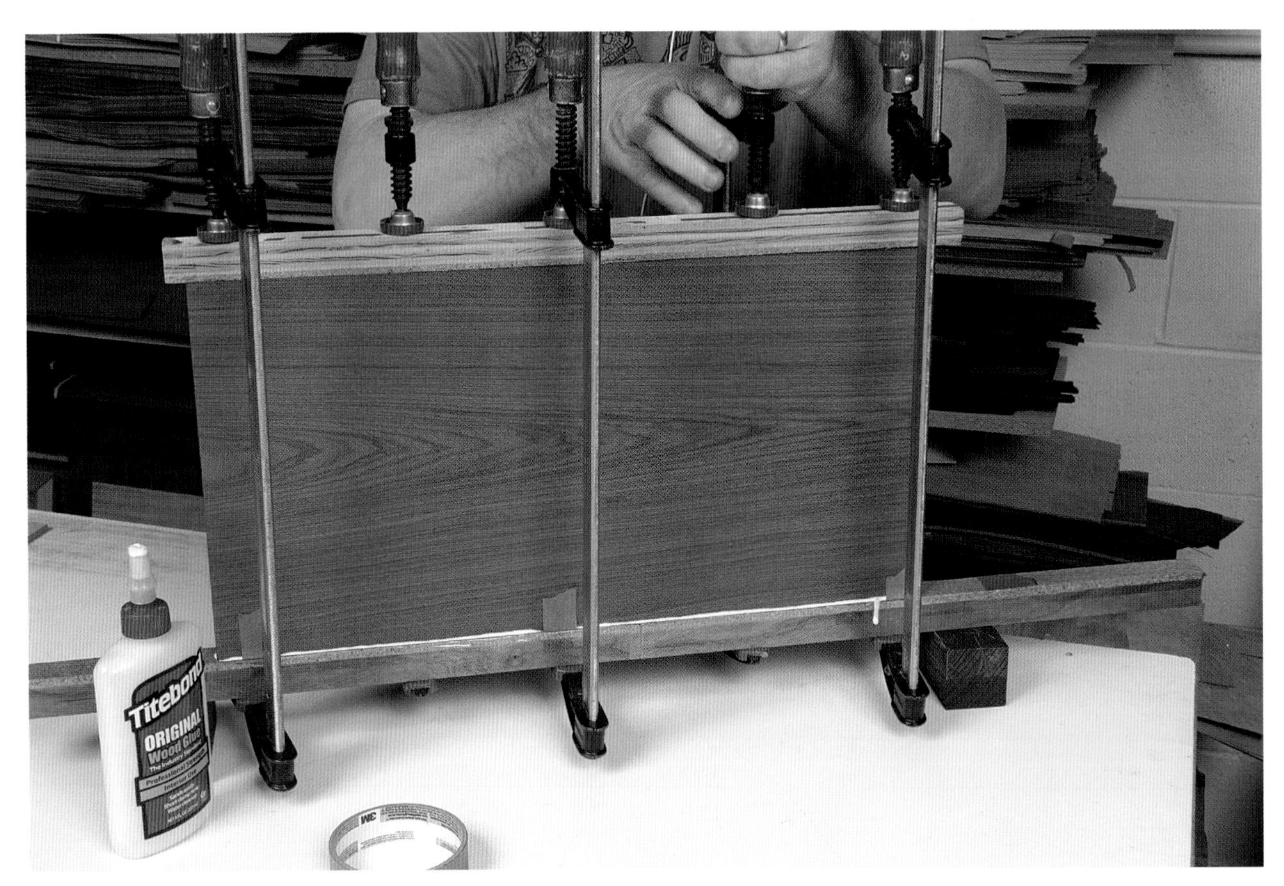

在封边的面板侧边上放置覆有软木的垫板，并每隔几英寸夹上一个夹具，夹紧。

覆有软木的垫板

我首选的粘贴木皮封边条的方法是，用比面板侧边稍宽且覆有软木的垫板同时覆盖两条相对的侧边并用夹具夹紧。比如，你需要用木皮对一块24 in（609.6 mm）见方的、¾ in（19.1 mm）厚的面板的两条侧边进行封边，那么，你至少需要1 in（25.4 mm）宽、26 in（660.4 mm）长的垫板，因为我们要一次对两条侧边进行封边处理，所以你需要准备两块这样的垫板。

木皮封边条很薄，覆有软木的垫板可以帮助分散夹具施加在木皮封边条上的压力，并防止夹具对木皮封边条造成损坏。大多数木材厂都会提供大张的软木板，我购买的是 ¼ in（6.4 mm）厚、4 ft（1.22 m）宽的软木卷材。接下来介绍一种快速制作多块覆软木垫板的方法。首先，切割一块约15 in（381.0 mm）宽、4 ft（1.22 m）长、¾ in（19.1 mm）厚的胶合板，然后从软木卷材上切割一块15 in（381.0 mm）宽、4 ft（1.22 m）长的软木板，在其中一面喷涂一层厚厚的胶水（胶合固定软木所需的胶水比胶合纸张要多得多，所以一定要喷涂厚厚一层胶水）。小心地把软木板的一角对齐并压在胶合板的一角上，然后慢慢把软木板的其余部分压到胶合板上，尽量保持软木板与胶合板的边缘对齐。你可以用层压滚筒滚压软木板，使其牢牢粘在胶合板上，但我喜欢直接把软木板和胶合板组件滑入真空袋中处理几分钟。真空封袋装置压板几乎可以使软木板永久性地胶合在胶合板上。

下一步，用美工刀修剪超出胶合板垫板边缘的软木板。将台锯的纵切靠山设置在超过面板厚度约 ¼ in（6.4 mm）的位置，然后纵切出几条覆软木的胶合板垫板。我喜欢在锯切垫板木条时保持软木面朝上，这样可以防止锯片将软木板从胶合板上分离下来。最好在垫板的软木面粘贴透明胶带，以防止任何外溢的胶水粘在软木上。只需沿每块垫板的长度方向粘贴一条长条透明胶带，然后沿边缘将胶带下压贴紧即可。这些垫板可以使用很长时间，而且软木可以从夹紧状态下很好地恢复，所以可以反复使用。我的一些覆软木垫板已经使用了10年以上。

在软木板的一面喷胶，然后将其按压在胶合板上。我将胶合后的垫板放入真空封袋装置中处理几分钟，帮助胶水固化。

在软木板上粘贴透明胶带，以防止胶水粘到垫板上。

乎与面板平齐的程度。这种锉刨很有趣，可以在破坏木皮的同时锉削木皮。无论如何理解，锉刨都能在不使木皮撕裂的情况下将封边木皮条修整平整。

在使用超形式牌锉刨时，有一种特殊的方法可以避免损坏面板表面的木皮。首先，在锉刨的前端缠上几圈蓝色美纹纸胶带，防止锉刨的尖端刺入面板木皮中，这样，你就不需要在锉削木皮封边条时担心可能会损坏面板木皮了。我通常会在木皮封边条几乎与面板平齐时停止锉削。因为继续锉削木皮封边条时，似乎不可避免地会在面板木皮表面留下锉刀的齿痕。我也会从面板的两端向中心操作，这样就不会破坏面板两端多余的木皮了。

锉削好木皮封边条后，将工具换成长打磨块，最好是2 in（50.8 mm）宽、12~15 in（304.8~381.0 mm）长的长打磨块，并在其表面覆盖120目的砂纸。同样，在打磨块的前端缠上几圈蓝色美纹纸胶带，然后将木皮封边条打磨到与面板表面木皮平齐，并及时停止打磨。在打磨过程中，打磨块前端缠绕的蓝色美纹纸胶带可以防止120目砂纸划伤面板木皮。每次需要封边时，我都会在封边之后才打磨面板木皮。这样有助于避免过度打磨面板木皮将其磨穿。打磨镶嵌条也是如此，尽量在所有操作完成后再进行打磨。

用覆盖120目砂纸的长打磨块将木皮封边条打磨至与面板表面平齐。用几层蓝色美纹纸胶带缠绕打磨块的前端，以防止其损坏面板木皮。

在锉刨或扁锉的前端缠上几圈蓝色美纹纸胶带，防止其刺入面板木皮中，然后将超出面板边缘的木皮锉削到几乎与面板表面平齐的程度。

曲面面板的木皮封边

对弯曲层压的曲面贴面面板进行封边的过程与直边封边的过程有些相似，至少对曲面面板的直边封边来说是如此。不过，对那些角度奇特的面板边缘进行封边就非常有挑战性了。出于这个原因，我通常会在粘贴面板木皮之前先进行封边操作，这样我就可以使用更宽大且更容易胶合到位的实木封边条（见第187页“何时封边”）。

假设你已经制作完成了一块弯曲层压的曲面门板（我将使用第9章制作的曲面门板作为示

何时封边

有时候，你需要在对面板表面贴面之前进行封边处理，例如，在你想对贴面面板添加横纹镶边时，如果在完成横纹镶边后再进行封边，那就会在面板表面看到封边。或者是在制作曲面门板，并在为门板贴面之前将门板修整到与门框匹配的尺寸时，同样是最好先对曲面门板进行封边处理。在需要为面板进行镶嵌细工或细木镶花装饰时，我同样会先对门板进行封边处理。这样门与门上的图案是连续的，也可以避免在细木镶花面板的边缘看出封边痕迹。

在贴面之前用实木条对曲面门板进行封边也可以使封边条的胶合过程更加轻松。可以将面板边缘切割成90°，并用胶带或夹具辅助胶合封边条，即使封边材料比较厚，也比试图在曲面板的弯曲或成角度的边缘使用较薄的封边材料进行封边要容易得多。在安装曲面门板时，我会在贴面之前粗切出层压板，并完成封边。这样一来，当我最后将门板安装到门框上时，只需要切割实木封边条。

这两扇镶嵌细工门板的上下边缘使用1/16 in（1.6 mm）厚的实木枫木进行封边，左右两侧使用 1/2 in（12.7 mm）厚的实木枫木进行封边。在贴面之前，这两块经过封边处理的门板被安装到门框内，使得门板上的镶嵌细工图案自然衔接，没有被封边条阻断。

笔者制作的这件镶嵌细工柜使用了多种贴面面板，且都在贴面后使用3/8 in（9.5 mm）厚的桃花心木进行了封边处理。封边条既醒目，又与柜身的整体设计相得益彰。

例），先对门板的侧边进行封边。门板的侧边比其顶部和底部边缘更厚，所以我们先对侧边进行封边，再通过顶部和底部边缘的木皮封边条盖住侧边的封边条，隐藏侧边封边条的真实厚度。

对于这样的曲面门板，其顶部和底部边缘的封边条可以使用任何厚度的木皮或任何1/8 in（3.2 mm）厚的实木条，但侧边的封边条需要更厚的封边材料，比如 1/4~1/2 in（6.4~12.7 mm）厚，以便在门的侧边加工斜面来适应门框。在我先于贴面对面板进行封边处理时，我会使用与面板贴面木皮在色调和颜色上搭配的材料，以便面板边缘与面板贴面木皮可以浑然一体。太棒

曲面门板通常需要较厚的侧边封边条，以便与柜身侧板和其他门板匹配。门板上下边缘的封边条会盖住侧边封边条，从而隐藏侧边封边条的厚度。

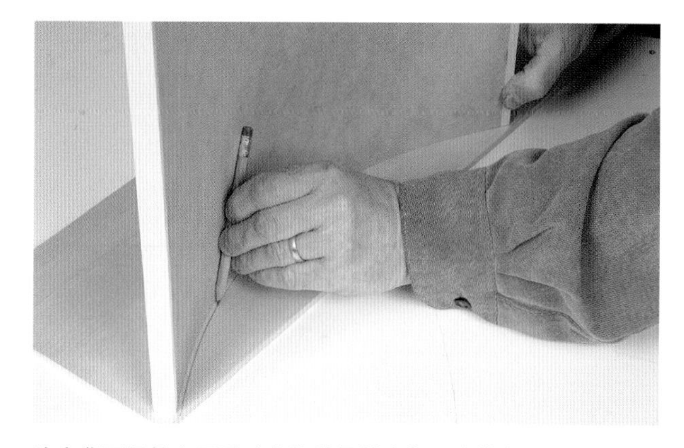
确定曲面门板上下弧形边缘所需封边条尺寸的方法很简单：将门板的上边缘或下边缘放在封边材料上，直接画出边缘的轮廓线。然后用带锯或手术刀沿轮廓线切割即可。具体使用哪种切割工具取决于封边材料的厚度。

1代胶很适合胶合实木封边条，因为它干得快，且胶层很硬。

一种快速测量面板顶部和底部边缘所需封边条尺寸的方法是，取一条比封边区域更宽、更长的木皮。然后把面板顶部或底部边缘压在木皮上，用铅笔沿面板边缘画出轮廓线。这样你就得到了木皮封边条的确切形状和尺寸。木皮封边条的四周都要至少多留出⅛ in（3.2 mm）的余量，以便对齐。你可以使用同样的方法制作相应的弧形覆软木垫板，或者使用更大的矩形垫板。涂抹胶水和修边的方法与直边封边时相同。

胶水凝固后，用短刨刨削掉大部分多余的木皮封边条，然后用搭配120目砂纸的硬质打磨块（或与曲面完全匹配的弧形打磨块）将木皮封边条打磨至与面板边缘平齐。确保在打磨木皮封边条时，不要将其边角磨圆。然后对柜子进行最后的匹配测试，以便在曲面门板完成贴面后可以马上进行安装。

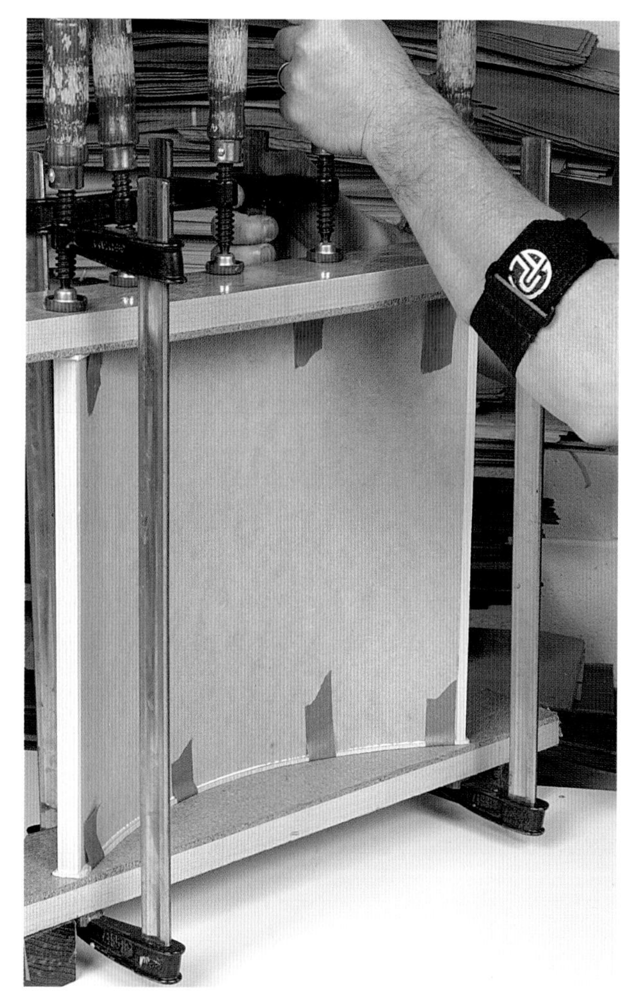
可以使用覆有软木的宽垫板作为曲面门板封边时的夹具垫板，或者切割出与封边条形状匹配的弧形垫板作为夹具垫板。

短刨可以快速刨削掉任何超出曲面门板边缘的封边条，只要确保以正确的角度刨削，使其符合曲面门板的弧形边缘即可。最后用弧形打磨块将封边条打磨到与门板表面平齐。

实木封边条的保护和装饰作用

有很多情况下，贴面面板需要的保护超出了木皮封边条的能力范围，这时就需要用到实木封边条了。实木封边条也可以通过与贴面面板的强烈颜色反差提供额外的装饰效果。很多时候，贴面面板是由花纹精美的名贵木材的木皮或树瘤木皮装饰的，而这些木皮没有相应的实木板材，所以最好的封边选择是通过封边材料的使用形成有趣的对比效果，而不是试图使用纹理罕见的木皮制作完美的颜色搭配效果。

我会将实木封边条用于桌面、柜子顶板，也经常用于门板，当然，我会在不同的应用中采用不同的方式。在贴面桌面的边缘使用装饰性的实木封边条可以增强防磨损的能力，这一点是显而易见的，而且实木封边条可以轻松承受多次打磨和表面处理，而木皮对修补的承受能力就比较有限了。柜子顶板和门板选择实木封边条的原因也是如此。但对于门板，我通常会在同一扇门上结合使用木皮封边条和实木封边条，以充分利用它们各自的优势。实木封边条很适合制作一体的门把手和一套门之间的装饰性隔板，但在需要将铰链和顶部边缘的封边与贴面面板融为一体时，木皮的效果会更好。

制作实木封边

实木封边条的宽度各有不同，既有用于柜门和搁板的几不可见的1⁄16 in（1.6 mm）封边条，也有用于桌面边缘可能带有造型细节的几英寸宽的封边条。我发现，较薄的封边可以直接胶合到板材的边缘（假设它已被整齐切割成目标尺寸），但较宽的封边条除了需要胶合，还需要某种机械加固件，通常包括全长的方栓、饼干榫、多米诺榫或者其他可以连接封边条和面板的部件。

在制作实木封边条时，需要将封边条做得比面板的厚度略厚。具体厚多少取决于封边条的宽度——从2 in（50.8 mm）厚的硬木实木封边条上去除大量的废木料，比从1⁄16 in（1.6 mm）

实木封边条经常使用的加固件有多米诺榫、饼干榫和圆木榫。如果需要全长度的接合，可以切割方栓，将其安装到配对板材上台锯切割出的凹槽中。

如果你已经准备好对封边条发起挑战，不妨试试戴维·马尔的这件作品，它的特点是由几百条（也许是几千块）的⅛ in（3.2 mm）厚的长方形桃花心木和冬青木木条交替组成的封边条。先将桃花心木和冬青木木条边对边拼接在一起，然后再将拼接的封边条胶合到桌子的边缘。这相当锻炼耐心！

在面板边缘的封边条与面板的贴面木皮图案无法匹配时，可以使用与面板贴面木皮色调相近的实木角边，这样既能保护脆弱的贴面木皮，又能统一设计，正如图中艾德里安·费拉祖蒂设计制作的这个盒子那样。

这件小型柜柜门的三条边使用木皮封边，但在把手所在的边缘采用了实木封边，以增加经常触摸的把手部分的耐磨性和避免潜在的损坏。

厚的封边条上去除同样多的废木料更费功夫。

因此，我通常会在铣削较窄的封边条时多留出⅛ in（3.2 mm），即在封边条完成胶合后，顶部和底部边缘各去除约1/16 in（1.6 mm）的废木料。我喜欢把较宽的封边条铣削到更接近面板的厚度，需要多留出约1/32 in（0.8 mm），这样顶部和底部边缘各有约1/64 in（0.4 mm）需要后续去除。所以，当你将宽封边条与面板边缘对齐时需要更加精确，但这一定程度上也是机械加固件的作用。如果能正确地安装饼干榫、多米诺榫等加固件，你就可以轻松地将封边条固定在正确的位置，在后续将封边条修整至与面板平齐时也更省力。

确定机械加固件的位置

铣削实木封边条不是我们在本书中要介绍的内容。它需要你掌握台锯、平刨和压刨的基本操作技能。如果你正在制作贴面家具，那对这些工具应该都很熟悉。我们将要介绍的是，如何定位面板和封边条上的机械加固件，以便封边条在胶合后可以露出正确尺寸的废木料。我将使用费斯托（Festool）的多米诺榫作为封边条的机械加固件，但同样的方法也适用于饼干榫和方栓（只需要换用饼干榫机或台锯切割即可）。

我们假设你已经完成了面板的贴面，并将实木封边条切割到合适的尺寸。在本例中，我

这件柜子以特定的顺序使用了多种封边方法，凭借最少的精力投入和高度简化的复杂程度，实现了图中展示出来的成品设计效果。先对侧板的弧形底边进行封边，然后再将侧板裁切到最终的宽度，从而节省了装配侧板的时间。然后将柜子腿安装到侧板上，再将侧板的顶部边缘修整平齐。这样一来，所有封边条（无论是柜子腿还是装饰线条）都不需要在应用时准确胶合到位。

使用的是2 in（50.8 mm）宽的实木封边条，所以我肯定需要一些机械加固件用于将封边条与面板对齐并长期固定。鉴于封边条较宽，我计划让封边条只比面板厚1/32 in（0.8 mm）。在制作多米诺榫时，我需要在为面板开槽时在靠山下面放置一块垫片。垫片需要1/64 in（0.4 mm）厚，或者大约三四张纸或蓝色美纹纸胶带的厚度。你只需要在使用饼干榫机为面板侧边（而不是封边条）开槽时使用垫片。

通过将封边条抵靠在面板边缘，并用铅笔在两个部件的配对面上做直线标记来定位多米诺榫的位置（见图1）。用开榫机根据标记首先在所有封边条的中心切割插槽。然后将垫片放在多米诺榫机的靠山下，在面板边缘切割出所有插槽（见图2）。我喜欢用一些额外的多米诺榫来测试封边条插槽的匹配情况，这些榫片经过了简单的打磨，所以更容易插入插槽。封边条最终应该相对于面板居中。如果对齐了，就可以准备胶合；如果预期的居中没有出现，则可能是因为你使用的垫片太厚或太薄，或者是你把垫片放在了错误的位置。记住，垫片只能用于面板侧的开槽（见图3和4）。

2

宽实木封边条最终需要微微凸出于贴面木皮。当切割用于将两部分部件固定在一起的机械加固件插槽时，需要在面板表面垫上一个薄垫片，使封边条可以略凸出于贴面木皮。

3

在为封边条切割插槽时，记得取走垫片。

1

在切割多米诺榫的插槽之前，先测试封边条的安装情况。这些封边条已经完成了斜切并能完全匹配。现在同时跨过封边条和面板用铅笔画线，每隔4~6 in(101.6~152.4 mm)做一个标记。

4

如果垫片厚度正确，胶合后的边缘应该只需少量的打磨操作就能与贴面木皮平齐。

曲面封边

如果你设计的家具中有曲面边缘，它们可能需要采用实木或木皮进行封边。两者所需的封边技术相似，但实木封边需要更多时间进行安装（也更耐用）。我有一种专用于曲面封边的方法，而且已经用了很多年。虽然也有很多其他的方法，但如果能完全按照这个方法操作，曲面封边几乎不会出现任何问题。

我会先设计好封边基板的尺寸并将每块基板裁切到位，使它们能够完全包裹桌面边缘（在这个示例中，我将对第6章中的辐射拼胡桃木圆形桌面示例进行封边）。然后每次将一块封边基板滑到桌面下，用铅笔沿着桌面边缘在封边基板上画出封边条的内侧曲线（见图1）。我也会同时标记出封边条的外侧曲线，方便我确认封边完成后桌面整体的纹理效果（见图2）。如果想要得到更好的纹理方向，这是移动尚未切割的封边基板的最佳时机（记得重新标记封边基板）。在这张圆形桌面上，我将使用1½ in（38.1 mm）宽的卷纹枫木对其封边，所以我需要封边基板外曲线的半径至少要比桌面半径大出1½ in（38.1 mm）。我会使用一块1½ in（38.1 mm）宽的木垫片来确定桌面边缘到封边基板外曲线的准确距离，也可以用一把两脚规确定这个距离。我还会在封边基板上标记预留出来方便夹具夹持的区域，这样就会在每块封边基板的两侧末端分别留出一个经过整平的凸起。这些凸块可以方便我在加入新的封边基板时，用小型杆夹将两块封边基板夹在一起，使两块封边基板的胶合更加紧密。等到圆形桌面的所有封边基板完全胶合后，我会用带锯把这些凸块锯掉。

沿着封边基板上的画线切割封边条的内侧曲线和外侧曲线。我会使用各种工具将封边条的内曲线与桌面曲边贴合：轴式砂光机很适合打磨内凹的曲面，而小型台式砂带机或圆盘砂光机适合打磨外凸的曲面。你还可以用曲面刨或曲面打磨块来精修封边条与桌面边缘，直到它们可以完美贴合。在这个阶段，你投入的时间和耐心越多，封边条与贴面木皮之间的衔接就越好。我经常会在封边后增加装饰性的镶嵌条来衔接封边条的接合处——不是为了隐藏封边条之间的接缝，而是为面板的设计增添一个小细节。当所有封边条都安装到桌面上后，微调各个封边条之间的接缝。接缝的方向完全取

1

在每块封边基板上沿着桌面边缘画出封边条的内侧曲线，如果无法连贯地绘制曲线，一定要标明每块封边基板的准确位置。

2

借助木垫块将封边条的外侧曲线绘制到每一块封边基板上。同时，在封边基板的两端上标记出预留的、用于安装夹具的区域。

在所有的封边条都完成切割并精修至合适的安装尺寸后，就可以调整封边条之间的接合处了。最好也画出你要使用的机械加固件的安装位置。对于这张圆形桌面，我会环绕桌面边缘每隔6 in（152.4 mm）安装一个多米诺榫，同时也在每个封边条的接合处设计了多米诺榫。用铅笔标记每一块封边条的位置并编号，因为只有将它们放在正确的位置才能使得机械加固件对齐。我的做法是，为封边条及其在桌面的对应位置编号，然后用铅笔做标记，标记出每块封边条的两端。

决于设计需要，但我发现，均匀地分配每组封边条之间的接缝往往效果最好。因为这些封边条环绕圆形桌面分布，所以接缝基本上是垂直于桌面边缘的，使用圆盘砂光机可以轻松将其拼合。

依次胶合封边条（我发现，由于桌面为圆形，分别胶合封边条会更容易）。为了增强封边条的接合强度，并协助封边条与桌面面板对齐，我在桌面边缘与封边条之间以每6 in（152.4 mm）左右的间隔增加一些多米诺榫插槽，在封边条之间也设计了多米诺榫插槽（见图3和4）。

在封边条的内侧以及用于接合封边条与桌面面板的多米诺榫上均匀涂抹一层太棒1代胶。然后用杆夹横贯桌面分别夹紧封边条和对侧的桌面边缘。在第一块封边条的胶水凝固后，重复此过程，完成其余封边条的胶合。

盒子和柜子的内嵌封边

有时候，你的盒子或柜子的设计需要一种不同于我们前面讨论的实木封边外观。盒子和斜接柜适合使用某种形式的保护性封边，同时为整体设计增加装饰性细节。我会在盒子和斜接柜的贴面面板相交处嵌入实木护边条，通常是⅛ in（3.2 mm）和¼ in（6.4 mm）宽的矩形木条，效果很不错。实木护边条可以选用与贴面面板颜色对比鲜明的木材，用来丰富设计细节，也可以选用与贴面面板颜色非常相似的木材，使实木护条与贴面面板融为一体。

下图这件以胡桃木和安利格木木皮贴面的斜接柜上，我嵌入了鸡翅木护边条来保护胡桃木木皮，并将柜身与柜子腿更紧密地衔接在一起。用护边条完全包裹住柜子的边缘，相比只在柜子的直角处缘嵌入护边条，更好地提升了柜子的整体外观设计。构成柜子的贴面面板都采用了斜接设计，鸡翅木护边条则是在柜身胶合后才安装的。

你可以用台锯在小盒子的边角处切出嵌入

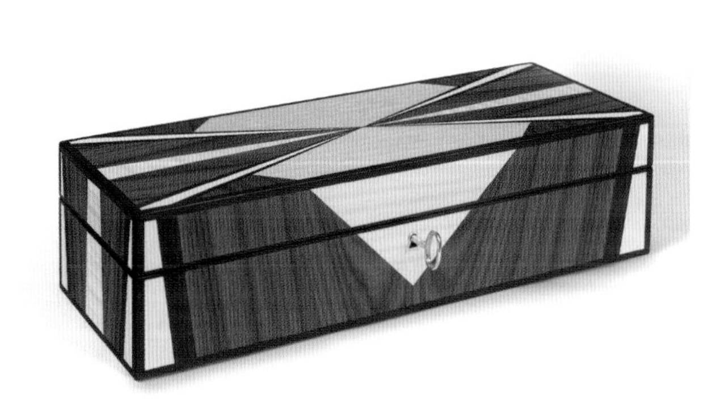

艾德里安·费拉祖蒂使用黑檀木作为这个细木镶花盒子的护边条。黑檀木护边条有两个作用：既能保护盒子表面的木皮，又为整体设计增加了漂亮的装饰性框架细节。

这款以胡桃木和安利格木皮贴面的斜接柜，其贴面侧板需要一些额外的保护，所以笔者为柜子的边角制作并嵌入了横截面边长¼ in（6.4 mm）的鸡翅木护边条，并在柜子的顶部和底部边缘添加了同样的鸡翅木护边条，以形成统一的装饰效果。

达米恩·福奥泽的这两件苏拉威西乌木贴面盒子得益于乌木的实木护边条，不仅为盒子增添了装饰性细节，还为构成盒子的贴面面板提供了一定的保护，防止其被损坏。

斜接的箱体组装完成后，用配备了开槽铣头的电木铣和直边靠山沿箱体的顶部边缘铣削出深度和宽度均为 ¼ in（6.4 mm）的半边槽。在每一次开始和停止铣削时都要小心，因为柜子无法为电木铣的底座提供足够的支撑。在进行铣削之前，先为电木铣制作一个更大的辅助底座，以提供更多的支撑，这个建议值得考虑。

这类护边条的半边槽，但对于第196页左图中这样体积较大的柜子，我使用配备开槽铣头的电木铣，并在电木铣的基座上用螺丝拧上一块直边靠山作为导轨提供辅助，切割出所需的半边槽。左图中的半边槽需要嵌入的是横截面边长 ¼ in（6.4 mm）的护边条，所以将开槽铣刀的铣削深度和铣削宽度设置为 ¼ in（6.4 mm）。在为贴面的柜身面板铣削凹槽之前，先用边角料进行试切，以调整直边靠山的位置和铣头的铣削深度和宽度，使两个尺寸一致。

像铣削其他实木部件一样铣削实木封边护边条，但要确保护边条横截面的最终边长尺寸稍大于 ¼ in（6.4 mm）。因为我们已经精确地切

我在制作所有实木封边和护边条时使用的都是太棒1代胶。太棒1代胶的开放时间长，而且能够形成坚硬的胶层。在用于嵌入护边条的半边槽上涂抹一串太棒1代胶的胶珠，并用小刷子或边角料将胶珠在半边槽的底面和侧壁上均匀涂开。将护边条安放到半边槽中，并横向及纵向粘贴蓝色美纹纸胶带将护边条固定。每隔1 in（25.4 mm）左右粘贴一条蓝色美纹纸胶带，并在胶合处把胶带向着两个方向拉紧。静置一段时间，直到胶水凝固。

护边条

把护边条安装在环绕顶部组件边缘铣削出的半边槽中。护边条能够同时保护和装饰贴面面板，具体效果取决于材料的选择。

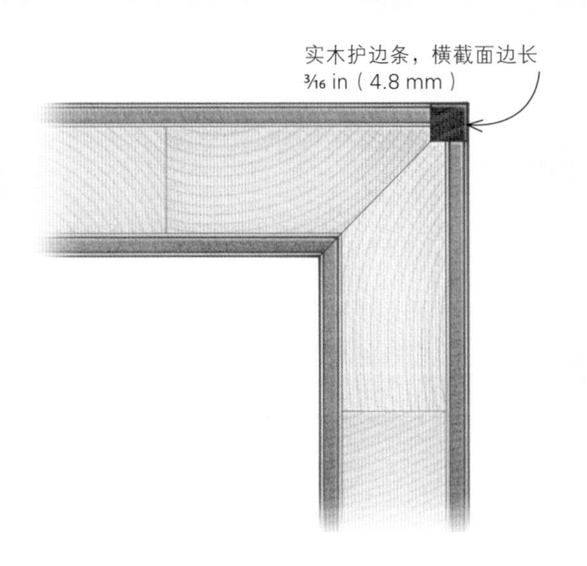

这张桌子的整个表面采用了多种贴面技术。它需要为桌面边缘精致的横纹镶边木皮提供额外保护。我因此制作了横截面边长⅛ in（3.2 mm）的加蓬乌木护边条，不仅可以突出横纹镶边木皮，而且为其增加了必要的保护。不同贴面面板之间的乌木护边条也很有帮助。

割出了半边槽，所以你可以参照半边槽来精修护边条，使其略高于贴面面板，大约高出1⁄64 in（0.4 mm）的一半就够了。

当所有封边护边条的胶水凝固后，将护边条刨削或打磨至与贴面面板平齐，注意不要过度打磨贴面面板。同样的封边方法也适用于任何其他需要额外保护边缘的作品。在桌面正面及其边缘都用木皮贴面的情况下，我经常会为桌面面板添加护边条。如果操作得当，可以增加很巧妙的设计细节，隐藏护边条保护桌面的贴面木皮不受损坏的真正目的。

横纹镶边

另一种修饰贴面面板的方法是使用横纹镶边，这是一种围绕中央贴面面板的贴面边框。通常情况下，横纹镶边的木皮纹理方向是自面板中心向外发散并远离的，但也可以选择不同纹理方向的木皮，以实现不同的装饰效果。无论横纹镶边的木皮纹理方向如何，制作横纹镶边的方法都是相似的，而且需要预先确定贴面基板的尺寸，以确保横纹镶边能够匹配最终的贴面面板开口。由于横纹镶边的宽度一定，若在横纹镶边木皮胶合到贴面面板后，再将贴面面板修整至所需尺寸，会导致横纹镶边的宽度不均，且转角位置的斜接无法准确衔接。

确定贴面基板大小

下面的介绍中我使用的贴面基板是已经被修整为14 in（355.6 mm）宽、24 in（609.6 mm）高的门板，并且预先用1⁄16 in（1.6 mm）厚的桃花心木实木对贴面基板进行了封边，所以当贴

笔者设计制作的这件柜子，其弧形柜门中心贴面采用了辐射拼的黄缎木木皮，四周则采用樱桃木木皮进行横纹镶边。要想制作这样所有细节规整且均匀分布的门，需要相当缜密的设计计划。在拼接正面木皮之前，这些门板都已经进行了封边处理，并安装到了开口处，这样就能准确测量正面木皮的尺寸并进行切割。

面基板贴面之后，其正面的木皮能够覆盖封边条，将封边条隐藏起来。一旦贴面基板的尺寸确定并完成封边，就可以根据其尺寸切割横纹镶边木皮和中央贴面木皮了。对于这扇门，我计划使用1½ in（38.1 mm）宽的横纹沙比利木皮作为横纹镶边木皮，而中央贴面木皮选用卷纹枫木木皮。鉴于横纹镶边的宽度为1½ in（38.1 mm），我需要将中央贴面木皮裁切到所需尺寸，以保证横纹镶边木皮可以均匀环绕在周围。成品门板的宽度为14 in（355.6 mm），所以我需要减去门板两侧横纹镶边的宽度，最终得到中心贴面木皮的宽度为11 in（279.4 mm）。同理，门板的高度是24 in（609.6 mm），减去两个1½ in（38.1 mm）后，得到中心贴面木皮的长度为21 in（533.4 mm）。根据上述计算所得结果，需要将卷纹枫木木皮裁切到11 in（279.4 mm）宽、21 in（533.4 mm）长，并确保裁切后的木皮边角整齐，木皮整体方正。如果你需要打磨木皮的边缘，也要遵循这些要求。

切割横纹镶边木皮

取一片4~6 in（101.6~152.4 mm）宽、大约12 in（304.8 mm）长的径切沙比利木皮用来制作横纹镶边木皮摞。在这摞木皮两端用蓝色美纹纸胶带固定（见图1），然后使用前文介绍的木皮裁切方法，把这摞木皮的两条对边修剪平直且彼此平行。当我们对尺寸确定的门板进行贴面时，贴面木皮的尺寸不宜过小，所以我们要把横纹镶边木皮裁切成1⅝ in（41.3 mm）宽，而不是刚好的1½ in（38.1 mm）宽。这样超出门板尺寸的横纹镶边木皮会悬空在门板边缘，并方便我们确认横纹镶边在转角处的斜接在胶合时是否能与门板的转角精确对齐。

将径切沙比利木皮的一组对边和一端修整方正，然后在木皮摞四周用蓝色美纹纸胶带将整摞木皮固定。

横向于这摞沙比利木皮的纹理量出1⅝ in（41.3 mm）的宽度并画线，然后将平尺放在画线上，沿平尺切割出若干摞相同宽度的木皮，用来制作横纹镶边。在切割横纹镶边木皮条的同时，按照切割的顺序将木皮条在一旁排列好。

对于顺拼而成的横纹镶边，只需将每片木皮从木皮摞上滑下，挨着前一片木皮顺次拼接即可。然后横向于相邻木皮的接缝粘贴蓝色美纹纸胶带，确保横纹镶边木皮的内侧边缘保持平直。

首先测量出第一条横纹镶边并进行裁切。在木皮摞上量出正好1⅝ in（41.3 mm）的位置并画线。把平尺放在画线上，然后沿平尺切开整摞木皮。重复测量、画线和切割的步骤，直到切割出4~6摞宽度相同的沙比利木皮条（见图2）。保持木皮条按照切割顺序放置，并确保木皮条没有被翻面，否则最终门板的横纹镶边的纹理可能会很奇怪。

拼接和粘贴横纹镶边木皮

因为我使用的都是径切沙比利木皮，所以我会对横纹镶边进行顺拼，而非对拼。这就意味着，我不需要把每一片木皮左右对调翻面，而只需要把它们逐块地按顺序排列，就能形成一条纹理均匀的镶边（见图3）。

我们会在木皮的胶合面完成所有的粘贴操

作，这样后续就可以在展示面粘贴湿水胶带。将中央贴面木皮放在工作台上，用铅笔在上面标记出每条边缘的中心点。这些中心点将是拼接镶边木皮时的参照点。同时，也要测量并标记出横纹镶边木皮的中心点，以便更容易与中央贴面木皮对齐（见图4）。然后把第一条横纹镶边木皮居中放在中央贴面木皮的一条边缘。沿接缝横向粘贴几条蓝色美纹纸胶带，将拼缝处的木皮紧紧拉在一起。在中央贴面木皮的另外三个边缘重复上述操作，并让横纹镶边木皮的末端自由重叠（见图5）。

在中央贴面木皮的每条边缘分别标记出中心点。现在，通过横纹镶边木皮的中心点将镶边木皮与中央贴面木皮的边缘中心点对齐进行拼接。

> ❖ 小贴士 ❖
>
> 保持手术刀锋利，在切割垫上修整斜接边角，同时注意在木皮的胶合面进行操作，以防失误。

将每片横纹镶边木皮粘贴到中央贴面木皮上，确保中心点彼此对齐。沿接缝横向粘贴几条蓝色美纹纸胶带，但在边角附近的位置不要粘贴胶带，以便后续进行斜切。

斜切边角

斜切边角需要一把直尺和一把手术刀（见图6）。从第一个角开始，将直尺放在两片重叠的横纹镶边木皮上，使其沿两片木皮重叠部分的对角线放置。这样做可以得到一个精确斜接的边角，这种方法也适用于不同宽度和弧度的横纹镶边。在直尺完全对齐对角线后，沿直尺慢慢切开两片木皮。从木皮的两端向中心切割，以防木皮在切割时裂开。将边角切开后，去掉多余的木皮，并把两个斜角拼接在一起。这样应该会得到完美切割和对齐的斜接边角。横跨斜接边角的接缝粘贴蓝色美纹纸胶带，将两片斜接木皮拉紧（见图7）。然后以相同的方式制作剩余三处的斜接边角。

完成所有斜接边角的切割和拼接后，将整片木皮翻面，使展示面朝上，开始沿中央贴面木皮和横纹镶边木皮的拼缝粘贴湿水胶带。沿每条斜接边角的接缝也粘贴一块湿水胶带。当湿水胶带干燥后，将木皮再次翻面，把木皮胶合面的蓝色美纹纸胶带全部去掉（见图8）。检查所有的斜接边角，确保它们依然方正且拼接精确。

胶合横纹镶边木皮

按照其他木皮的胶合方法胶合横纹镶边木

要想准确地切割横纹镶边两端的斜接边角，需要在两片横纹镶边木皮的末端留出余量，并将直尺沿两片木皮重叠部分的对角线放置。用手术刀沿直尺切割横纹镶边的斜接边角，直到重叠的两片木皮被完全切开。

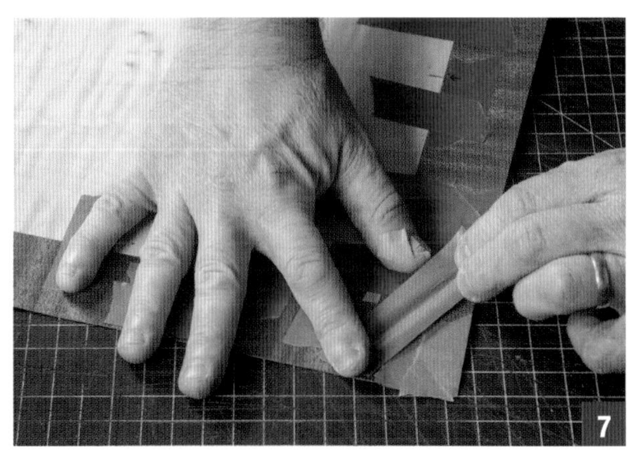

横向于斜接边角处的接缝粘贴蓝色美纹纸胶带，将木皮拉紧。

将木皮翻面，使其展示面朝上。仔细检查斜接边角是否已经准确地切割整齐。最后，在中央贴面木皮和横纹镶边木皮的拼缝处粘贴湿水胶带，待湿水胶带干燥后，再次将木皮翻面，去除胶合面上的蓝色美纹纸胶带。

为了确保木皮的斜接边角与基板的边角对齐，俯视每个边角，将斜切边角与基板的边角对齐。在所有的边角都对齐后，沿每条边缘粘贴几条蓝色美纹纸胶带将木皮固定到位。

> ❖ 小贴士 ❖
>
> 打磨横纹镶边面板与打磨镶嵌细工或细木镶花面板相同，即用不规则轨道砂光机完成终磨，因为木皮有多个纹理方向。

皮。通常，我会使用UF或聚氨酯胶这类可以形成坚硬胶层的胶水来胶合横纹镶边木皮。当你准备把木皮胶合到门板上时，一定要把它的展示面朝下放置，以便可以看到木皮的胶合面。然后，你可以检查木皮的斜接边角是否与门板的边角完全对齐。在胶合后的门板四周粘贴几条蓝色美纹纸胶带以固定胶合的木皮，这样做是值得的，因为如果在完成压板后取出面板时，才发现木皮在你不注意的时候发生了滑动，你会非常沮丧（见图9）。

实木横纹镶边

有的时候，你需要对面板进行横纹镶边，但又不想在胶合中央贴面木皮之前进行。也许所需的横纹镶边是带有曲面边缘的复杂形状，难以用木皮切割，或者它需要在胶合后才安装到箱体上。又或者，你需要使用横纹镶边作为

这款枫木树瘤木皮贴面的床头板是在将贴面木皮粘贴到基板上，且贴面面板被调整为能够安装到框架内的尺寸后，才用再锯切的樱桃木实木进行横纹镶边的。面板的整体尺寸与其顶部边缘的弯曲层压部件使得在贴面后的面板四周铣削凹槽，以及胶合再锯切横纹镶边的过程变得相对容易。这样一来，横纹镶边的宽度都一样，斜接边角也能完美对齐。

桌面的封边条，因此需要比木皮更坚固的镶边材料。在这些情况下，我会在对面板贴面后，将再锯切木皮作为横纹镶边胶合到贴面面板四周切割出的半边槽中。这样的横纹镶边相对容易制作，但会在再锯切木皮和将横纹镶边安装到贴面面板上耗费更多时间。

再锯切宽木皮这个主题可能需要另一本书来讲解，但用台锯再锯切窄实木板作为横纹镶边所需的材料则很容易，因为这些实木板足够窄，可以一次性完成切割。我喜欢用台锯切割横纹镶边所需的材料，因为我能把它直接切割到所需的厚度，而且不同于用带锯切割，使用台锯切割后的实木板无须再进行刨平或打磨。不管使用哪种切割方式，要想用再锯切木板制作横纹镶边，你需要选择一块品质上乘的6/4 in（38.1 mm）或8/4 in（50.8 mm）厚的径切板或四开板，且木板越宽越好。在之前的梳妆台（见第86页左上角照片）示例中，其中一块侧板就是用枫木树瘤木皮贴面，用樱桃木实木横纹镶边的。

制作实木横纹镶边

对于这块侧板，我通过再锯切一块6/4 in（38.1 mm）樱桃木木板来制作横纹镶边。首先，我需要将樱桃木木板的4条边缘都锯切方正并整平，以准备进行再锯切。接下来，沿木板的一条边缘画一条长对角线，用来保持切割件的顺序。完成后，横切木板一端，使切面与木板的其余部分端面保持垂直。台锯上的斜切靠山非常适合这种切割（见第203页上图）。因为贴面面板的横纹镶边是1 in（25.4 mm）宽，所以我

将用于横纹镶边的樱桃木木块修整方正，然后在台锯上通过斜切靠山依次横切木块。

将靠山与锯片的距离设置得稍稍超过凹槽的深度，然后将木块纵锯成再锯切木板。在整个过程中保持木板的切割顺序。这种切割是无法在使用锯片防护罩的情况下进行的，所以在切割时一定要使用推料板，以确保你的手远离锯片。

希望横纹镶边樱桃木块至少有1⅛ in（28.6 mm）宽。将纵切靠山与锯片的距离设置为1⅞ in（47.6 mm），然后在靠山的前端夹上一个¾ in（19.1 mm）厚的垫板，这样可以有效避免木板卡在锯片和靠山之间。现在，将木板横切成1⅛ in（28.6 mm）长的木块，确保每次都将木板夹在斜切靠山上，这样木板就不会移动（可以在木板后面放一块垫板，以防木板背侧边缘在锯切时撕裂）。

切割好所有木块后，按照切割顺序摆放。将纵切靠山与锯片的距离设置为⅛ in（3.2 mm），将锯切深度设置得比1⅛ in（28.6 mm）稍大，使用推料板和羽毛板，在安全的前提下，将木块纵切出尽可能多的横纹镶边条。为了安全，不要试图锯切最后一块横纹镶边条，因为此时的木块已无法提供锯切所需的稳定性。将横纹镶边条按照锯切顺序堆叠到一边，直到锯切完所有木块。

为面板切割凹槽

有许多方法可以有效地切割面板边缘的横纹镶边凹槽。如果你比较老派，可以用手锯和槽刨来切割，或者为台锯安装开槽锯片，将面板平放在台面上完成锯切。也可以把面板竖起抵靠在台锯较高的靠山上，用普通锯片切割凹槽。我就是这样做的。我会把凹槽深度切割得略小于⅛ in（3.2 mm），将其宽度切割为1 in（25.4 mm）。

如果你偏爱的工具是电木铣，那么你需要自制一些靠山，可能还需要自制一个超大的底座用来固定电木铣，因为在用电木铣铣削比较

用台锯切割实木横纹镶边的凹槽非常简单，只要使用羽毛板并密切注意操作即可。不论何时，都要让你的手远离锯片。

将再锯切的横纹镶边条拼接在一起，其过程与拼接横纹镶边木皮相同，区别在于斜接边角的切割：因为木条较厚，无法用手术刀切开，所以需要在工作台上完成斜切，然后还要测试斜接边角的匹配情况，直到两条横纹镶边木条完美斜接在一起。

宽的凹槽时，木板难以提供足以支撑电木铣底座的材料。你也可以使用电木铣倒装台，根据你选择的铣头，水平或垂直铣削木板凹槽（水平铣削更为安全，所需的铣头也较小）。如你所见，切割凹槽的方法很多，但我将着重讲解横纹镶边的切割和组装，这比单纯切割凹槽更复杂，也更注重细节。（我想如果你已经读到了这里，应该知道如何切割凹槽了吧！）切割弧形凹槽的过程与之基本相同，但你可能需要使用电木铣和模板才能进行精确切割。

组装横纹镶边

把所有横纹镶边条拿到工作台上，将它们铺开，首尾相接拼接成长条的横纹镶边条。我采取的是对拼的方式，所以每隔一条镶边条都要将横纹镶边条翻面。横跨相邻横纹镶边条的拼缝粘贴蓝色美纹纸胶带，确保拼接的横纹镶边条内侧边缘保持平齐。当你拼接好足以覆盖面板边缘的横纹镶边条后，像前文的操作步骤那样，标记面板每条边缘和横纹镶边条的中心点，然后从中心向外延伸，用蓝色美纹纸胶带暂时将横纹镶边条粘贴到面板的对应位置。

在胶合横纹镶边条前，你需要逐一切割斜接边角并将其拼接在一起。我使用与拼接横纹镶边木皮条的斜接边角相同的方法（见图1），只是改用铅笔沿着直尺先做标记，而不是直接用手术刀沿直尺切开木皮。在重叠的横纹镶边

用直尺和铅笔标记出斜接边角的切割线，然后取下上层的横纹镶边条，沿切割线切割或打磨出斜面。

把第一条完成边角斜切的横纹镶边条粘贴回原位，并用它在与其重叠的横纹镶边条的末端标记斜切切割线。切割第二条横纹镶边条的斜接边角时，需要反复将其与第一条镶边条的斜接边角进行匹配测试，以免过度切割。

条最上层画出斜接边角的切割线，然后从面板上取下横纹镶边条，并按照切割线斜切边角（见图2）。如果你为圆盘砂光机制作了一个45° 的斜切靠山，也可以轻松地使用圆盘砂光机打磨出横纹镶边条的斜接边角。将完成斜切的横纹镶边条重新放回原位，并利用斜接边角在与其重叠的镶边条末端标记对应的斜切切割线。再次取下横纹镶边条并斜切边角，但这次要在切割线外侧切割，并测试其与第一次的斜接边角的匹配情况。逐次精修第二次的斜接边角，直到获得完美匹配的斜接边角（见图3）。

每次胶合一条再锯切的横纹镶边条会比较容易。完成所有横纹镶边条的胶合需要很长时间，但最终可以获得完美对齐的横纹镶边。在凹槽中均匀涂抹一层胶水，但不要将胶水涂抹到相邻横纹镶边条的末端。

胶合横纹镶边

取下一条完整的横纹镶边条，在凹槽内涂抹胶水（仍使用太棒1代胶）（见图4）。用小刷子将胶水涂抹均匀，尽量不要将胶水涂抹到相邻横纹镶边条的末端。将横纹镶边条重新放回上胶的凹槽中，将横纹镶边条按在胶合区域，并用胶带将其牢牢固定在面板边缘（见图5）。在胶合的横纹镶边条上压上一块覆有软木的垫板，并用夹具将其紧紧夹在面板上。待第一条横纹镶边条的胶水凝固后，对其余的横纹镶边条重复此操作，确保在胶合横纹镶边条时，把斜接边角同步胶合到位（见图6）。

用蓝色美纹纸胶带将横纹镶边条粘贴在凹槽边缘，拉紧蓝色美纹纸胶带，使横纹镶边条牢牢抵靠在面板上。

使用覆有软木的垫板和夹具将横纹镶边条夹紧到位，直到胶水凝固，然后处理胶合下一条横纹镶边条，直至完成所有横纹镶边条的胶合。用一些胶合板边角料抬高面板，使其与工作台表面隔开一段距离，更方便固定夹具。

笔者的这款小型边桌将瀑布纹贴面工艺发挥到了极致，每个侧面上完全相同的对拼径切桑托斯玫瑰木木皮纹理给人一种飞流直下的感觉。

待所有横纹镶边条的胶水凝固，将其打磨或刨削至与贴面面板平齐，并用安装修边铣头的手持式电木铣将多余的镶边木条去除，使横纹镶边与面板边缘平齐。然后你就可以进行打磨了，方法与我们打磨木皮镶边的方法相同。

瀑布纹木皮封边

瀑布纹木皮封边可以给贴面面板带来更为一致的实木外观，因为木纹理看起来就像是从面板表面流向面板边缘。这种封边方法与前述的木皮镶边类似。不过，瀑布纹木皮封边条是在胶合之前从一片非常宽的横纹镶边木皮上切下的。在操作正确的情况下，瀑布纹封边相较于普通封边需要耗费更多的精力，且对操作精度要求更高。为了准确地利用木皮创造出瀑布般流动的效果，封边木皮的纹理需要与贴面木皮的纹理精确对齐。

左图的边桌顶板的中心贴面采用了卷纹枫

达伦·弗莱（Darren Fry）在制作这件胡桃木贴面柜时使用了瀑布纹贴面技术，胡桃木木皮纹理从柜子的顶板向下延伸，经过所有垂直部件的表面直至底座，创造出了整齐、现代的外观设计。

确保为横纹镶边木皮增加额外的长度和宽度，以便稍后切下封边条。测量桌面顶板所需的横纹镶边条的宽度，并在每片木皮上画线。

木木皮，四周的横纹镶边选用了1 in（25.4 mm）宽的桑托斯玫瑰木木皮。桑托斯玫瑰木木皮从桌面的边缘一直延伸到桌子的底座，这使部分贴面工作变得相当烦琐，但与最终实现的外观效果相比，这些努力是值得的。要想制作这样一张桌子，需要在贴面的早期阶段缜密规划，因为你需要确保每片木皮的长度足以覆盖边桌的所有垂直面和水平面。这块1¾ in（44.5 mm）厚的面板需要至少2 in（50.8 mm）宽的封边条，以便在胶合时对齐。因此，你需要将顶板的横纹镶边木皮做得比横纹镶边本身分别宽出和长出2 in（50.8 mm）。对于这件边桌，这意味着桑

在切割4片木皮之前，用简单的数字和箭头标记木皮，以便在后续的操作中随时知道每块封边木皮的放置位置和定向。

沿木皮上的画线切开木皮，将封边条与横纹镶边木皮分开。每次切割一片木皮时都要小心，以免损坏脆弱的横纹木皮。

在将封边条木皮胶合到位时，俯视整个面板正面和边缘，检查封边条的纹理是否与横纹镶边条的纹理对齐。对齐后，用胶带将封边条牢牢固定并用夹具夹紧，直至胶水凝固。

托斯玫瑰木木皮至少需要3 in（76.2 mm）宽（见图1）。桑托斯玫瑰木木皮在贴面时要完全按照与横纹镶边木皮（即桌子顶板四周的木皮）相同的切割和拼接方式操作。我对木皮进行了对拼，以创造出纹理更为一致的外观。

除了提前规划，你还需要准确地在封边木皮上进行标记，以确定封边木皮在面板上的方向和位置。我使用的是一个简单的编号和箭头标记系统（见图2）。比如我会在木皮靠近边缘的位置标记“1”，在其旁边标记向下的箭头，在木皮靠内部的位置标记另一个“1”，然后在“1”旁边标记一个向上的箭头，这样就很容易看出封边木皮正确的放置位置和定向。

将封边木皮的横纹镶边部分胶合到贴面木皮上的方法与前面介绍的横纹镶边的胶合方法完全相同。一旦贴面木皮被胶合到基板上，将其沿边缘修齐（见图3），并根据编号和箭头规划封边条。

胶合瀑布纹封边条的过程与胶合直纹封边条的过程基本相同，只是需要额外注意，确保封边条的木皮纹理准确地从顶板贴面木皮处向外延伸到面板边缘。从顶板贴面木皮上方向下俯视，检查木皮纹理的对齐情况；你的眼睛会很容易发现可能存在的轻微错位。移动封边木皮条，直到木皮纹理正确排列，然后用蓝色美纹纸胶带将木皮牢牢固定。在胶合瀑布纹封边条时，我会多用几条蓝色美纹纸胶带来固定横纹镶边条，这样在使用夹具压板时木皮就不会移位了（见图4）。

打磨瀑布纹封边

瀑布纹封边需要顺纹理打磨，以避免在封边木皮上留下任何横向磨痕。打磨瀑布纹封边需要时间和耐心，因为通常来说，你需要使用硬质打磨块和不同目数的砂纸进行大量手工短程打磨。打磨时，慢慢来，并注意保持硬质打磨块平贴封边条表面进行打磨。如果你在打磨封边条时倾斜打磨块，很容易将封边条木皮磨穿，导致基板外露。因为封边条木皮不是很宽，所以你不能使用电动打磨工具加快打磨进程。

另一个使用了瀑布纹贴面工艺的示例是笔者制作的这张装饰艺术风格棋盘桌。在棋盘桌的4个侧面上，苏拉威西乌木木皮顺着内凹曲面的框架一路向下延伸到底座。

帕特里克·爱德华兹在他的小型赫波怀特式（Hepplewhite）工作台上使用对比强烈的木材制作了装饰性的横纹镶边，使工作台所有面板的边缘更为突出。这样一来，横纹镶边就成了更加复杂的设计的组成部分，为家具增添了细节和趣味。

格雷·霍克在他的家具中使用了一些独特的木皮装饰工艺，包括这件名为“班克木柜”的作品，其柜门的边框使用了再切割的红桉木木皮边材进行封边，创造了原始风格的门框。

通过在同一家具中结合瀑布纹封边和直纹封边，笔者将这款小型边柜的门设计出了樱桃木和枫木实木板的视觉效果。

格雷·霍克的这款装饰艺术风格的蔷薇木配泣松木的展示柜使用了多种横纹镶边设计。就连玻璃门也使用了与柜身侧板和抽屉面板匹配的横纹镶边设计。

木皮样本

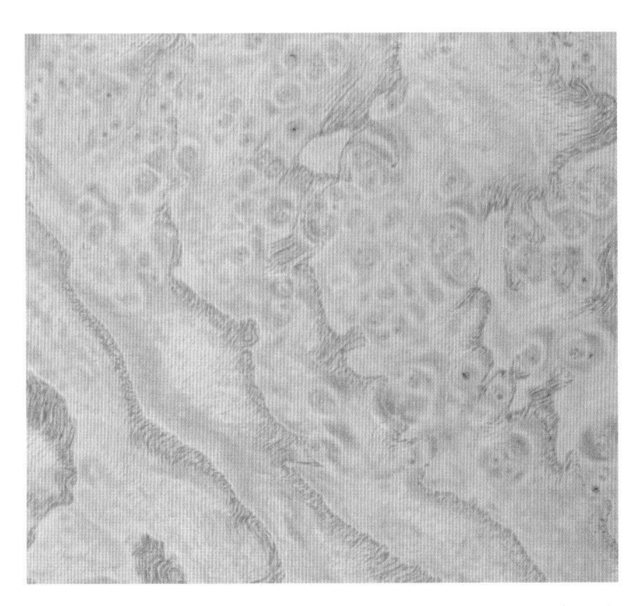

白栓树瘤常见于北美东部，其树瘤木皮的特点是均匀分布于木皮表面的天然金色。白栓树瘤木皮的尺寸可以很大，有些木皮的跨度甚至接近6 ft（1.83 m）。

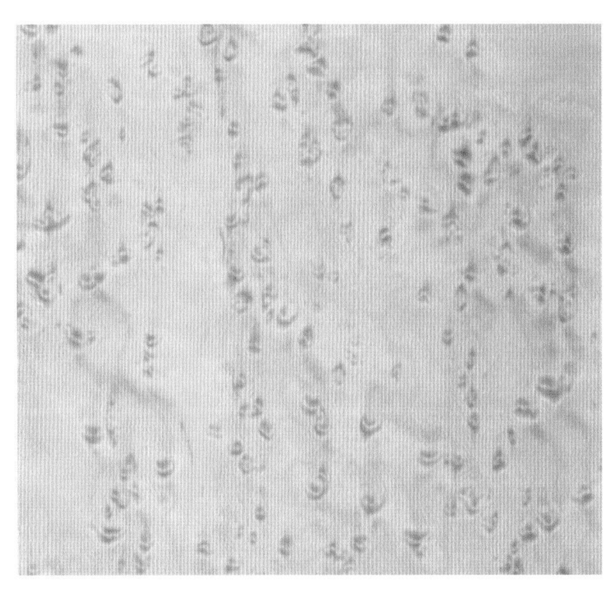

雀眼枫木木皮通常是用北美洲北部地区的糖槭树裁切的。据说雀眼纹是由糖槭树的芽生长时留在木纹理中的无数细小的节疤形成的。

西非黄檀木是一种非常坚硬、致密的木材，发现于中非地区，能够提供各种非常精美的装饰性花纹，比如球纹、瀑布纹、絮纹和斑纹。图中的样本木皮是弦切得到的，充分展示了弦切木皮的教堂尖顶式纹理。

卷纹安利格与其他所有安利格木一样，也是在非洲发现的。这个样本中的四开切卷纹只是安利格木皮的众多纹理类型之一。

卷纹欧洲白栓发现于欧洲，但在全世界的许多地方都能找到其他种类的白栓，比如中国的水曲柳和美国的阔叶梣。

卷纹只是枫木木皮的众多纹理类型之一。样品中这种纹理的枫木只见于美国东部。卷纹图案常见于银白槭，而木皮上卷纹的明显程度在径切或四开切时会得到增强。更致密的卷纹会明显提高木皮的价格。

样本中的卷纹白影木皮其实是由一种发现于欧洲和亚洲的枫木制作的，不要将其与纹理接近法国尼斯木的欧洲悬铃木混淆。

卷纹胡桃木最常见于北美洲的西部和东部地区。胡桃木有许多品种，比如西岸黑胡桃、巴斯通胡桃木和美国黑胡桃，所制得的木皮具有多种颜色和纹理图案。卷纹西岸黑胡桃木皮是现有胡桃木木皮中最贵的一种。

花旗松多用于建筑业和胶合板制造业。用其切出的垂直纹理具有较好的装饰效果，有时也会用于橱柜等家具的制作。花旗松主要生长于北美洲西部地区。

非洲相思木木皮是用香脂苏木切割得到的。这种树来自西非和中非地区，制得的木皮多有卷纹图案。香脂苏木几乎都用来切割木皮，极少见到板材。

尤加利主要来自澳大利亚和新西兰，其木材拥有非常精美的纹理。不过奇怪的是，其板材经常被用作铁路枕木。

琴背纹安利格常见于西非。安利格木皮有几种不同的纹理样式，安利格木径切和四开切可以得到最为明显的琴背纹图案。

当使用一棵树的两个树枝交汇的部位切割木皮时，会得到树杈纹，正如图中的洪都拉斯桃花心木树杈木皮所示。真品洪都拉斯桃花心木常见于南美洲，因其纹理精美、加工性能出众和稀有性而价值颇高。其他一些所谓的桃花心木都无法与洪都拉斯桃花心木媲美。

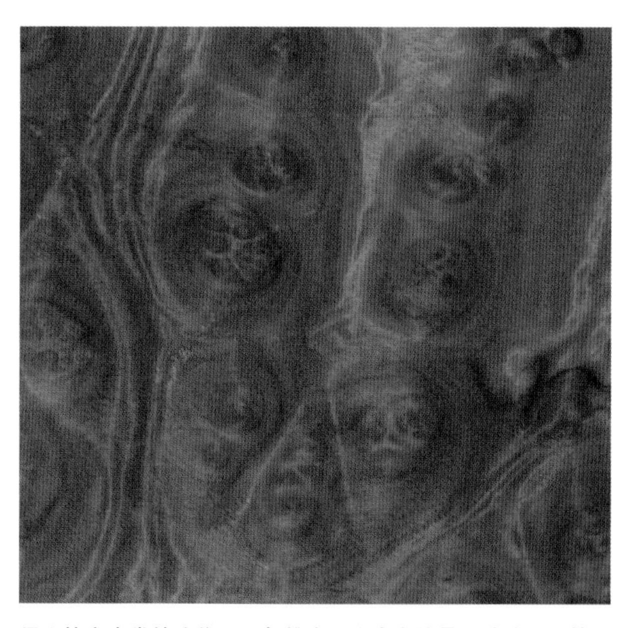

绿心樟木也常被称作巴西胡桃木，它本身就是一种纹理很精美的木材，正如图中绿心樟树瘤样本所示的那样。绿心樟木最常见于南美洲。

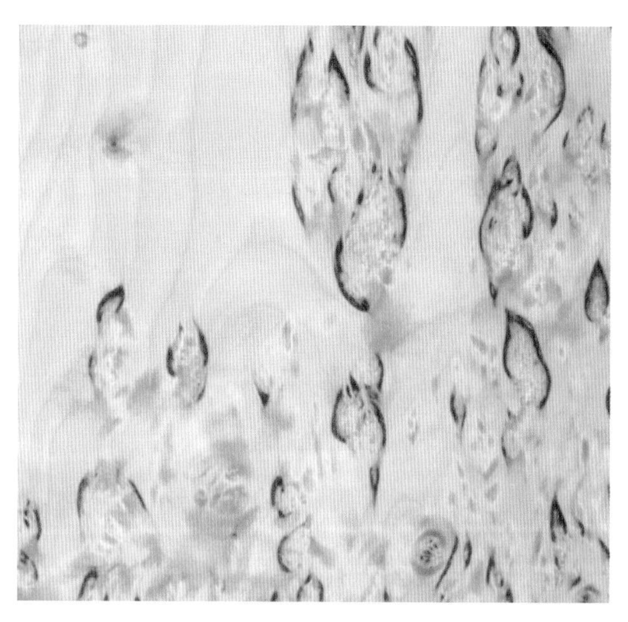

卡累利阿桦树生长于芬兰和俄罗斯的交界地区，其木材具有独特的深色条纹，其成因可能是树木生长过程中的环境因素或其他未知因素。

夏威夷寇阿相思树仅生长在夏威夷群岛，其木材是夏威夷出口最多的木材之一，往往有非常鲜明的纹理。

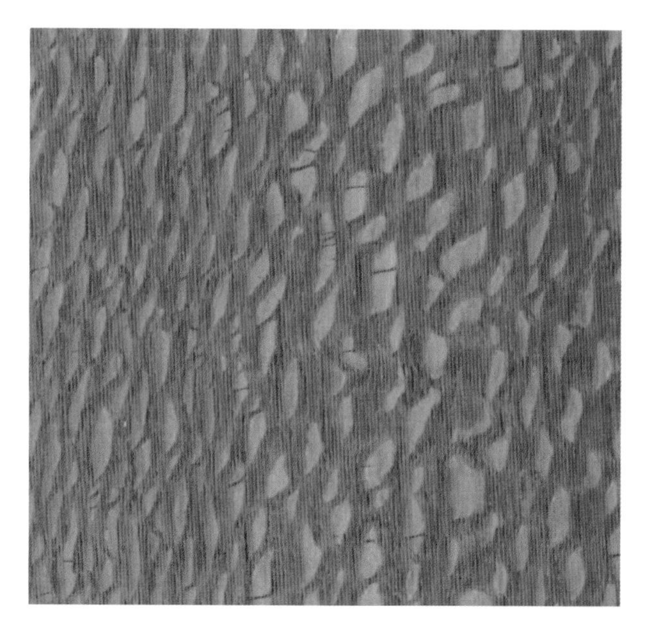

巴西珍珠木常见于南美洲，因其在完美径切后可以得到纹理鲜明的虎皮纹而广受赞誉。澳大利亚北部和南部的银桦木常被充当澳大利亚珍珠木售卖。

苏拉威西乌木来自东南亚，通常采用径切的加工方式。由于乌木缓慢的生长速度和过度砍伐，这种木材越来越少见了。它曾经是装饰艺术风格的家具使用的最珍贵的木材之一。

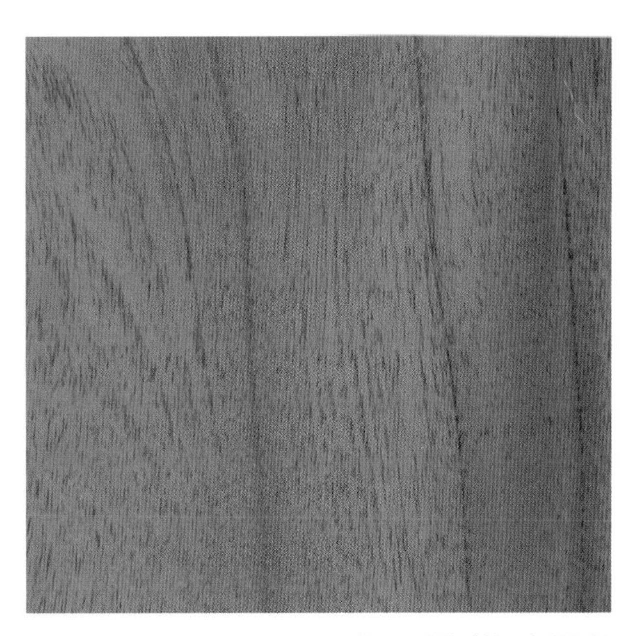

桃花心木有很多种，来自南美的桃花心木是传统的洪都拉斯桃花心木，其颜色和加工性能远胜它的替代品——菲律宾桃花心木和非洲桃花心木。

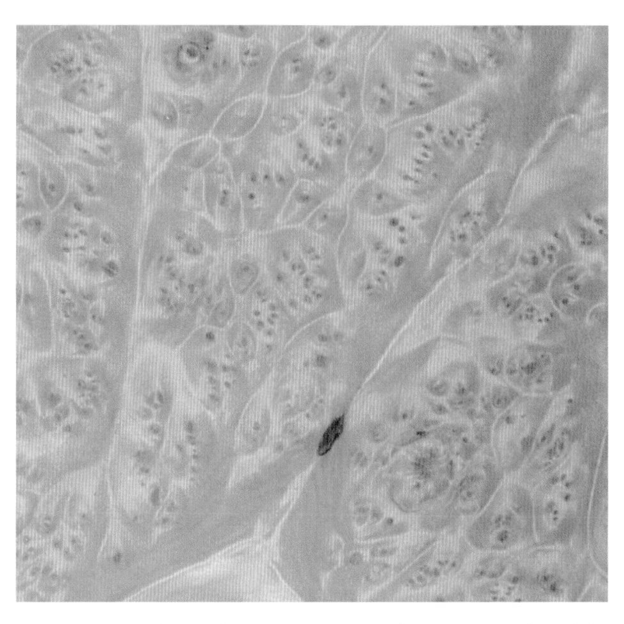

这张树瘤木皮的树瘤来自大叶槭，一种常见于美国西海岸的枫树。这种树瘤木皮通常采用旋切方式获得，因为树瘤的整体尺寸较小。

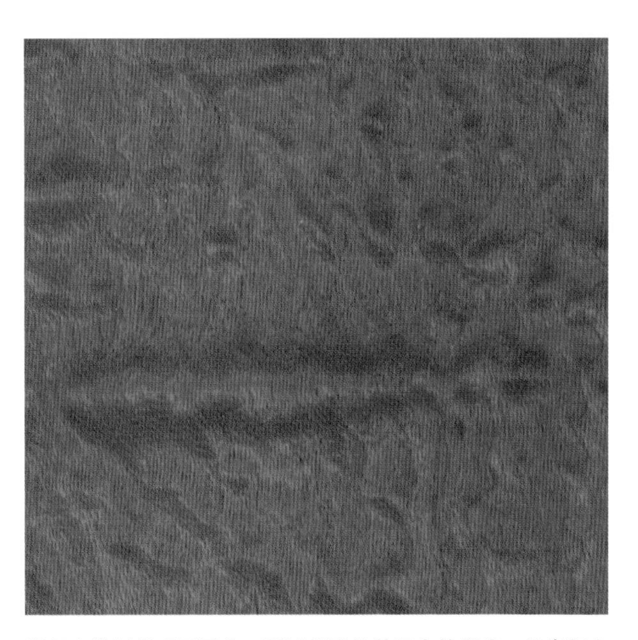

毒籽山榄树发现于西非，可以长到极其巨大的程度。用毒籽山榄木制得的莫阿比球纹木皮非常罕见，因此也十分昂贵。

制作金影木皮的双蕊苏木产于非洲，通常容易与黄缎木混淆，因为其金色和有趣的纹理与黄缎木相似。

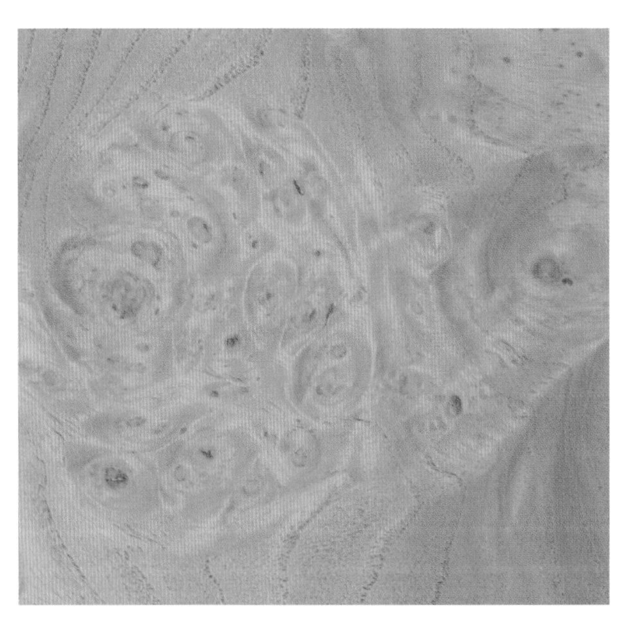

麦头树瘤来自桃金娘树，常常以月桂树瘤的名称出售。这种树常见于美国西海岸，树瘤多长在桃金娘树的树根处。麦头树瘤木皮纹理较淡，相对容易加工，表面处理的效果也很好。

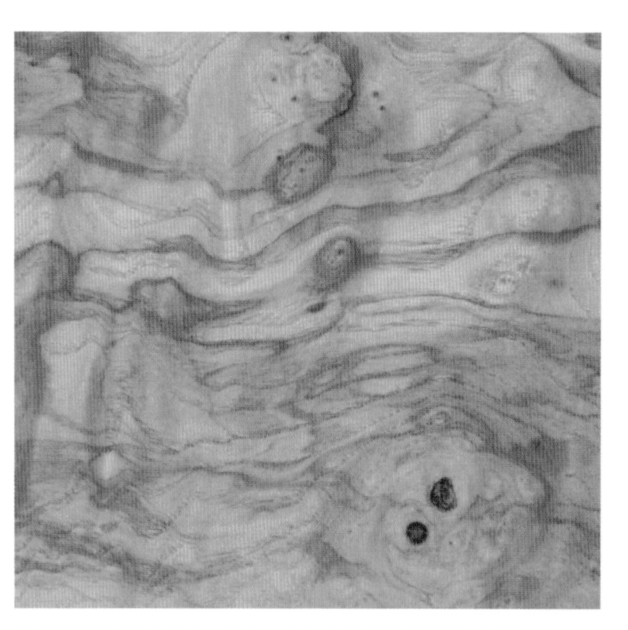

白栓橄榄树瘤来自白蜡树，具有非常独特的深色心材，正如图中样本所示，可以用来制作对比强烈的深浅条纹。白栓橄榄产自欧洲。

玻利维亚玫瑰木，又名桑托斯玫瑰木，产自南美洲，多年来一直充当更为昂贵的玫瑰木的替代品。

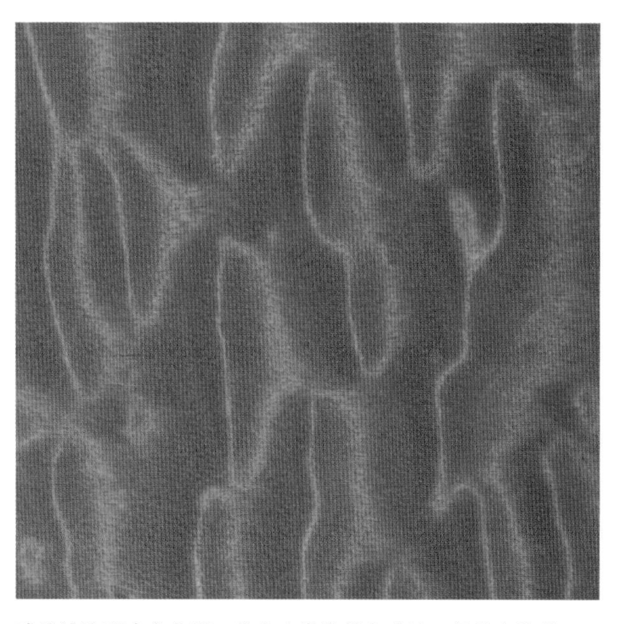

球纹沙比利来自非洲，其木皮常常带有球纹。虽然木纹是交错的，但仍然非常美丽。

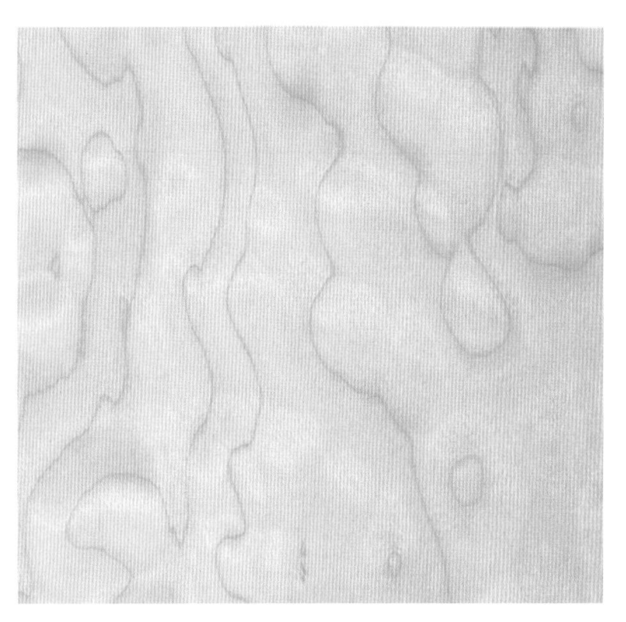

絮纹枫木木皮大部分由大叶槭制得，虽然也有一部分来自硬枫和软枫。弦切得到的木皮絮纹最为明显。

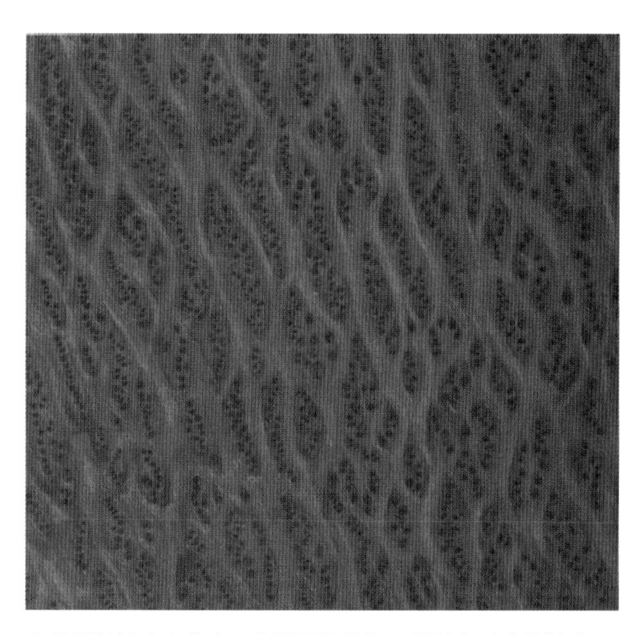

北美巨杉树瘤木皮来自美国西海岸的红杉树上形成的树瘤，经加工后可以呈现出不同寻常的外观，因为树瘤纹理精美且高度一致。

直纹沙比利木皮很受欢迎，因为其纹理一致，且容易购得。在过去曾被用作桃花心木和黄檀木的替代品。其质地坚硬且纹理交错，径切时也可以得到闪亮的缎带纹。

黄缎木几乎只生长在斯里兰卡和印度。其木材很难干燥，但交错的纹理非常漂亮，因此极受欢迎。最初的黄缎木特指锡兰缎木，来自加勒比地区的西印度缎木是一种相近的替代品。

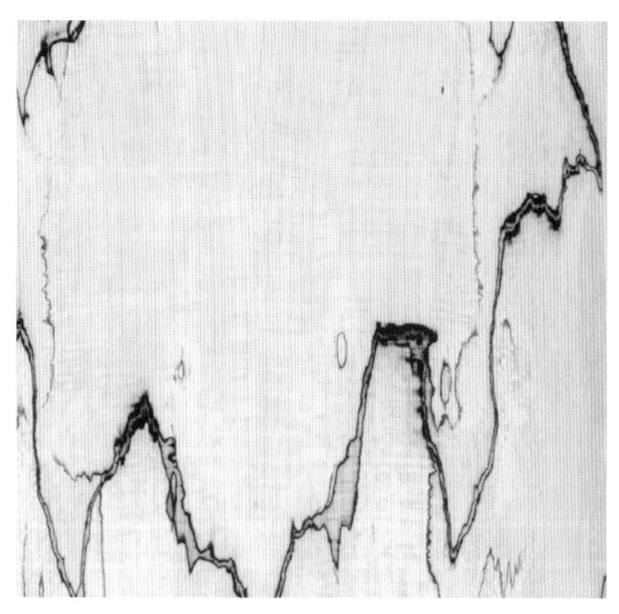

不论是哪种枫木，如果任由其腐朽，直到真菌开始长出，那么朽纹枫木的朽纹就会出现。在枫木腐烂变质、降解到无法使用的程度之前，必须将其锯切成木皮并完成干燥。

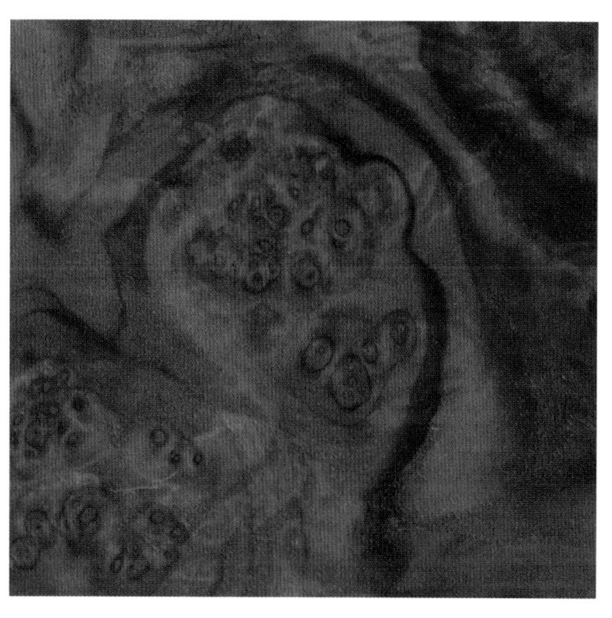

胡桃木树瘤木皮的树瘤来自异常生长的胡桃树，并被北美的家具制造商广泛应用。胡桃树在美国东西海岸都有分布，但是可以产出树瘤的异常生长的胡桃树很少。

瀑布纹西非黄檀木皮，也叫作花梨球纹木皮，是将西非黄檀旋切得到的带有混乱漩涡花纹的木皮。作为一种非常坚硬的非洲木材，西非黄檀拥有多种精美的纹理。

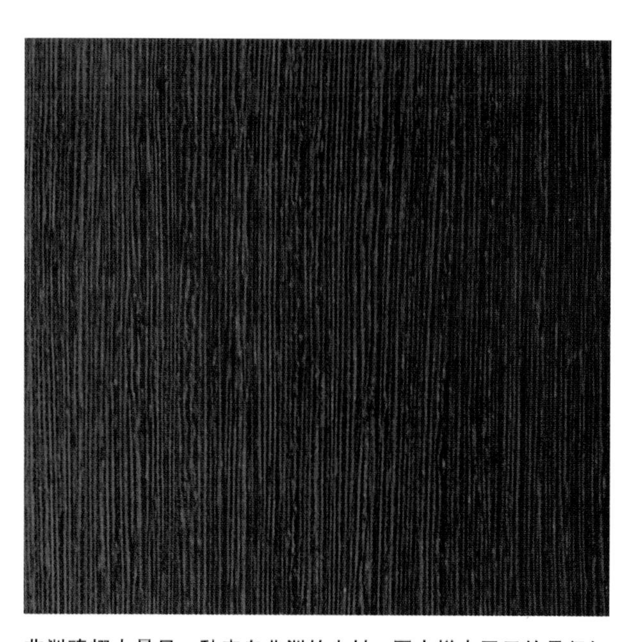

非洲鸡翅木是另一种来自非洲的木材。图中样本展示的是径切得到的近乎完美的直纹。非洲鸡翅木极为坚硬，制作木皮时容易出现碎裂的纹理。应及时移除碎裂部分，否则裂纹会扩大。

美国白橡木是公认的最理想的径切木材。恰当的径切可以显露出漂亮的虎皮纹和完美的直纹。这种木材常见于北美洲东部，在家具制作中非常常见。

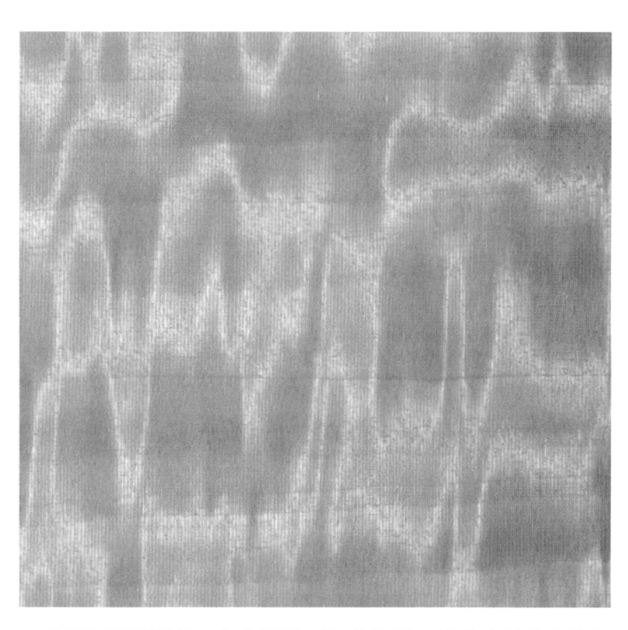

方块影安利格是用来自非洲的树木裁切的，其特点是在木纹理中可以见到一些看似规律的斑驳褶皱的块状图案。

南美血檀，发现于南美洲，因其独特的鲜红色而广为人知。不幸的是，当血檀木皮受到日晒时，这种鲜艳的红色会逐渐变成更深的红褐色。